1 dm²

1 cm²

1 mm²

Flächeninhalt

Einheiten	Zeichen	Umrechnung
Quadratkilometer	km²	$1\ km^2 = 100\ ha$
Hektar	ha	$1\ ha = 100\ a$
Ar	a	$1\ a = 100\ m^2$
Quadratmeter	m²	$1\ m^2 = 100\ dm^2$
Quadratdezimeter	dm²	$1\ dm^2 = 100\ cm^2$
Quadratzentimeter	cm²	$1\ cm^2 = 100\ mm^2$
Quadratmillimeter	mm²	

Volumen (Rauminhalt)

Einheiten	Zeichen	Umrechnung
Kubikmeter	m³	$1\ m^3 = 1000\ dm^3$
Kubikdezimeter	dm³	$1\ dm^3 = 1000\ cm^3$
Kubikzentimeter	cm³	$1\ cm^3 = 1000\ mm^3$
Kubikmillimeter	mm³	
Liter	l	$1\ l = 1\ dm^3 = 1000\ cm^3 = 1000\ ml$
Milliliter	ml	$1\ ml = 1\ cm^3$

Netzwerkkommunikation – Begriffe und Abkürzungen

Browser	Client-Software (Programm) zum Aufrufen und Darstellen von Web-Seiten
Client	Ein Programm, welches von einem anderen Programm (Server) Dienstleistungen anfordert.
Domain	Teil eines Netzwerks, der durch Einteilung oder Gliederung bestimmt wird. Speziell im Internet versteht man darunter eine aus organisatorischen oder inhaltlichen Gründen zusammengefasste Gruppe von IP-Adressen. Beispiel: http://www.vwv.de
Download	Prozessbeschreibung für das Herunterladen von Daten aus einem Online-Dienst oder dem Internet auf einen lokalen Computer.
E-Mail	Nachrichtensendung (elektronische Post) in Form von Dokumenten, Grafiken, Video- und Audiodaten über Computernetze (Internet, Intranet, lokale Netz)
FTP	Dienst oder Netzprotokoll im Internet, das die Dateiübertragung über FTP-Server steuert (engl. File Transfer Protocol).
ISDN	Digitales Datennetz zur Übertragung von Ton, Bildern und Texten (engl. Integrated Services Digital Network).
Homepage	Startseite einer Web-Site
HTML	Dokumentenbeschreibungssprache zur Gestaltung von Web-Seiten (engl. Hyper Text Markup Language)
HTTP	Übertragungsprotokoll, das das Übertragen von Web-Seiten ermöglicht (engl. Hyper Text Transfer Protocol). Textbestandteil jeder Web-Adresse (URL), die auf eine WWW-Seite verweist.
Hyperlink	Markierter Teil auf einer Web-Seite, der auf eine andere Web-Seite, auf ein Objekt, ein Bild oder eine sonstige eingebundene Datei verweist. Durch Anklicken erfolgt der Sprung auf das Objekt.
Modem	Elektronisches Gerät (Modulator/Demodulator), welches die Signalpegel zweier unterschiedlicher Signalarten anpasst. Ein Modem übernimmt die Umwandlung digitaler Signale des Computers in analoge Signale der Telefonleitung und umgekehrt.
Provider	Ermöglicht den Zugang zum Internet. Oft auch als Online-Diensteanbieter bezeichnet, da über den Zugang hinaus E-Mail-, Chat- oder WWW-Dienste bereitgestellt werden.
Server	Computer, der in Netzwerken Dienste (E-Mail, WWW, FTP) anbietet, die vom Client genutzt werden können.
TCP/IP	Ergeben zusammen das Übertragungsprotokoll im Internet (engl. Transmission Control Protocol/Internet Protocol). TCP: verantwortlich für das Verpacken; IP: verantwortlich für das Versenden der Pakete
URL	Vollständige Web-Adresse, unter der sich eine Web-Site aufrufen lässt (engl. Uniform Resource Locator). Sie gibt die Adresse des Servers und den Ort der Datei an. Beispiel: http://www.cornelsen.de/index.htm
WWW	Dienst im Internet zur Anforderung und Anzeige von HTML-Seiten auf der Basis von HTTP (engl. World Wide Web).

Das große Tafelwerk *interaktiv*

Ein Tabellen- und Formelwerk
für den
mathematisch-naturwissenschaftlichen
Unterricht
in den Sekundarstufen I und II

Inhalt

INFORMATIK

ASTRONOMIE

PHYSIK

CHEMIE

BIOLOGIE

Mathematik

Zahlen, Zeichen, Ziffern

Mathematische Zeichen

Zahlen, Relationen, Operationen	
$+; -; \cdot; :$	plus; minus; mal; geteilt durch
$\dfrac{2}{5}$	zwei Fünftel (2 geteilt durch 5)
$=; \neq$	gleich; ungleich
$:=$	wird definiert als
$\approx$	angenähert gleich, rund
$<; >$	kleiner als; größer als
$\leq$	kleiner gleich (kleiner oder gleich)
$\geq$	größer gleich (größer oder gleich)
$\mid; \dagger$	teilt; teilt nicht
$0{,}2\overline{51}$	periodischer Dezimalbruch (Periode 51)
$\%; \%\!\!\!\!\!\!\;o$	Prozent; Promille
$\lvert z \rvert$	Betrag von z
$\sim$	proportional; in der Geometrie: ähnlich
$\triangleq$	entspricht
$\sqrt{}$	Wurzel aus (Quadratwurzel aus)
$\sqrt[n]{}$	n-te Wurzel aus
∞	unendlich
i	imaginäre Einheit ($i^2 = -1$)
$f, g, \ldots$	Funktionen
$f(x)$	Funktionswert von f an der Stelle x
$f(x) = \ldots$	Funktionsgleichung/-vorschrift (auch: $f: x \to f(x)$)
$f^{-1}, \bar{f}$	Umkehrfunktion von f (auch $\check{f}, f^*$)
$\log_a b$	Logarithmus b zur Basis a
$\lg x$	dekadischer Logarithmus von x (Basis 10)
$\ln x$	natürlicher Logarithmus von x (Basis e)
e	Euler'sche Zahl (e $= 2{,}718\,281\,828\,459\ldots$)
$n!$	n Fakultät ($1 \cdot 2 \cdot 3 \cdot \ldots \cdot n$)
$\dbinom{n}{k}$	n über k (Binomialkoeffizient)
p	Wahrscheinlichkeit eines Ergebnisses
$P(A)$	Wahrscheinlichkeit für das Eintreten eines Ereignisses A
sin; cos	Sinus; Kosinus
tan; cot	Tangens; Kotangens
$\operatorname{sgn}(x)$	Signum von x
$\operatorname{int}(x)$ oder $[x]$	ganzzahliger Anteil von x (int ist Abkürzung für engl. integer = ganzzahlig)
π	Kreiszahl ($\pi = 3{,}141\,592\,653\,589\ldots$)

Mengen	
$(a; b)$	offenes Intervall (ohne a und b), (auch: $]a; b[$ oder $a < x < b$)
$[a; b]$	abgeschlossenes Intervall (mit a und b), (auch: $a \leq x \leq b$)
$[a; b)$	halboffenes Intervall (mit a, aber ohne b), (auch: $[a; b[$ oder $a \leq x < b$)
$(a \mid b)$	geordnetes Paar (auch: $(a; b)$)
$\{a; b\}$	Menge der Elemente a und b
$\{a; b; \ldots\}$	Menge der Elemente $a; b; \ldots$
$\{x \mid \ldots\}$	Menge aller x, für die gilt $\ldots$
$\in; \notin$	Element von; nicht Element von
$\subset; \subseteq$	echte Teilmenge von; Teilmenge von
$\emptyset$	leere Menge
$A \cap B$	Schnittmenge, Durchschnitt (A geschnitten B)
$A \cup B$	Vereinigungsmenge (A vereinigt B)
$A \setminus B$	Differenzmenge (A ohne B)
$\bar{A}$	Komplementärmenge zu A
$A \times B$	Produktmenge von A und B (A kreuz B)

Analysis	
(a_n)	Folge a_n
$\displaystyle\sum_{i=1}^{n} a_i$	Summe über alle a_i von $i = 1$ bis n
$\displaystyle\lim_{x \to x_0} f(x)$	Limes $f(x)$ für x gegen x_0 (Grenzwert von f an der Stelle x_0)
$f'(x_0)$	1. Ableitung von f an der Stelle x_0
$f''(x_0)$	2. Ableitung $\ldots$; andere Schreibweisen:
	$\left.\dfrac{\mathrm{d}y}{\mathrm{d}x}\right\rvert_{x=x_0}$ bzw. $\left.\dfrac{\mathrm{d}^2 y}{\mathrm{d}x^2}\right\rvert_{x=x_0}$
	„dy nach dx an der Stelle $x = x_0$"
	„d zwei y nach dx Quadrat an der Stelle $x = x_0$"
$f'; f''; f'''; f^{(n)}$	Erste; zweite; dritte; n-te Ableitungsfunktion von f
$\displaystyle\int_a^b f(x)\,\mathrm{d}x$	Integral von a bis b über f von x dx (bestimmtes Integral)
$\displaystyle\int f(x)\,\mathrm{d}x$	Integral f von x dx (unbestimmtes Integral)

Geometrie

$\parallel$; $\nparallel$	parallel zu; nicht parallel zu
$\perp$	senkrecht auf; orthogonal zu
$\triangle$	Dreieck
AB	Gerade AB (durch A und B)
$\overline{AB}$	Strecke AB
$|\overline{AB}|$	Länge der Strecke AB
$\overrightarrow{AB}$	Strahl AB (mit dem Anfangspunkt A)
$\overarc{AB}$	Bogen AB (Kreisbogen von A nach B)
$\sphericalangle$	Winkel
$\sphericalangle\,(g, h)$	Winkel zwischen g und h
$\sphericalangle\,AOB$	Winkel AOB (mit dem Scheitel O)
$\llcorner$	rechter Winkel
$\measuredangle$	orientierter Winkel (mit vorgegebener Drehrichtung)
$°, ', ''$	Grad; Minute; Sekunde (Winkeleinheiten)
arc α	Arcus α (Winkeleinheit im Bogenmaß)
$\cong$; $\ncong$	kongruent; nicht kongruent
$\sim$	ähnlich

Zahlenbereiche

$\mathbb{N}$	Menge der natürlichen Zahlen
$\mathbb{Z}$	Menge der ganzen Zahlen
$\mathbb{Q}$	Menge der rationalen Zahlen
$\mathbb{Q}^+$	Menge der positiven rationalen Zahlen (Bruchzahlen ohne Null)
$\mathbb{R}$	Menge der reellen Zahlen
$\mathbb{R}^*$	Menge der reellen Zahlen mit Ausnahme der Null
$\mathbb{C}$	Menge der komplexen Zahlen
$\mathbb{P}$	Menge der Primzahlen
$\mathbb{Z}_{\leq 8}$	Menge der ganzen Zahlen, die kleiner oder gleich 8 sind
$\mathbb{Q}_{\geq 0}$	Menge d. nicht negat. rationalen Zahlen
$\mathbb{R}_{> 0}$	Menge der positiven reellen Zahlen

Vektorrechnung

$\overrightarrow{AB}, \vec{a}$	Vektor AB bzw. Vektor a
$\vec{a} = \begin{pmatrix} a_x \\ a_y \\ a_z \end{pmatrix}$	Vektor a mit den Koordinaten a_x, a_y und a_z
$\vec{e}_i = \begin{pmatrix} 0 \\ \vdots \\ 0 \\ 1 \\ 0 \\ \vdots \\ 0 \end{pmatrix}$	i-ter Einheitsvektor; alle Einträge sind 0, nur an der i-ten Stelle steht eine 1
$\vec{a} \uparrow\uparrow \vec{b}$	Vektor a gleich gerichtet mit Vektor b
$\vec{a} \uparrow\downarrow \vec{b}$	Vektor a entgegengesetzt gerichtet zu Vektor b (für zueinander parallele Vektoren)
$\vec{a} \cdot \vec{b}$	Vektor a Punkt Vektor b (skalares Produkt; Skalarprodukt)
$\vec{a} \times \vec{b}$	Vektor a Kreuz Vektor b (vektorielles Produkt; Vektorprodukt, Kreuzprodukt)
$\mathbf{A}_{(m, n)}$	Matrix mit m Zeilen und n Spalten

$$\mathbf{A}_{(m, n)} = \begin{pmatrix} a_{11} & a_{12} & a_{13} & \dots & a_{1n} \\ a_{21} & a_{22} & a_{23} & \dots & a_{2n} \\ a_{31} & a_{32} & a_{33} & \dots & a_{3n} \\ \dots & \dots & \dots & \dots & \dots \\ a_{m1} & a_{m2} & a_{m3} & \dots & a_{mn} \end{pmatrix}$$

Logik

$\neg$	nicht (Negation)
$\wedge$	und (Konjunktion)
$\vee$	oder (Alternative)
$\Rightarrow$	wenn, dann … (Implikation)
$\Leftrightarrow$	genau dann, wenn … (Äquivalenz)

Griechisches Alphabet (Druckbuchstaben)

A	α	Alpha	H	η	Eta	N	ν	Ny	T	τ	Tau			
B	β	Beta	Θ	ϑ	Theta	Ξ	ξ	Xi	Y	υ	Ypsilon			
Γ	γ	Gamma	I	ι	Jota	O	o	Omikron	Φ	φ	Phi			
Δ	δ	Delta	K	$\varkappa$	Kappa	Π	π	Pi	X	χ	Chi			
E	ε	Epsilon	Λ	λ	Lambda	P	ϱ	Rho	Ψ	ψ	Psi			
Z	ζ	Zeta	M	μ	My	Σ	σ, ς	Sigma	Ω	ω	Omega			

Frakturbuchstaben

Lateinische Buchstaben	A	B	C	D	E	F	G	H	I	J	K	L	M
Frakturbuchstaben	𝔄a	𝔅b	ℭc	𝔇d	𝔈e	𝔉f	𝔊g	ℌh	ℑi	𝔍j	𝔎f	𝔏l	𝔐m

Lateinische Buchstaben	N	O	P	Q	R	S	T	U	V	W	X	Y	Z
Frakturbuchstaben	𝔑n	𝔒o	𝔓p	𝔔q	ℜr	𝔖ſ	𝔗t	𝔘u	𝔙v	𝔚w	𝔛x	𝔜y	ℨz

Zahlenbereiche

	Ausführbarkeit von Rechenoperationen	Darstellung auf einer Zahlengeraden
Natürliche Zahlen $\mathbb{N}$ $\mathbb{N} = \{0, 1, 2, \ldots\}$	Addition und Multiplikation sind stets ausführbar, Subtraktion und Division nicht immer. *Monotoniegesetze:* Aus $a < b$ folgt $a + c < b + c$. Aus $a < b$ folgt $a \cdot c < b \cdot c$ $(c \neq 0)$.	Den natürlichen Zahlen entsprechen einzelne Punkte im Abstand von 1 auf dem Zahlenstrahl (ab 0). Jede Zahl (außer 0) hat einen Vorgänger und einen Nachfolger.
Ganze Zahlen $\mathbb{Z}$ $\mathbb{Z} = \{\ldots, -2, -1, 0, 1, 2, \ldots\}$ $\mathbb{Z}$ $\mathbb{N}$ $\mathbb{N} \subset \mathbb{Z}$	Addition, Subtraktion und Multiplikation sind stets ausführbar, Division nicht immer. *Monotoniegesetze:* Aus $a < b$ folgt $a + c < b + c$. Aus $a < b$ folgt $a \cdot c < b \cdot c$, falls $c > 0$. Aus $a < b$ folgt $a \cdot c > b \cdot c$, falls $c < 0$.	Den ganzen Zahlen entsprechen einzelne Punkte im Abstand von 1 auf der Zahlengeraden. Jede Zahl (auch 0) hat einen Vorgänger und einen Nachfolger. Die zu einer Zahl a entgegengesetzte Zahl ist $-a$ (durch Punktspiegelung von a an 0).
Bruchzahlen $\mathbb{Q}_{\geq 0}$ $\mathbb{Q}_{\geq 0} = \left\{ \dfrac{p}{q} \,\middle|\, p, q \in \mathbb{N} \text{ und } q \neq 0 \right\}$, z. B. 0; 3; $\dfrac{4}{3}$; $1{,}47$; $0{,}\bar{3}$ $\mathbb{N}$ $\mathbb{Q}_{\geq 0}$ $\mathbb{N} \subset \mathbb{Q}_{\geq 0}$	Addition, Multiplikation und Division (außer durch 0) sind stets ausführbar, Subtraktion nicht immer. Bruchzahlen können auch durch (endliche bzw. periodische) Dezimalbrüche dargestellt werden. *Monotoniegesetze wie in* $\mathbb{N}$	Die gebrochenen Zahlen liegen dicht auf dem Zahlenstrahl (ab 0), es gibt aber Punkte, zu denen keine gebrochene Zahl gehört. (Lücken auf der Zahlengeraden)
Rationale Zahlen $\mathbb{Q}$ $\mathbb{Q} = \left\{ \dfrac{p}{q} \,\middle|\, p, q \in \mathbb{Z} \text{ und } q \neq 0 \right\}$, z. B. 1; $\dfrac{5}{8}$; $-0{,}\bar{3}$; $-\dfrac{1}{17}$; $2{,}5$ $\mathbb{Q}$ $\mathbb{Z}$ $\mathbb{N}$ $\mathbb{Q}_{\geq 0}$ $\mathbb{N} \subset \mathbb{Q}$; $\mathbb{Z} \subset \mathbb{Q}$; $\mathbb{Q}_{\geq 0} \subset \mathbb{Q}$	Addition, Subtraktion, Multiplikation und Division (außer durch 0) sind stets ausführbar, Wurzelziehen nicht immer. Z. B. ist $\sqrt{2}$ nicht als Bruchzahl darstellbar. *Monotoniegesetze wie in* $\mathbb{Z}$	Die rationalen Zahlen liegen dicht auf der Zahlengeraden, es gibt aber Punkte, zu denen keine rationale Zahl gehört. (Lücken auf der Zahlengeraden)
Reelle Zahlen $\mathbb{R}$ z. B. -3; $\dfrac{5}{2}$; π; $\sqrt{4}$; $-\sqrt{3}$ $\mathbb{R}$ $\mathbb{Q}$ $\mathbb{Z}$ $\mathbb{N}$ $\mathbb{Q}_{\geq 0}$ $\mathbb{N} \subset \mathbb{R}$; $\mathbb{Z} \subset \mathbb{R}$; $\mathbb{Q}_{\geq 0} \subset \mathbb{R}$; $\mathbb{Q} \subset \mathbb{R}$	Addition, Subtraktion, Multiplikation und Division (außer durch 0) sind stets ausführbar; Wurzeln aus positiven, reellen Zahlen können stets gezogen werden. Z. B. ist $\sqrt{2}$ irrational, d. h. ein unendlicher, nichtperiodischer Dezimalbruch. *Monotoniegesetze wie in* $\mathbb{Z}$	Jedem Punkt auf der Zahlengeraden entspricht genau eine reelle Zahl.
Komplexe Zahlen $\mathbb{C}$ $\mathbb{C} = \{a + bi \,|\, a, b \in \mathbb{R}; i^2 = -1\}$ z. B. 7; $-\dfrac{3}{5}$; $\sqrt{-4}$; $\sqrt{-1}$ $\mathbb{R} \subset \mathbb{C}$	Addition, Subtraktion, Multiplikation, Division (außer durch 0) und Radizieren (Wurzelziehen) sind stets ausführbar.	Die komplexen Zahlen können nicht mehr auf einer Zahlengerade, sondern in der Gauß'schen Zahlenebene dargestellt werden. (↗ S. 13)

Rechenoperationen

1. Stufe	Addition	$a + b = c$	a, b Summanden		c Summe	
	Subtraktion	$a - b = c$	a Minuend		b Subtrahend	c Differenz
2. Stufe	Multiplikation	$a \cdot b = c$	a, b Faktoren		c Produkt	
	Division	$a : b = c \ (b \neq 0)$	a Dividend		b Divisor	c Quotient
3. Stufe	Potenzieren	$a^b = c$	a	Basis der Potenz	b Exponent	c Potenz
	Radizieren	$\sqrt[a]{b} = c \ (b \geq 0)$	a	Wurzelexponent	b Radikand	c Wurzel
	Logarithmieren	$\log_a b = c \ (a > 0; a \neq 1)$	a	Basis	b Numerus	c Logarithmus

Sind mehrere *Rechenoperationen verschiedener Stufe* auszuführen, so haben stets die Operationen der höheren Stufe den Vorrang: Es gilt Punkt- vor Strichrechnung sowie Potenzieren, Radizieren und Logarithmieren vor Punkt- und Strichrechnung.
Zuerst müssen jedoch die Operationen in den Klammern ausgeführt werden.
Beispiel: $43 - (7 \cdot 2^2 - \sqrt{9}) = 43 - (7 \cdot 4 - 3) = 43 - (28 - 3) = 43 - 25 = 18$

Sind mehrere Zahlen durch *Rechenoperationen gleicher Stufe* verknüpft, so werden die Operationen in der Regel schrittweise von links nach rechts ausgeführt.
Beispiel: $24 : 3 \cdot 7 = 8 \cdot 7 = 56$

Termumformungen

Rechengesetze	$a + b = b + a$	Kommutativgesetz der Addition
	$a \cdot b = b \cdot a$	Kommutativgesetz der Multiplikation
	$a + (b + c) = (a + b) + c$	Assoziativgesetz der Addition
	$a \cdot (b \cdot c) = (a \cdot b) \cdot c$	Assoziativgesetz der Multiplikation
Auflösen von Klammern	$a \cdot (b + c) = a \cdot b + a \cdot c$	
	$a \cdot (b - c) = a \cdot b - a \cdot c$	Distributivgesetze
	$(a + b) : c = a : c + b : c \ (c \neq 0)$	
	$(a - b) : c = a : c - b : c \ (c \neq 0)$	
	$a + (b + c) = a + b + c$	$a + (b - c) = a + b - c$
	$a - (b + c) = a - b - c$	$a - (b - c) = a - b + c$
Ausmultiplizieren	$(a + b) \cdot (c + d) = ac + ad + bc + bd$	$(a + b) \cdot (c - d) = ac - ad + bc - bd$
	$(a - b) \cdot (c + d) = ac + ad - bc - bd$	$(a - b) \cdot (c - d) = ac - ad - bc + bd$
Binomische Formeln	$(a + b)^2 = a^2 + 2ab + b^2$ $\quad (a - b)^2 = a^2 - 2ab + b^2$ $\quad (a + b) \cdot (a - b) = a^2 - b^2$	

Mittelwerte

	bei 2 Größen a_1, a_2	bei n Größen $a_1, a_2, \ldots, a_n$
Arithmetisches Mittel	$A = \dfrac{a_1 + a_2}{2}$	$A = \dfrac{a_1 + a_2 + \ldots + a_n}{n} = \dfrac{1}{n} \sum_{i=1}^{n} a_i$
Geometrisches Mittel	$G = \sqrt{a_1 \cdot a_2}$	$G = \sqrt[n]{a_1 \cdot a_2 \cdot \ldots \cdot a_n} = \sqrt[n]{\prod_{i=1}^{n} a_i} \ \ (a_i > 0)$
Harmonisches Mittel	$H = \dfrac{2 \cdot a_1 \cdot a_2}{a_1 + a_2}$	$H = \dfrac{n}{\dfrac{1}{a_1} + \dfrac{1}{a_2} + \ldots + \dfrac{1}{a_n}} = \dfrac{n}{\sum_{i=1}^{n} \dfrac{1}{a_i}}$

Teiler und Vielfache natürlicher Zahlen

Teiler $(a \mid b)$ Vielfaches	a heißt Teiler von b, wenn es eine natürliche Zahl n gibt, sodass $a \cdot n = b$ gilt. Wenn a ein Teiler von b ist, so ist b ein Vielfaches von a.	
Größter gemeinsamer Teiler (ggT)	Beim Vergleich der Teiler zweier oder mehrerer Zahlen findet man den ggT.	Beispiel: $9:1, 3, 9$ $\quad\quad 12:1, 2, 3, 4, 6, 12$
Kleinstes gemeinsames Vielfaches (kgV)	Beim Vergleich der Vielfachen zweier oder mehrerer Zahlen findet man das kgV.	Beispiel: $9: 9, 18, 27, 36, 45, \ldots$ $\quad 12:12, 24, 36, 48, \ldots$

Teilbarkeitsregeln

Teiler t	Eine natürliche Zahl ist durch t teilbar, …
2	wenn sie auf 0, 2, 4, 6 oder 8 endet, sonst nicht.
3	wenn ihre Quersumme (Summe aller Ziffern) durch 3 teilbar ist, sonst nicht.
4	wenn ihre letzten beiden Ziffern eine durch 4 teilbare Zahl darstellen, sonst nicht.
5	wenn sie auf 0 oder 5 endet, sonst nicht.
6	wenn sie durch 2 und durch 3 teilbar ist, sonst nicht.
8	wenn ihre letzten drei Ziffern eine durch 8 teilbare Zahl darstellen, sonst nicht.
9	wenn ihre Quersumme (Summe aller Ziffern) durch 9 teilbar ist, sonst nicht.
10	wenn sie auf 0 endet, sonst nicht.

Primzahlen

Natürliche Zahlen, die größer als 1 und nur durch 1 und durch sich selbst teilbar sind, heißen Primzahlen. (Primzahlen sind natürliche Zahlen mit genau zwei Teilern.) Die kleinste Primzahl ist 2, eine größte Primzahl gibt es nicht. Die ersten 130 Primzahlen lauten:

2	31	73	127	179	233	283	353	419	467	547	607	661
3	37	79	131	181	239	293	359	421	479	557	613	673
5	41	83	137	191	241	307	367	431	487	563	617	677
7	43	89	139	193	251	311	373	433	491	569	619	683
11	47	97	149	197	257	313	379	439	499	571	631	691
13	53	101	151	199	263	317	383	443	503	577	641	701
17	59	103	157	211	269	331	389	449	509	587	643	709
19	61	107	163	223	271	337	397	457	521	593	647	719
23	67	109	167	227	277	347	401	461	523	599	653	727
29	71	113	173	229	281	349	409	463	541	601	659	733

Römische Zahlzeichen

I	1	V	5	X	10	L	50	C	100	D	500	M	1000

Stehen diese Ziffern nebeneinander, so wird je nach ihrer Reihenfolge addiert bzw. subtrahiert.

1	I	6	VI	11	XI	16	XVI	40	XL	90	XC	500	D
2	II	7	VII	12	XII	17	XVII	50	L	100	C	600	DC
3	III	8	VIII	13	XIII	18	XVIII	60	LX	200	CC	700	DCC
4	IV	9	IX	14	XIV	19	XIX	70	LXX	300	CCC	800	DCCC
5	V	10	X	15	XV	20	XX	80	LXXX	400	CD	900	CM

Zahlen im Zehnersystem/Dezimalzahlen

Im dekadischen Zahlensystem, kurz: Zehnersystem oder Dezimalsystem, wird als Basis die Zahl 10 benutzt, d. h. die einzelnen Stellen sind Potenzen von 10 (**Zehnerpotenzen**).
Zur Darstellung der einzelnen Zahlen werden die zehn Ziffern 0, 1, 2, 3, 4, 5, 6, 7, 8 und 9 benutzt.
Die Stelle einer Ziffer innerhalb der ganzen Zahl ergibt ihren Wert.
Eine **Stellentafel** im Dezimalsystem hat folgende Form:

Billionen			Milliarden			Millionen			Tausend					
10^{14}	10^{13}	10^{12}	10^{11}	10^{10}	10^9	10^8	10^7	10^6	10^5	10^4	10^3	10^2	10^1	10^0
					4	3	0	5	2	6	0	0	4	4

Für die in der dezimalen Stellentafel dargestellte Zahl 4 305 260 044 gilt:
$$4\,305\,260\,044 = 4 \cdot 10^9 \qquad\quad + 3 \cdot 10^8 \qquad\quad + 5 \cdot 10^6 \qquad + 2 \cdot 10^5 \qquad + 6 \cdot 10^4 \quad + 4 \cdot 10^1 + 4 \cdot 10^0$$
$$= 4 \cdot 1\,000\,000\,000 + 3 \cdot 100\,000\,000 + 5 \cdot 1\,000\,000 + 2 \cdot 100\,000 + 6 \cdot 10\,000 + 4 \cdot 10 \; + 4 \cdot 1$$

Die in der Stellentafel dargestellte Zahl 4 305 260 044 lautet:
vier Milliarden dreihundertfünf Millionen zweihundertsechzig Tausend vierundvierzig.

Zahlen im Zweiersystem/Dualzahlen

Im dualen Zahlensystem, kurz: Zweiersystem oder Dualsystem, wird als Basis die Zahl 2 benutzt, d. h. die einzelnen Stellen sind Potenzen von 2.
Zur Darstellung der einzelnen Zahlen werden nur zwei Ziffern benötigt: 0 und 1.
Eine Stellentafel im Dualsystem hat folgende Form:

2^{10} $(= 1\,024)$	2^9 $(= 512)$	2^8 $(= 256)$	2^7 $(= 128)$	2^6 $(= 64)$	2^5 $(= 32)$	2^4 $(= 16)$	2^3 $(= 8)$	2^2 $(= 4)$	2^1 $(= 2)$	2^0 $(= 1)$
		1	0	1	0	1	1	0	1	1

Für die in der dualen Stellentafel dargestellte Zahl $[101011011]_2$ gilt:
$$[101011011]_2 = 1 \cdot 2^8 + 1 \cdot 2^6 + 1 \cdot 2^4 + 1 \cdot 2^3 + 1 \cdot 2^1 + 1 \cdot 2^0$$
$$= 256 \; + 64 \; + 16 \; + 8 \; + 2 \; + 1 \; = 347$$

Für die Addition von Dualzahlen gilt: $\qquad 0 + 0 = 0; \; 0 + 1 = 1; \; 1 + 0 = 1; \; 1 + 1 = 10$
Für die Multiplikation von Dualzahlen gilt: $\quad 0 \cdot 0 = 0; \; 0 \cdot 1 = 0; \; 1 \cdot 0 = 0; \; 1 \cdot 1 = 1$

Zahlen im Hexadezimalsystem/Hexadezimalzahlen

Im Hexadezimalsystem wird als Basis die Zahl 16 benutzt, d. h. die einzelnen Stellen sind Potenzen von 16.
Zur Darstellung der einzelnen Zahlen werden 16 Ziffern benötigt: 0, 1, 2, 3, 4, 5, 6, 7, 8, 9, A, B, C, D, E, F.
Eine Stellentafel im Hexadezimalsystem hat folgende Form:

16^8 $(= 4\,294\,967\,296)$	16^7 $(= 268\,435\,456)$	16^6 $(= 16\,777\,216)$	16^5 $(= 1\,048\,576)$	16^4 $(= 65\,536)$	16^3 $(= 4\,096)$	16^2 $(= 256)$	16^1 $(= 16)$	16^0 $(= 1)$
		A	0	6	0	3	7	F

Für die in der hexadezimalen Stellentafel dargestellte Zahl $[A06037F]_{16}$ gilt:
$$[A06037F]_{16} = 10 \cdot 16^6 \qquad\quad + 6 \cdot 16^4 \quad + 3 \cdot 16^2 + 7 \cdot 16^1 + 15 \cdot 16^0$$
$$= 10 \cdot 16\,777\,216 + 6 \cdot 65\,536 + 3 \cdot 256 + 7 \cdot 16 \; + 15 \cdot 1 \; = 168\,166\,271$$

Umrechnungstafel Dezimalzahlen ([ ]$_{10}$), Hexadezimalzahlen ([ ]$_{16}$), Dualzahlen ([ ]$_2$)

[ ]$_{10}$	[ ]$_{16}$	[ ]$_2$	[ ]$_{10}$	[ ]$_{16}$	[ ]$_2$	[ ]$_{10}$	[ ]$_{16}$	[ ]$_2$	[ ]$_{10}$	[ ]$_{16}$	[ ]$_2$	[ ]$_{10}$	[ ]$_{16}$	[ ]$_2$
0	0	00000000	52	34	00110100	104	68	01101000	156	9C	10011100	208	D0	11010000
1	1	00000001	53	35	00110101	105	69	01101001	157	9D	10011101	209	D1	11010001
2	2	00000010	54	36	00110110	106	6A	01101010	158	9E	10011110	210	D2	11010010
3	3	00000011	55	37	00110111	107	6B	01101011	159	9F	10011111	211	D3	11010011
4	4	00000100	56	38	00111000	108	6C	01101100	160	A0	10100000	212	D4	11010100
5	5	00000101	57	39	00111001	109	6D	01101101	161	A1	10100001	213	D5	11010101
6	6	00000110	58	3A	00111010	110	6E	01101110	162	A2	10100010	214	D6	11010110
7	7	00000111	59	3B	00111011	111	6F	01101111	163	A3	10100011	215	D7	11010111
8	8	00001000	60	3C	00111100	112	70	01110000	164	A4	10100100	216	D8	11011000
9	9	00001001	61	3D	00111101	113	71	01110001	165	A5	10100101	217	D9	11011001
10	A	00001010	62	3E	00111110	114	72	01110010	166	A6	10100110	218	DA	11011010
11	B	00001011	63	3F	00111111	115	73	01110011	167	A7	10100111	219	DB	11011011
12	C	00001100	64	40	01000000	116	74	01110100	168	A8	10101000	220	DC	11011100
13	D	00001101	65	41	01000001	117	75	01110101	169	A9	10101001	221	DD	11011101
14	E	00001110	66	42	01000010	118	76	01110110	170	AA	10101010	222	DE	11011110
15	F	00001111	67	43	01000011	119	77	01110111	171	AB	10101011	223	DF	11011111
16	10	00010000	68	44	01000100	120	78	01111000	172	AC	10101100	224	E0	11100000
17	11	00010001	69	45	01000101	121	79	01111001	173	AD	10101101	225	E1	11100001
18	12	00010010	70	46	01000110	122	7A	01111010	174	AE	10101110	226	E2	11100010
19	13	00010011	71	47	01000111	123	7B	01111011	175	AF	10101111	227	E3	11100011
20	14	00010100	72	48	01001000	124	7C	01111100	176	B0	10110000	228	E4	11100100
21	15	00010101	73	49	01001001	125	7D	01111101	177	B1	10110001	229	E5	11100101
22	16	00010110	74	4A	01001010	126	7E	01111110	178	B2	10110010	230	E6	11100110
23	17	00010111	75	4B	01001011	127	7F	01111111	179	B3	10110011	231	E7	11100111
24	18	00011000	76	4C	01001100	128	80	10000000	180	B4	10110100	232	E8	11101000
25	19	00011001	77	4D	01001101	129	81	10000001	181	B5	10110101	233	E9	11101001
26	1A	00011010	78	4E	01001110	130	82	10000010	182	B6	10110110	234	EA	11101010
27	1B	00011011	79	4F	01001111	131	83	10000011	183	B7	10110111	235	EB	11101011
28	1C	00011100	80	50	01010000	132	84	10000100	184	B8	10111000	236	EC	11101100
29	1D	00011101	81	51	01010001	133	85	10000101	185	B9	10111001	237	ED	11101101
30	1E	00011110	82	52	01010010	134	86	10000110	186	BA	10111010	238	EE	11101110
31	1F	00011111	83	53	01010011	135	87	10000111	187	BB	10111011	239	EF	11101111
32	20	00100000	84	54	01010100	136	88	10001000	188	BC	10111100	240	F0	11110000
33	21	00100001	85	55	01010101	137	89	10001001	189	BD	10111101	241	F1	11110001
34	22	00100010	86	56	01010110	138	8A	10001010	190	BE	10111110	242	F2	11110010
35	23	00100011	87	57	01010111	139	8B	10001011	191	BF	10111111	243	F3	11110011
36	24	00100100	88	58	01011000	140	8C	10001100	192	C0	11000000	244	F4	11110100
37	25	00100101	89	59	01011001	141	8D	10001101	193	C1	11000001	245	F5	11110101
38	26	00100110	90	5A	01011010	142	8E	10001110	194	C2	11000010	246	F6	11110110
39	27	00100111	91	5B	01011011	143	8F	10001111	195	C3	11000011	247	F7	11110111
40	28	00101000	92	5C	01011100	144	90	10010000	196	C4	11000100	248	F8	11111000
41	29	00101001	93	5D	01011101	145	91	10010001	197	C5	11000101	249	F9	11111001
42	2A	00101010	94	5E	01011110	146	92	10010010	198	C6	11000110	250	FA	11111010
43	2B	00101011	95	5F	01011111	147	93	10010011	199	C7	11000111	251	FB	11111011
44	2C	00101100	96	60	01100000	148	94	10010100	200	C8	11001000	252	FC	11111100
45	2D	00101101	97	61	01100001	149	95	10010101	201	C9	11001001	253	FD	11111101
46	2E	00101110	98	62	01100010	150	96	10010110	202	CA	11001010	254	FE	11111110
47	2F	00101111	99	63	01100011	151	97	10010111	203	CB	11001011	255	FF	11111111
48	30	00110000	100	64	01100100	152	98	10011000	204	CC	11001100			
49	31	00110001	101	65	01100101	153	99	10011001	205	CD	11001101			
50	32	00110010	102	66	01100110	154	9A	10011010	206	CE	11001110			
51	33	00110011	103	67	01100111	155	9B	10011011	207	CF	11001111			

Rechnen mit Bruchzahlen (gebrochenen Zahlen)

Erweitern/Kürzen	$\dfrac{a}{b}=\dfrac{a\cdot c}{b\cdot c}$ $(b\neq 0, c\neq 0)$	$\dfrac{a}{b}=\dfrac{a:c}{b:c}$ $(b\neq 0, c\neq 0, a$ und b teilbar durch $c)$
Addition/ Subtraktion	$\dfrac{a}{b}+\dfrac{c}{d}=\dfrac{ad+bc}{bd}$ $(b\neq 0, d\neq 0)$	$\dfrac{a}{b}-\dfrac{c}{d}=\dfrac{ad-bc}{bd}$ $(b\neq 0, d\neq 0)$
Multiplikation/ Division	$\dfrac{a}{b}\cdot\dfrac{c}{d}=\dfrac{a\cdot c}{b\cdot d}$ $(b\neq 0, d\neq 0)$	$\dfrac{a}{b}:\dfrac{c}{d}=\dfrac{a\cdot d}{b\cdot c}$ $(b\neq 0, c\neq 0, d\neq 0)$

Rundungsregeln

Ab- und Aufrunden	Folgt der Rundungsstelle eine 0, 1, 2, 3 oder 4, so wird abgerundet. Folgt der Rundungsstelle eine 5, 6, 7, 8 oder 9, so wird aufgerundet.
Faustregel für das Rechnen mit gerundeten Werten	*Addition/Multiplikation:* Um Rundungsfehler gering zu halten, sollte die eine Zahl vergrößert und die andere verkleinert werden. *Subtraktion/Division:* Beide Zahlen sollten vergrößert oder beide verkleinert werden, um geringere Rundungsfehler zu erhalten.

Näherungswerte

Näherungswerte	Näherungswerte erhält man beim Messen und beim Runden. Auch beim Rechnen mit Dezimalbrüchen benutzt man oft Näherungswerte, um Rechnungen mit vielen Nachkommastellen zu vermeiden.
Abweichung vom genauen Wert	Ein Näherungswert weicht i. Allg. vom (meist unbekannten) genauen Wert um nicht mehr als die Hälfte des Stellenwertes der letzten Ziffer ab. *Beispiel:* Für $\sqrt{7}$ gibt der Taschenrechner 2,6457513 an. Der Näherungswert 2,646 weicht davon um 0,0002487 $(<0,0005)$ ab.
Faustregeln für das Rechnen mit Näherungswerten	*Addition/Subtraktion:* Suche den Näherungswert, bei dem die letzte zuverlässige Ziffer am weitesten links steht. Bestimme die Stelle dieser letzten zuverlässigen Ziffer. Runde das Ergebnis auf diese Stelle. *Multiplikation/Division:* Suche den Näherungswert mit der geringsten Anzahl zuverlässiger Ziffern. Runde das Ergebnis auf die gleiche Anzahl von Ziffern.

Intervalle im Bereich reeller Zahlen

Abgeschlossene Intervalle
$[a; b]$ ist die Menge aller reellen Zahlen x mit $a\leq x\leq b$.
Die Randwerte a und b gehören zum Intervall.

Offene Intervalle
$(a; b)$ ist die Menge aller reellen Zahlen x mit $a< x< b$.
Die Randwerte a und b gehören nicht zum Intervall.
$(a;+\infty)$ ist die Menge aller reellen Zahlen x mit $x> a$.

Halboffene Intervalle
$[a; b)$ ist die Menge aller reellen Zahlen x mit $a\leq x< b$.
$(a; b]$ ist die Menge aller reellen Zahlen x mit $a< x\leq b$.
$[a;+\infty)$ ist die Menge aller reellen Zahlen x mit $x\geq a$.
$(-\infty; a]$ ist die Menge aller reellen Zahlen x mit $x\leq a$.

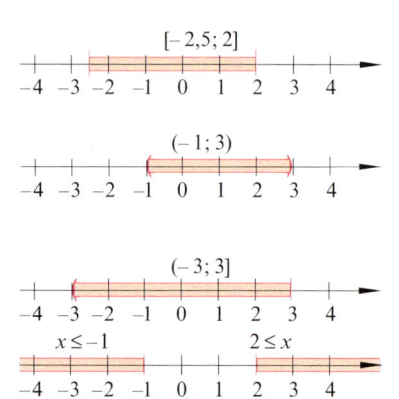

Komplexe Zahlen

Komplexe Zahlen in Normalform	Der Bereich der komplexen Zahlen $\mathbb{C}$ umfasst alle Zahlen der Form $z = a + b\,\mathrm{i}$ $(a, b \in \mathbb{R};\ \mathrm{i}^2 = -1)$. a nennt man Realteil von z ($\mathrm{Re}\ z$) und b Imaginärteil von z ($\mathrm{Im}\ z$). Alle komplexen Zahlen mit $b = 0$ sind reelle Zahlen, also $\mathbb{R} \subset \mathbb{C}$. Alle komplexen Zahlen mit $a = 0$ und $b \neq 0$ sind imaginäre Zahlen. Die Zahl $z = a - b\,\mathrm{i}$ heißt die zu $z = a + b\,\mathrm{i}$ konjugiert komplexe Zahl.	Darstellung der komplexen Zahlen in der Gauß'schen Zahlenebene 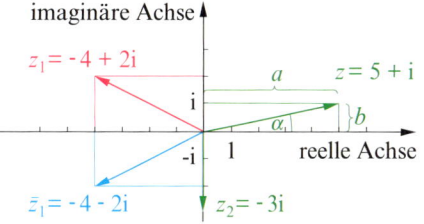
Rechenoperationen mit komplexen Zahlen in Normalform	Gegeben sind die komplexen Zahlen $z = a + b\,\mathrm{i}$, $z_1 = a_1 + b_1\,\mathrm{i}$, $z_2 = a_2 + b_2\,\mathrm{i}$. • Gleichheit: z_1 und z_2 sind genau dann gleich, wenn $a_1 = a_2$ und $b_1 = b_2$. • Addition: $z_1 + z_2 = (a_1 + a_2) + (b_1 + b_2)\,\mathrm{i}$ • Subtraktion: $z_1 - z_2 = (a_1 - a_2) + (b_1 - b_2)\,\mathrm{i}$ • Multiplikation: $z_1 \cdot z_2 = (a_1 a_2 - b_1 b_2) + (a_1 b_2 + a_2 b_1)\,\mathrm{i}$ • Division: $z_1 : z_2 = \dfrac{a_1 a_2 + b_1 b_2}{a_2^2 + b_2^2} + \dfrac{b_1 a_2 - a_1 b_2}{a_2^2 + b_2^2}\,\mathrm{i}$ für $z_2 \neq 0 + 0\mathrm{i}$ • Inverses: $\dfrac{1}{z} = \dfrac{a}{a^2 + b^2} - \dfrac{b}{a^2 + b^2}\,\mathrm{i}$ für $z \neq 0 + 0\mathrm{i}$ • Betrag: $|z| = \sqrt{a^2 + b^2}$	
Komplexe Zahlen in trigonometrischer Form	Wegen $|z| = r = \sqrt{a^2 + b^2}$, $a = |z| \cdot \cos \alpha$ und $b = |z| \cdot \sin \alpha$ mit $0° \leq \alpha \leq 360°$ folgt aus $z = a + b\,\mathrm{i}$: $z = |z| \cdot \cos \alpha + |z| \cdot \sin \alpha\,\mathrm{i}$ $= |z|\ (\cos \alpha + \sin \alpha\,\mathrm{i})$ $= r \cdot (\cos \alpha + \sin \alpha\,\mathrm{i})$	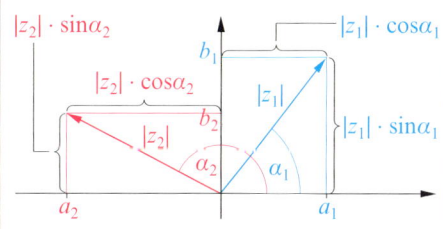
Rechenoperationen mit komplexen Zahlen in trigonometrischer Form	Gegeben sind die komplexen Zahlen $z = r \cdot (\cos \alpha + \sin \alpha\,\mathrm{i})$, $z_1 = r_1 \cdot (\cos \alpha_1 + \sin \alpha_1\,\mathrm{i})$, $z_2 = r_2 \cdot (\cos \alpha_2 + \sin \alpha_2\,\mathrm{i})$. • Gleichheit: z_1 und z_2 sind genau dann gleich, wenn $r_1 = r_2$ und $\alpha_1 = \alpha_2$. • Addition: $z_1 + z_2 = (r_1 \cdot \cos \alpha_1 + r_2 \cdot \cos \alpha_2) + (r_1 \cdot \sin \alpha_1 + r_2 \cdot \sin \alpha_2)\,\mathrm{i}$ • Subtraktion: $z_1 - z_2 = (r_1 \cdot \cos \alpha_1 - r_2 \cdot \cos \alpha_2) + (r_1 \cdot \sin \alpha_1 - r_2 \cdot \sin \alpha_2)\,\mathrm{i}$ • Multiplikation: $z_1 \cdot z_2 = r_1 r_2 [\cos (\alpha_1 + \alpha_2) + \sin (\alpha_1 + \alpha_2)\,\mathrm{i}]$ • Division: $z_1 : z_2 = \dfrac{r_1}{r_2} [\cos (\alpha_1 - \alpha_2) + \sin (\alpha_1 - \alpha_2)\,\mathrm{i}]$ für $z_2 \neq 0 + 0\mathrm{i}$ • Inverses: $\dfrac{1}{z} = \dfrac{1}{r} [\cos \alpha - \sin \alpha\,\mathrm{i}]$ für $z \neq 0 + 0\mathrm{i}$ • Potenzieren: $z^n = r^n [\cos (n\alpha) + \sin (n\alpha)\,\mathrm{i}]$ (Satz von de Moivre)	
Beispiel für die grafische Addition bzw. Subtraktion komplexer Zahlen	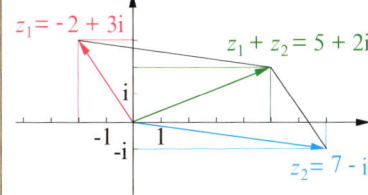	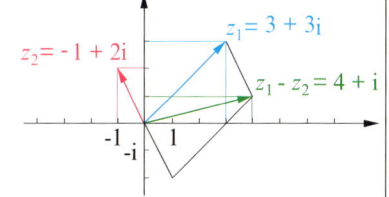

Gleichungen und Funktionen

Zuordnungen

Bei **Zuordnungen** wird jedem Wert aus einem Bereich ein Wert aus einem anderen Bereich zugeordnet. Zuordnungen können z. B. durch Wertetabellen, Diagramme oder Rechenvorschriften gegeben sein.
Eine spezielle Zuordnung ist die **Funktion**: Jedem Wert aus einem Bereich wird **genau** ein Wert aus einem anderen Bereich zugeordnet.

Beispiel: „Jeder natürlichen Zahl wird ihr Doppeltes, um eins vermehrt, zugeordnet."

Wertetabelle:

x	0	1	2	3	4
y	1	3	5	7	9

Diagramm:

Pfeildiagramm:

Rechenvorschrift:

$x \to y$ mit $y = 2x + 1$, wobei $x \in \mathbb{N}$

Proportionale Zuordnungen/Proportionalität

	Proportionale Zuordnungen (Direkt proportionale Zuordnungen)	Antiproportionale Zuordnungen (Indirekt proportionale Zuordnungen)
Definition	Die Verhältnisse einander zugeordneter Zahlen sind stets gleich (quotientengleich). Für alle Paare $(x_i; y_i)$ bzw. $(x_k; y_k)$ gilt: • $\dfrac{y_i}{x_i} = m \; (x_i \neq 0)$ bzw. $y_i = m \cdot x_i$ • $\dfrac{y_i}{x_i} = \dfrac{y_k}{x_k}$ (Verhältnisgleichung)	Die Produkte einander zugeordneter Zahlen sind stets gleich (produktgleich). Für alle Paare $(x_i; y_i)$ bzw. $(x_k; y_k)$ gilt: • $x_i \cdot y_i = k$ bzw. $y_i = \dfrac{k}{x_i} \; (x_i \neq 0)$ • $x_i \cdot y_i = x_k \cdot y_k$ (Produktgleichung)
Merkmale	Wird die eine Größe verdoppelt (verdreifacht, ...), so verdoppelt (verdreifacht, ...) sich auch die andere. Wird die eine Größe halbiert (gedrittelt, ...), so halbiert (drittelt, ...) sich auch die andere. *Faustregel:* „Je mehr – desto mehr."	Wird die eine Größe verdoppelt (verdreifacht, ...), so halbiert (drittelt, ...) sich die andere. Wird die eine Größe halbiert (gedrittelt, ...), so verdoppelt (verdreifacht, ...) sich die andere. *Faustregel:* „Je mehr – desto weniger."
Grafische Darstellung	Alle Punkte liegen auf einer Geraden, die durch den Nullpunkt des Koordinatensystems geht.	Die Punkte liegen auf einer Kurve, die sich für sehr kleine x-Werte an die y-Achse und für sehr große x-Werte an die x-Achse anschmiegt.
Dreisatz-Schema	gegebenes Zahlenpaar: Schluss auf die Einheit: Schluss auf das Gesuchte: $:3 \begin{pmatrix} 3 & 4 \\ 1 & \frac{4}{3} \end{pmatrix} :3$ $\cdot 5 \begin{pmatrix} & \\ 5 & \frac{4}{3} \cdot 5 \end{pmatrix} \cdot 5$	gegebenes Zahlenpaar: Schluss auf die Einheit: Schluss auf das Gesuchte: $:7 \begin{pmatrix} 7 & 6 \\ 1 & 6 \cdot 7 \end{pmatrix} \cdot 7$ $\cdot 2 \begin{pmatrix} & \\ 2 & \frac{6 \cdot 7}{2} \end{pmatrix} :2$

Prozentrechnung/Zinsrechnung

	Prozentrechnung	Zinsrechnung
Begriffe	*das Ganze (100%):* Grundwert G *Anteil am Ganzen* $\left(1\% = \dfrac{1}{100} = 0{,}01\right)$: Prozentsatz $p\%$ *Größe des Anteils:* Prozentwert W	Kapital K Zinssatz $p\%$ Zinsen Z
Grundgleichung	$\dfrac{W}{p} = \dfrac{G}{100}\ \left(\text{auch } W = \dfrac{G \cdot p}{100}\right)$	$\dfrac{Z}{p} = \dfrac{K}{100}\ \left(\text{auch } Z = \dfrac{K \cdot p}{100}\right)$
Grundaufgaben	Zu berechnen ist W: $W = \dfrac{G \cdot p}{100}$ Zu berechnen ist $p\%$: $p\% = \dfrac{p}{100} = \dfrac{W}{G}$ Zu berechnen ist G: $G = \dfrac{W \cdot 100}{p}$	Zu berechnen ist Z: $Z = \dfrac{K \cdot p}{100}$ Zu berechnen ist $p\%$: $p\% = \dfrac{p}{100} = \dfrac{Z}{K}$ Zu berechnen ist K: $K = \dfrac{Z \cdot 100}{p}$

Einige Prozent-sätze und ihre Anteile von G	1%	2%	$2{,}5\%$	4%	5%	10%	$12{,}5\%$	20%	25%	$33{,}\bar{3}\%$	50%	$66{,}\bar{6}\%$	75%
	$\dfrac{1}{100}$	$\dfrac{1}{50}$	$\dfrac{1}{40}$	$\dfrac{1}{25}$	$\dfrac{1}{20}$	$\dfrac{1}{10}$	$\dfrac{1}{8}$	$\dfrac{1}{5}$	$\dfrac{1}{4}$	$\dfrac{1}{3}$	$\dfrac{1}{2}$	$\dfrac{2}{3}$	$\dfrac{3}{4}$

Zinsen für feste Anlagezeit	ein Jahr: $Z = \dfrac{K \cdot p}{100}$ $\qquad$ m Monate: $Z = \dfrac{K \cdot m \cdot p}{100 \cdot 12}$ $\qquad$ i Tage: $Z = \dfrac{K \cdot i \cdot p}{100 \cdot 360}$

Zinseszins — Das Kapital K wächst nach n Jahren auf K_n:

n	1	2	$\dots$	n
K_n	$K \cdot q$	$K \cdot q^2$	$\dots$	$K \cdot q^n$

mit $q = 1 + \dfrac{p}{100}$

Rentenrechnung

	Zahlungsweise vorschüssig: Am Jahresanfang wird jeweils eine Rate R eingezahlt und am Jahresende wird das Gesamtkapital mit $p\%$ verzinst.	Zahlungsweise nachschüssig: Am Jahresende wird jeweils eine Rate R eingezahlt und anschließend wird das Gesamtkapital mit $p\%$ verzinst.
Kapital nach n Jahren ohne Ausgangs-kapital	$K_n = R \cdot q \cdot \dfrac{q^n - 1}{q - 1}$ mit $q = 1 + \dfrac{p}{100}$	$K_n = R \cdot \dfrac{q^n - 1}{q - 1}$ mit $q = 1 + \dfrac{p}{100}$
Kapital nach n Jahren mit Ausgangs-kapital K_0	$K_n = K_0 \cdot q^n + R \cdot q \cdot \dfrac{q^n - 1}{q - 1}$ mit $q = 1 + \dfrac{p}{100}$	$K_n = K_0 \cdot q^n + R \cdot \dfrac{q^n - 1}{q - 1}$ mit $q = 1 + \dfrac{p}{100}$
Äquivalenz von Zahlungen	Die beiden Zahlungen K_0 (fällig zum Zeitpunkt $t = 0$) und K_n (fällig zum Zeitpunkt $t = n$; d. h. n Zinsperioden nach dem Zeitpunkt $t = 0$) heißen bei Verwendung von Zinseszinsen äquivalent, wenn folgende Beziehung gilt:	$K_n = K_0 \cdot \left(1 + \dfrac{p}{100}\right)^n$

Finanzmathematik

Schulden-tilgung	Eine Kreditsumme K_0, die zu einem Zinssatz von $p\%$ je Zinsperiode aufgenommen wurde, wird in der Regel durch eine oder mehrere Rückzahlungen (**Annuitäten**) jeweils am Ende einer Zinsperiode getilgt. Eine *Annuität A* besteht aus dem Zinsanteil Z und dem Tilgungsanteil T: $A = Z + T$. – *Zinsanteil:* am Ende der Zinsperiode entstandene und fällige Zinsen bezogen auf die zu Beginn der Zinsperiode vorhandene Restschuld – *Tilgungsanteil:* Zahlungsanteil, der zur Minderung der jeweiligen Restschuld beiträgt Nach vollständiger Tilgung der Schuld ist die Summe der Tilgungsanteile aller Annuitäten gleich der aufgenommenen Kreditsumme K_0.
Tilgungsarten	• *gesamtfällige Schuld mit vollständiger Zinsansammlung:* K_0 wird am Ende der Laufzeit von n Zinsperioden zusammen mit den angefallenen Zinsen mit einer Annuität A zurückgezahlt. $\qquad A = K_0 \cdot \left(1 + \dfrac{p}{100}\right)^n$ • *gesamtfällige Schuld ohne Zinsansammlung:* K_0 wird am Ende der Laufzeit von n Zinsperioden mit einer Zahlung A getilgt, die Zinsen Z_i werden je Zinsperiode gezahlt. $\qquad A_k = Z_k = K_0 \cdot \dfrac{p}{100}$, für $k = 1, \ldots, n-1$ $\qquad A = K_0 \cdot \left(1 + \dfrac{p}{100}\right)$ • *Ratentilgung:* Alle Annuitäten haben denselben Tilgungsanteil T, bei insgesamt n Raten gilt: $T = K_0/n$. Die am Ende der k-ten Zinsperiode fälligen Zinsen werden bezogen auf die zu Beginn dieser Zinsperiode bestehende Restschuld K_{k-1} berechnet. Für die k-te Annuität gilt: $\qquad A_k = \dfrac{K_0}{n} + K_{k-1} \cdot \dfrac{p}{100}$ $\qquad = \dfrac{K_0}{n}\left(1 + (n-k+1) \cdot \dfrac{p}{100}\right)$ • *Annuitätentilgung:* Alle Annuitäten sind gleich hoch; soll die Schuld K_0 in n Zinsperioden durch regelmäßige Zahlungen gleichbleibender Annuitäten A abgetragen werden, so gilt: $\qquad A = K_0 \cdot q^n \cdot \dfrac{q-1}{q^n - 1}$ mit $q = 1 + \dfrac{p}{100}$
Effektivzins-berechnung bei Annuitäten-tilgung	Sind n Annuitäten A zur Tilgung einer tatsächlich ausgezahlten Kreditsumme K erforderlich, ergibt sich der Effektivzinssatz e wie folgt: 1. Gleichung $0 = K \cdot q^n - A \dfrac{q^n - 1}{q - 1}$ näherungsweise nach q auflösen 2. Effektivzinssatz e (in %) aus $q = 1 + \dfrac{e}{100}$ berechnen
Abschreibungen	*lineare Abschreibung:* jährliche Abschreibung $= \dfrac{\text{Anschaffungskosten}}{\text{Zahl der Nutzungsjahre}}$ *geometrisch-degressive Abschreibung:* jährliche Abschreibung $= p\%$ des Vorjahreswertes Zeitwert nach t Jahren: $K_t = K_0 \cdot \left(1 - \dfrac{p}{100}\right)^t$
Kosten, Grenzkosten; Erlös, Gewinn	Eine **Kostenfunktion** K ordnet in einer modellierten Situation jeder erzeugten Menge x die bei der Erzeugung entstehenden Kosten $K(x)$ zu. Sie besteht aus einem Fixkostenanteil und einem Anteil variabler Kosten. Kostenfunktionen nehmen nur positive Werte an und sind monoton wachsend. Die erste Ableitung der Kostenfunktion ist die **Grenzkostenfunktion** $K'(x_0)$. Sie beschreibt den Kostenzuwachs, der entsteht, wenn bei einer Produktionsmenge von x_0 die Produktion um eine Einheit erhöht wird. Die **Erlösfunktion** E ordnet jeder verkauften Menge x die erzielten Erlöse $E(x)$ zu. Die **Gewinnfunktion** G ergibt sich aus der Differenz von E und K: $G(x) = E(x) - K(x)$. Nimmt G negative Werte an, werden Verluste gemacht.

Lineare Optimierung

Lineare Optimierung – Probleme mit zwei Variablen	Ausgangspunkt: • lineares Ungleichungssystem mit 2 Variablen x_1, x_2 • lineare Zielfunktion $f(x_1; x_2)$ • oft: **Nichtnegativitätsbedingungen** $(x_1 \geq 0,\, x_2 \geq 0)$ Gesucht sind alle Zahlenpaare $(x_1; x_2)$, für die gilt: 1. $(x_1; x_2)$ ist Lösung des lin. Ungleichungssystems. 2. f hat bei $(x_1; x_2)$ ein Maximum bzw. ein Minimum.	$a_{11}x_1 + a_{12}x_2 \leq b_1$ $a_{21}x_1 + a_{22}x_2 \leq b_2$ $\ldots$ $a_{m1}x_1 + a_{m2}x_2 \leq b_m;$ $f(x_1; x_2) = p_1 x_1 + p_2 x_2 = \begin{cases} \max! \\ \min! \end{cases}$
Grafische Lösung eines linearen Optimierungsproblems mit zwei Variablen	1. Darstellung des durch das Ungleichungssystem bestimmten Bereiches B 2. Einzeichnen der Geraden g_0 mit $p_1 x_1 + p_2 x_2 = 0$ 3. Verschieben von g_0, sodass g^* mit $p_1 x_1 + p_2 x_2 = c$ $(c \neq 0)$ den Bereich B nur in einer Kante oder einem Eckpunkt berührt. c muss dabei maximal bzw. minimal werden. Für die Koordinaten x_1^*, x_2^* des Berührungspunktes von g^* mit dem Bereich B wird f maximal bzw. minimal. $((x_1^*; x_2^*)$ existiert nicht notwendig.)	*Bsp.:* $x_1 + x_2 \leq 2;\ x_2 \geq 1;\ x_1 \geq 0$ $f(x_1; x_2) = 2x_1 + x_2 = \min!$ $x_2 = 1$ $x_2 = 2 - x_1$ g^* $g_0: x_2 = -2x_1$
Lineare Optimierung – allgemeiner Fall (Probleme mit n Variablen)	Ausgangspunkt: • System linearer Ungleichungen (Nebenbedingungen) • Nichtnegativitätsbedingungen • eine zu optimierende lineare Zielfunktion f Gesucht ist ein n-Tupel $x = (x_1, x_2, \ldots, x_n)$, mit 1. x ist Lösung des lin. Ungleichungssystems. 2. f hat bei x ein Maximum bzw. ein Minimum.	Gegeben: (m, n)-Matrix A; $p = (p_1, \ldots, p_n)^T,$ $b = (b_1, b_2, \ldots, b_m)^T, b_i \geq 0$ Gesucht: Vektor x mit (1) $f(x) = p^T x = \max!$ bzw. min! (2) $A \cdot x \leq b$ mit $(x_i \geq 0)$
Standardform eines linearen Optimierungsproblems	Das Problem ist als Maximierungsproblem zu formulieren (notfalls durch $\max(-f)$). Das standardisierte Ungleichungssystem $A \cdot x \leq b$ wird mithilfe von **Schlupfvariablen** $y_1, y_2, \ldots, y_m$ in ein lineares Gleichungssystem umgewandelt. **Zulässige Basislösung:** Lösung, bei der $n - m$ Variablen (**Nichtbasisvariablen**) den Wert 0 haben und die zu den übrigen m **Basisvariablen** gehörenden Koeffizientenspalten des LGS lin. unabhängig sind.	(1) $y + A \cdot x = b;\ x_i \geq 0;\ b_i \geq 0$ $y = (y_1, y_2, \ldots, y_m)^T;\ y_i \geq 0$ (m, n)-Matrix A $(m > n)$ (2) $f(x) = p^T x = \max!$ $p = (p_1, p_2, \ldots, p_n)^T$ $y_i = b_i$ für $i \in \{1, \ldots, m\}$ und $x_j = 0$ für $j \in \{1, \ldots, n\}$ ist eine zulässige Basislösung (mit den Schlupfvariablen als Basisvariablen).

Simplex-Algorithmus	– Lineares Optimierungsproblem in Standardform bringen
	– Koeffizienten in ein Simplextableau eintragen
	– je Iterationsschritt Folgendes ausführen:
	1. Finden des **Pivotelements** $a_{i^* j^*}$
	  (a) **Pivotspalte:** Spalte j^* mit $p_{j^*} = \max p_j$;
	  (b) **Pivotzeile:** Zeile i^* mit $\lvert b_{i^*}/a_{i^* j^*} \rvert = \min(\lvert b_i/a_{ij^*}\rvert)$, wobei $b_i/a_{ij^*} < 0$
	2. Variablen in Pivotzeile und -spalte tauschen;
	3. Pivotelement durch sein Reziprokes ersetzen;
	4. restliche Koeff. der Pivotspalte durch $a_{i^* j^*}$ teilen;
	5. restliche Koeff. der Pivotzeile durch $-a_{i^* j^*}$ teilen;
	6. restliche Koeff. des Tableaus wie folgt ersetzen:
	
	a_{ij} durch $a_{ij} - \dfrac{a_{ij^*} \cdot a_{i^* j}}{a_{i^* j^*}},\ b_i$ durch $b_i - \dfrac{a_{ij^*} \cdot b_{i^*}}{a_{i^* j^*}},\ p_j$ durch $p_j - \dfrac{a_{i^* j} \cdot p_{j^*}}{a_{i^* j^*}}$
	
	Sind in dem so entstehenden Tableau alle Koeffizienten $p_1, p_2, \ldots, p_n$ negativ, enthält die rechte Spalte das Lösungstupel für die Basisvariablen.
		Simplextableau:
		
		(siehe Tabelle unten)

Simplextableau:

		Nichtbasisvariablen				
		x_1	x_2	$\ldots$	x_n	
	f	p_1	p_2	$\ldots$	p_m	0
Basisvariablen	y_1	$-a_{11}$	$-a_{12}$	$\ldots$	$-a_{1n}$	b_1
	y_2	$-a_{21}$	$-a_{22}$	$\ldots$	$-a_{2n}$	b_2
	$\ldots$	$\ldots$	$\ldots$	$\ldots$	$\ldots$	$\ldots$
	y_m	$-a_{m1}$	$-a_{m2}$	$\ldots$	$-a_{mn}$	b_m

Lineare Gleichungen/lineare Gleichungssysteme

Lineare Gleichungen mit einer Variablen	*allgemeine Form:* $a \cdot x + b = 0$, wobei a, b konstant und $a \neq 0$ *Lösung:* $x = -\dfrac{b}{a}$ bzw. $L = \left\{ -\dfrac{b}{a} \right\}$
Lineare Gleichungen mit zwei Variablen	*allgemeine Form:* $a x + b y = c$, wobei a, b, c konstant und $a \neq 0$, $b \neq 0$ *Lösungsmenge:* $L = \left\{ (x; y) \mid y = -\dfrac{a}{b} x + \dfrac{c}{b} \right\}$ Alle Lösungen liegen auf ein und derselben Geraden.
Lineare Gleichungssysteme (LGS) mit 2 Variablen	*allgemeine Form:* (I) $a_1 x + b_1 y = c_1$ (II) $a_2 x + b_2 y = c_2$, wobei a_1, b_1, c_1, a_2, b_2, c_2 konstant *Lösungsmenge:* Schnittmenge der Lösungsmengen beider Gleichungen

Grafisches Lösen von linearen Gleichungssystemen mit 2 Variablen	Das LGS hat *genau eine Lösung,* wenn die Geraden einander schneiden.	Das LGS hat *keine Lösung,* wenn die Geraden parallel verlaufen.	Das LGS hat *unendlich viele Lösungen,* wenn die Geraden zusammenfallen.
	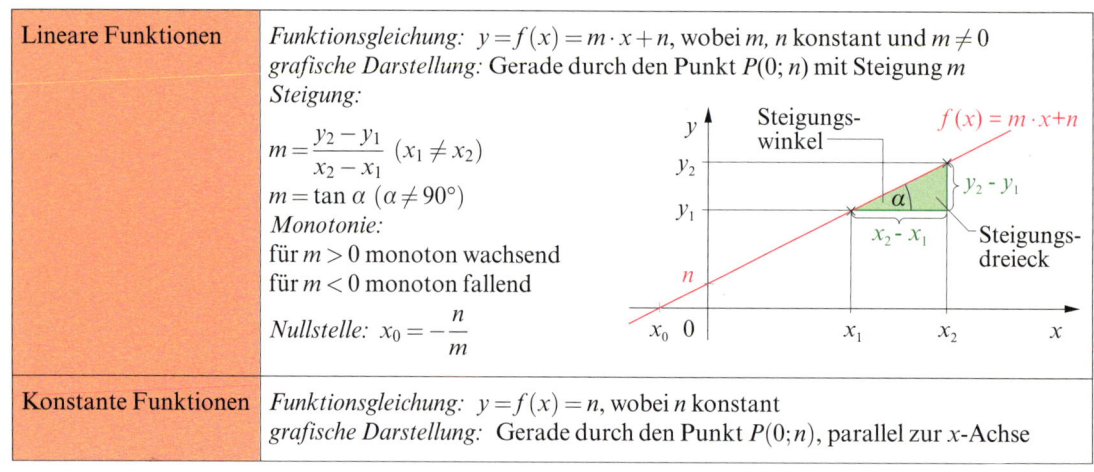		

Rechnerisches Lösen von linearen Gleichungssystemen (↗ Seite 75)	*Einsetzungsverfahren:* – eine Gleichung nach einer Variablen auflösen – den entstehenden Term in die andere Gleichung einsetzen *Gleichsetzungsverfahren:* – beide Gleichungen nach derselben Variablen auflösen – entstehende Terme gleichsetzen *Additionsverfahren:* – eine Gleichung auf beiden Seiten mit einer Zahl ($\neq 0$) multiplizieren, sodass in beiden Gleichungen die Koeffizienten vor einer der Variablen dem Betrage nach gleich, ihre Vorzeichen aber verschieden sind – Gleichungen dann addieren

Lineare Funktionen/konstante Funktionen

Lineare Funktionen	*Funktionsgleichung:* $y = f(x) = m \cdot x + n$, wobei m, n konstant und $m \neq 0$ *grafische Darstellung:* Gerade durch den Punkt $P(0; n)$ mit Steigung m *Steigung:* $m = \dfrac{y_2 - y_1}{x_2 - x_1}$ $(x_1 \neq x_2)$ $m = \tan \alpha$ $(\alpha \neq 90°)$ *Monotonie:* für $m > 0$ monoton wachsend für $m < 0$ monoton fallend *Nullstelle:* $x_0 = -\dfrac{n}{m}$
Konstante Funktionen	*Funktionsgleichung:* $y = f(x) = n$, wobei n konstant *grafische Darstellung:* Gerade durch den Punkt $P(0; n)$, parallel zur x-Achse

Quadratische Gleichungen

Quadratische Gleichungen	*allgemeine Form:* $ax^2 + bx + c = 0$, wobei *a, b, c konstant und* $a \neq 0$ *Normalform:* $x^2 + px + q = 0$, wobei p, q konstant	
Lösungsformeln	für Normalform: $$x_{1,2} = -\frac{p}{2} \pm \sqrt{\left(\frac{p}{2}\right)^2 - q}$$	für allgemeine Form: $$x_{1,2} = -\frac{b}{2a} \pm \sqrt{\frac{b^2 - 4ac}{4a^2}}$$
Diskriminante	$D = \left(\frac{p}{2}\right)^2 - q$, daher $x_{1,2} = -\frac{p}{2} \pm \sqrt{D}$	
Anzahl der Lösungen	Falls $D > 0$: zwei Lösungen, $x_1 = -\frac{p}{2} + \sqrt{\left(\frac{p}{2}\right)^2 - q}$ und $x_2 = -\frac{p}{2} - \sqrt{\left(\frac{p}{2}\right)^2 - q}$ Falls $D = 0$: genau eine Lösung, $x_1 = x_2 = -\frac{p}{2}$ Falls $D < 0$: keine Lösung im Bereich der reellen Zahlen	
Satz von Vieta	Für die Lösungen x_1, x_2 einer quadratischen Gleichung $x^2 + px + q = 0$ gilt: $x_1 + x_2 = -p$ und $x_1 \cdot x_2 = q$	
Zerlegung in Linearfaktoren	Für die Lösungen x_1, x_2 einer quadratischen Gleichung $x^2 + px + q = 0$ gilt: $x^2 + px + q = (x - x_1) \cdot (x - x_2)$	

Quadratische Funktionen

Allgemeine Form	*Funktionsgleichung:* $y = f(x) = ax^2 + bx + c$, wobei *a, b, c konstant und* $a \neq 0$ *Scheitelpunkt:* $S\left(-\frac{b}{2a}; \frac{4ac - b^2}{4a}\right)$ *Nullstellen:* $x_{1,2} = -\frac{b}{2a} \pm \sqrt{\frac{b^2 - 4ac}{4a^2}}$
Normalform	*Funktionsgleichung:* $y = f(x) = x^2 + px + q$, *wobei p, q konstant* *Scheitelpunkt:* $S\left(-\frac{p}{2}; -\frac{p^2}{4} + q\right)$ *Nullstellen:* $x_{1,2} = -\frac{p}{2} \pm \sqrt{\left(\frac{p}{2}\right)^2 - q}$
Scheitelpunktsform	*Funktionsgleichung:* $y = f(x) = a(x + d)^2 + e$, wobei *a, d, e konstant und* $a \neq 0$ *Scheitelpunkt:* $S(-d; e)$ *Nullstellen:* $x_{1,2} = -d \pm \sqrt{-\frac{e}{a}}$
Grafische Darstellung	Der Graph einer quadratischen Funktion heißt **Parabel**. Der Funktionsgraph zu $y = f(x) = x^2$ heißt **Normalparabel**. 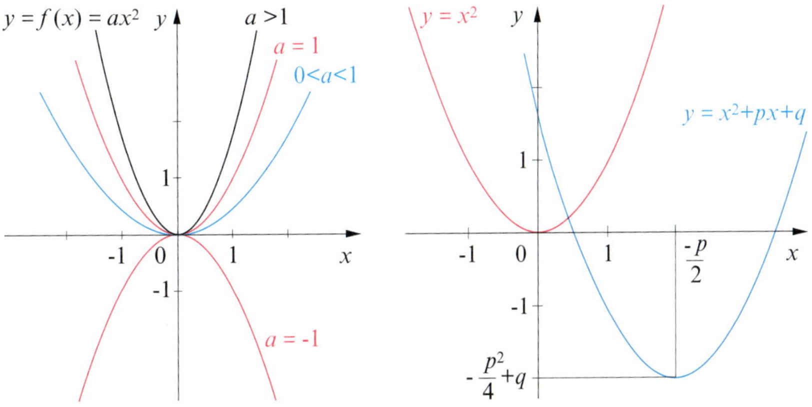

Potenzen

Definitionen für a^k	Für $k \in \mathbb{N}$ gilt: $\quad a^k := \underbrace{a \cdot a \cdot \ldots \cdot a}_{k \text{ Faktoren}}$ $\quad$ Sonderfälle: $\quad a^1 := a$ $\quad a^0 := 1$ $a^{-k} := \dfrac{1}{a^k} \ (a \neq 0)$ $\quad$ (0^0 ist nicht erklärt.)
	Für $k = \dfrac{p}{q}$ mit $p \in \mathbb{Z}$, $q \in \mathbb{N}$ und $q \neq 0$ gilt: $$a^{\frac{p}{q}} = \left(a^p\right)^{\frac{1}{q}} := \sqrt[q]{a^p}; \ a^{\frac{1}{q}} = \sqrt[q]{a} \ (a > 0)$$
Potenzgesetze	$a, b \in \mathbb{R}, a, b \neq 0$ und $m, n \in \mathbb{Z}$ oder aber $a, b \in \mathbb{R}, a, b > 0$ und $m, n \in \mathbb{Q}$ • $a^m \cdot b^m = (a \cdot b)^m$ • $a^m \cdot a^n = a^{m+n}$ $\qquad\qquad$ • $(a^m)^n = a^{m \cdot n}$ • $\dfrac{a^m}{a^n} = a^{m-n}$ $\qquad\qquad$ • $\dfrac{a^m}{b^m} = \left(\dfrac{a}{b}\right)^m$

Wurzeln

Definition von $\sqrt[n]{a}$	Für $a \in \mathbb{R}, a \geq 0$ und $n \in \mathbb{N}, n \geq 1$ gilt: $\sqrt[n]{a} = x$ mit $x \geq 0$ und $x^n = a$
Wurzelgesetze	$a, b \in \mathbb{R}, a, b \geq 0$ und $m, n \in \mathbb{N}, m, n \geq 1$: • $\sqrt[n]{a} \cdot \sqrt[n]{b} = \sqrt[n]{ab}$ $\qquad\qquad$ • $\dfrac{\sqrt[n]{a}}{\sqrt[n]{b}} = \sqrt[n]{\dfrac{a}{b}}$ (für $b \neq 0$) • $\sqrt[m]{\sqrt[n]{a}} = \sqrt[n]{\sqrt[m]{a}} = \sqrt[nm]{a}$ $\qquad$ • $\left(\sqrt[n]{a}\right)^m = \sqrt[n]{a^m}$

Logarithmen

Definition für $\log_a b$	Für $a \in \mathbb{R}, a > 0, a \neq 1$ und $b \in \mathbb{R}, b > 0$ gilt: $\log_a b = x$ genau dann, wenn $a^x = b$ Insbesondere gilt: $\log_a 1 = 0$, $\log_a a = 1$, $a^{\log_a b} = b$ *Achtung:* $\log_1 a$ ist nicht erklärt
Logarithmengesetze	$a \in \mathbb{R}, a > 0, a \neq 1$ und $b, b_1, b_2 \in \mathbb{R}; b, b_1, b_2 > 0$ und $r \in \mathbb{Q}$ und $n \in \mathbb{N}, n \neq 0$ • $\log_a(b_1 \cdot b_2) = \log_a b_1 + \log_a b_2$ $\qquad$ • $\log_a b^r = r \cdot \log_a b$ • $\log_a\left(\dfrac{b_1}{b_2}\right) = \log_a b_1 - \log_a b_2$ $\qquad$ • $\log_a \sqrt[n]{b} = \dfrac{1}{n} \cdot \log_a b$
Basiswechsel (Basis a zu Basis b)	$a \in \mathbb{R}, a > 0, a \neq 1$ und $b \in \mathbb{R}, b > 0, b \neq 1$ und $c \in \mathbb{R}, c > 0$: $\log_b c = \dfrac{\log_a c}{\log_a b}; \ \log_b a = \dfrac{1}{\log_a b}$
spezielle Logarithmen (Basis e bzw. Basis 10)	Schreibweise für $\log_e x$: $\ln x$ (natürlicher Logarithmus) Schreibweise für $\log_{10} x$: $\lg x$ (dekadischer Logarithmus)
Basiswechsel (Basis 10 zu Basis e)	Für $x \in \mathbb{R}, x > 0$ gilt: $\ln x = \dfrac{\lg x}{\lg e}$, also $\ln x \approx 2{,}3026 \cdot \lg x$

Potenzfunktionen $y = f(x) = x^k$

$k \in \mathbb{N}, k \neq 0$ und $x \in \mathbb{R}$	k gerade	k ungerade
	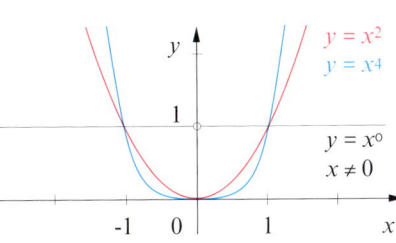	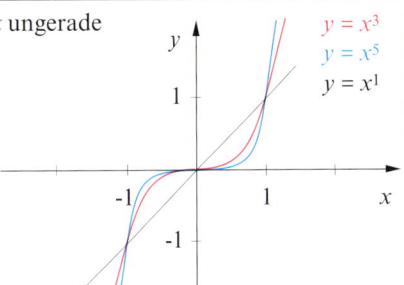
	Die Graphen sind achsensymmetrisch zur y-Achse. *Gemeinsame Punkte aller Graphen:* $(1; 1)$ und $(-1; 1)$ *Nullstelle:* $x_0 = 0$	Die Graphen sind punktsymmetrisch zum Koordinatenursprung. *Gemeinsame Punkte aller Graphen:* $(1; 1)$ und $(-1; -1)$ *Nullstelle:* $x_0 = 0$
$k \in \mathbb{Z}^-$ und $x \in \mathbb{R}, x \neq 0$	k gerade	k ungerade
	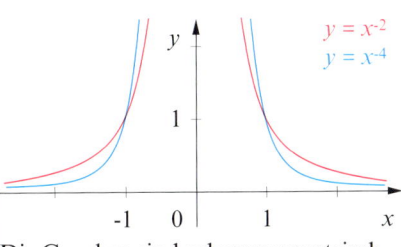	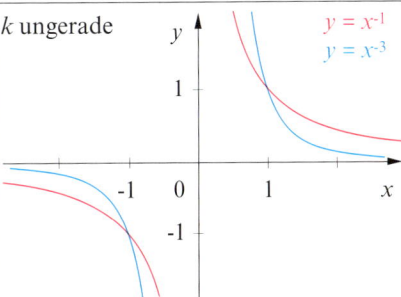
	Die Graphen sind achsensymmetrisch zur y-Achse. *Gemeinsame Punkte aller Graphen:* $(1; 1)$ und $(-1; 1)$ *Nullstelle:* gibt es nicht	Die Graphen sind punktsymmetrisch zum Koordinatenursprung. *Gemeinsame Punkte aller Graphen:* $(1; 1)$ und $(-1; -1)$ *Nullstelle:* gibt es nicht
$k \in \mathbb{Q}^+$ und $x \in \mathbb{R}, x \geq 0$ Spezialfall: **Wurzelfunktionen** $k = \dfrac{1}{n}, n \in \mathbb{N}, n > 1$ und $x \in \mathbb{R}, x \geq 0$	*Gemeinsame Punkte aller Graphen:* $(0; 0)$ und $(1; 1)$ *Nullstelle:* $x_0 = 0$	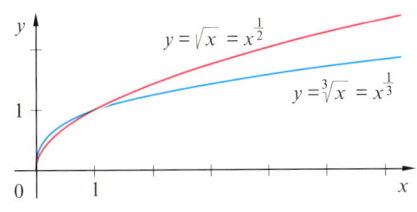

Exponentialfunktionen/Logarithmusfunktionen

Exponentialfunktionen $y = f(x) = a^x \ (a, x \in \mathbb{R}, a > 0, a \neq 1)$	Logarithmusfunktionen $y = f(x) = \log_a x \ (a, x \in \mathbb{R}, a, x > 0, a \neq 1)$
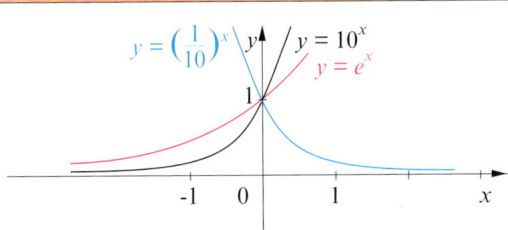	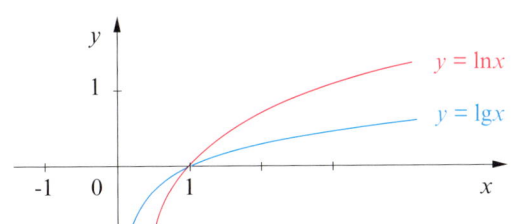
Gemeinsamer Punkt aller Graphen: $(0; 1)$ *Nullstelle:* gibt es nicht	*Gemeinsamer Punkt aller Graphen:* $(1; 0)$ *Nullstelle:* $x_0 = 1$

Seiten-Winkel-Beziehungen am rechtwinkligen Dreieck – Sinus, Kosinus, Tangens, Kotangens

Bezeichnungen im rechtwinkligen Dreieck	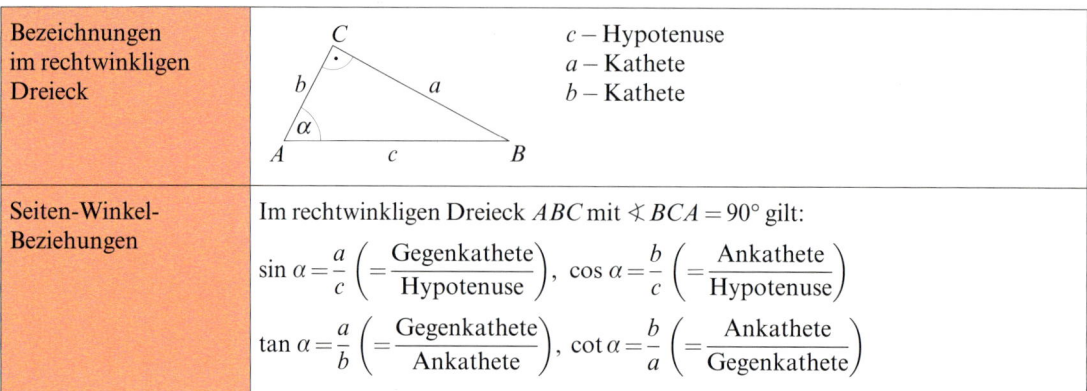 c – Hypotenuse a – Kathete b – Kathete
Seiten-Winkel-Beziehungen	Im rechtwinkligen Dreieck ABC mit $\sphericalangle BCA = 90°$ gilt: $\sin \alpha = \dfrac{a}{c} \left(= \dfrac{\text{Gegenkathete}}{\text{Hypotenuse}} \right)$, $\cos \alpha = \dfrac{b}{c} \left(= \dfrac{\text{Ankathete}}{\text{Hypotenuse}} \right)$ $\tan \alpha = \dfrac{a}{b} \left(= \dfrac{\text{Gegenkathete}}{\text{Ankathete}} \right)$, $\cot \alpha = \dfrac{b}{a} \left(= \dfrac{\text{Ankathete}}{\text{Gegenkathete}} \right)$

Winkelfunktionen – Sinusfunktion und Kosinusfunktion

	Sinusfunktion	Kosinusfunktion
Darstellung am Einheitskreis		
Graph der Funktion		
Definitionsbereich	$\mathbb{R}$	$\mathbb{R}$
Wertebereich	$[-1; 1]$	$[-1; 1]$
Periodizität	Periode 360° bzw 2π: $\sin x = \sin (x + k \cdot 360°)$, wobei $k \in \mathbb{Z}$	Periode 360° bzw 2π: $\cos x = \cos (x + k \cdot 360°)$, wobei $k \in \mathbb{Z}$
Symmetrie	punktsymmetrisch zum Koordinatenursprung: $\sin (-x) = -\sin x$	achsensymmetrisch zur y-Achse: $\cos (-x) = \cos x$
Quadrantenbeziehungen	II: $\sin (180° - x) = \sin x$ III: $\sin (180° + x) = -\sin x$ IV: $\sin (360° - x) = -\sin x$	II: $\cos (180° - x) = -\cos x$ III: $\cos (180° + x) = -\cos x$ IV: $\cos (360° - x) = \cos x$
Nullstellen	$k \cdot 180°$ bzw. $k \cdot \pi$, wobei $k \in \mathbb{Z}$	$90° + k \cdot 180°$ bzw. $\dfrac{\pi}{2} + k \cdot \pi$, wobei $k \in \mathbb{Z}$

Winkelfunktionen – Tangensfunktion und Kotangensfunktion

	Tangensfunktion	Kotangensfunktion
Darstellung am Einheitskreis	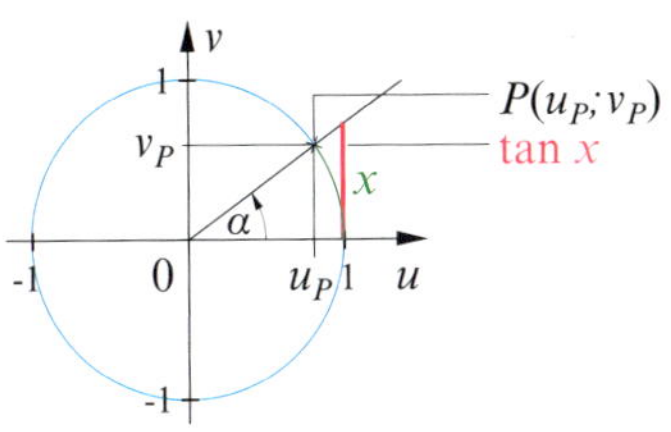	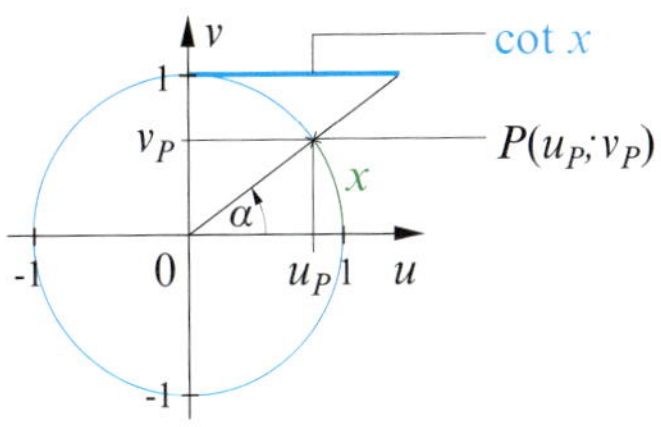
Graph der Funktion	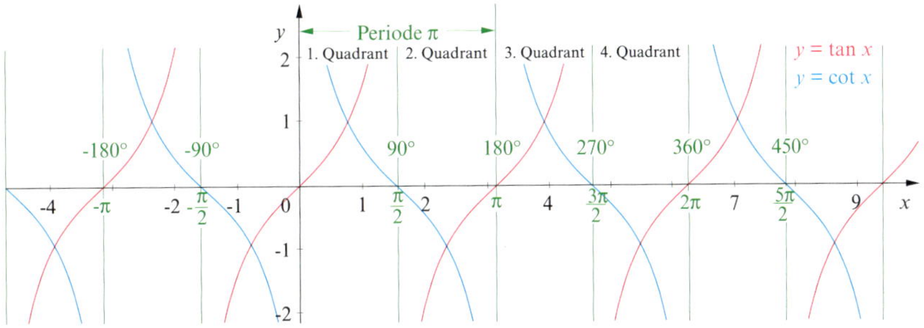	
Definitionsbereich	$\mathbb{R} \setminus \left\{ (2k+1) \cdot \dfrac{\pi}{2} \right\}, k \in \mathbb{Z}$	$\mathbb{R} \setminus \{ k \cdot \pi \}, k \in \mathbb{Z}$
Wertebereich	$\mathbb{R}$	$\mathbb{R}$
Periodizität	Periode 180° bzw. π: $\tan x = \tan(x + k \cdot 180°)$, wobei $k \in \mathbb{Z}$	Periode 180° bzw. π: $\cot x = \cot(x + k \cdot 180°)$, wobei $k \in \mathbb{Z}$
Symmetrie	punktsymmetrisch zum Koordinatenursprung: $\tan(-x) = -\tan x$	punktsymmetrisch zum Koordinatenursprung: $\cot(-x) = -\cot x$
Quadrantenbeziehungen	II: $\tan(180°-x) = -\tan x$ III: $\tan(180°+x) = \tan x$ IV: $\tan(360°-x) = -\tan x$	II: $\cot(180°-x) = -\cot x$ III: $\cot(180°+x) = \cot x$ IV: $\cot(360°-x) = -\cot x$
Nullstellen	$k \cdot 180°$ bzw. $k \cdot \pi$, wobei $k \in \mathbb{Z}$	$90° + k \cdot 180°$ bzw. $\dfrac{\pi}{2} + k \cdot \pi$, wobei $k \in \mathbb{Z}$

Spezielle Funktionswerte der Winkelfunktionen

x	0	$\dfrac{\pi}{6}$	$\dfrac{\pi}{4}$	$\dfrac{\pi}{3}$	$\dfrac{\pi}{2}$	$\dfrac{2\pi}{3}$	$\dfrac{3\pi}{4}$	$\dfrac{5\pi}{6}$	π	$\dfrac{5\pi}{4}$	$\dfrac{3\pi}{2}$	2π
	0°	30°	45°	60°	90°	120°	135°	150°	180°	225°	270°	360°
$\sin x$	0	$\dfrac{1}{2}$	$\dfrac{1}{2}\sqrt{2}$	$\dfrac{1}{2}\sqrt{3}$	1	$\dfrac{1}{2}\sqrt{3}$	$\dfrac{1}{2}\sqrt{2}$	$\dfrac{1}{2}$	0	$-\dfrac{1}{2}\sqrt{2}$	-1	0
$\cos x$	1	$\dfrac{1}{2}\sqrt{3}$	$\dfrac{1}{2}\sqrt{2}$	$\dfrac{1}{2}$	0	$-\dfrac{1}{2}$	$-\dfrac{1}{2}\sqrt{2}$	$-\dfrac{1}{2}\sqrt{3}$	-1	$-\dfrac{1}{2}\sqrt{2}$	0	1
$\tan x$	0	$\dfrac{1}{3}\sqrt{3}$	1	$\sqrt{3}$	–	$-\sqrt{3}$	-1	$-\dfrac{1}{3}\sqrt{3}$	0	1	–	0

Darstellung einer Winkelfunktion durch eine andere Funktion desselben Winkels

Komplementwinkelbeziehung:	$\sin x = \cos(90° - x)$; $\cos x = \sin(90° - x)$
	$\tan x = \cot(90° - x)$; $\cot x = \tan(90° - x)$
„trigonometrischer Pythagoras":	$\sin^2 x + \cos^2 x = 1$

$\sin^2 x = 1 - \cos^2 x$	$\cos^2 x = 1 - \sin^2 x$	$\tan^2 x = \dfrac{\sin^2 x}{1 - \sin^2 x}$	$\cot^2 x = \dfrac{1 - \sin^2 x}{\sin^2 x}$
$\sin^2 x = \dfrac{\tan^2 x}{1 + \tan^2 x}$	$\cos^2 x = \dfrac{1}{1 + \tan^2 x}$	$\tan^2 x = \dfrac{1 - \cos^2 x}{\cos^2 x}$	$\cot^2 x = \dfrac{\cos^2 x}{1 - \cos^2 x}$

Additionstheoreme

$\sin(\alpha + \beta) = \sin\alpha \cdot \cos\beta + \cos\alpha \cdot \sin\beta$	$\sin(\alpha - \beta) = \sin\alpha \cdot \cos\beta - \cos\alpha \cdot \sin\beta$
$\cos(\alpha + \beta) = \cos\alpha \cdot \cos\beta - \sin\alpha \cdot \sin\beta$	$\cos(\alpha - \beta) = \cos\alpha \cdot \cos\beta + \sin\alpha \cdot \sin\beta$
$\tan(\alpha + \beta) = \dfrac{\tan\alpha + \tan\beta}{1 - \tan\alpha \cdot \tan\beta}$	$\tan(\alpha - \beta) = \dfrac{\tan\alpha - \tan\beta}{1 + \tan\alpha \cdot \tan\beta}$

Summen/Differenzen sowie Funktionen des doppelten und des halben Winkels

$\sin\alpha + \sin\beta = 2 \cdot \sin\dfrac{\alpha+\beta}{2} \cos\dfrac{\alpha-\beta}{2}$	$\sin\alpha - \sin\beta = 2 \cdot \cos\dfrac{\alpha+\beta}{2} \sin\dfrac{\alpha-\beta}{2}$
$\cos\alpha + \cos\beta = 2 \cdot \cos\dfrac{\alpha+\beta}{2} \cos\dfrac{\alpha-\beta}{2}$	$\cos\alpha - \cos\beta = -2 \cdot \sin\dfrac{\alpha+\beta}{2} \sin\dfrac{\alpha-\beta}{2}$
$\tan\alpha + \tan\beta = \dfrac{\sin(\alpha+\beta)}{\cos\alpha \cdot \cos\beta}$	$\tan\alpha - \tan\beta = \dfrac{\sin(\alpha-\beta)}{\cos\alpha \cdot \cos\beta}$

$\sin 2\alpha = 2 \cdot \sin\alpha\cos\alpha = \dfrac{2 \cdot \tan\alpha}{1 + \tan^2\alpha}$	$\sin\dfrac{\alpha}{2} = \sqrt{\dfrac{1 - \cos\alpha}{2}}$ $\qquad$ $\tan\dfrac{\alpha}{2} = \sqrt{\dfrac{1 - \cos\alpha}{1 + \cos\alpha}}$
$\cos 2\alpha = \cos^2\alpha - \sin^2\alpha = 1 - 2 \cdot \sin^2\alpha$ $\qquad = 2 \cdot \cos^2\alpha - 1$	$\cos\dfrac{\alpha}{2} = \sqrt{\dfrac{1 + \cos\alpha}{2}}$ $\qquad\qquad = \dfrac{\sin\alpha}{1 + \cos\alpha}$
$\tan 2\alpha = \dfrac{2 \cdot \tan\alpha}{1 - \tan^2\alpha}$ $(\tan^2\alpha \neq 1)$	$\qquad\qquad\qquad\qquad = \dfrac{1 - \cos\alpha}{\sin\alpha}$
$\sin 3\alpha = 3 \cdot \sin\alpha - 4 \cdot \sin^3\alpha$	$\cos 3\alpha = 4 \cdot \cos^3\alpha - 3 \cdot \cos\alpha$

Die Funktion $y = a \cdot \sin(bx + c)$ $(a \neq 0; b \neq 0)$

	$y = \sin x$	$y = a \cdot \sin x$	$y = \sin(bx)$	$y = \sin(x + c)$	$y = a \cdot \sin(bx + c)$
kleinste Periode	2π bzw. $360°$	2π bzw. $360°$	$\dfrac{2\pi}{\|b\|}$ bzw. $\dfrac{360°}{\|b\|}$	2π bzw. $360°$	$\dfrac{2\pi}{\|b\|}$ bzw. $\dfrac{360°}{\|b\|}$
Nullstellen	$k \cdot \pi, k \in \mathbb{Z}$	$k \cdot \pi, k \in \mathbb{Z}$	$k \cdot \dfrac{\pi}{b}, k \in \mathbb{Z}$	$k\pi - c, k \in \mathbb{Z}$	$\dfrac{k\pi - c}{b}, k \in \mathbb{Z}$
Auswirkung des Parameters		Streckung $(\|a\|>1)$ bzw. Stauchung $(\|a\|<1)$ in y-Richtung	Streckung $(\|b\|<1)$ bzw. Stauchung $(\|b\|>1)$ in x-Richtung	Verschiebung in positive $(c<0)$ bzw. negative $(c>0)$ x-Richtung	Kombination der entsprechenden Streckungen, Stauchungen bzw. Verschiebungen

Winkelmaße

Gradmaß	Beim Gradmaß wird dem Vollwinkel die Zahl 360 zugeordnet.

Einheit: 1 Grad (1°)
(360ster Teil des Vollwinkels)

Weitere Einheiten: $1'$; $1''$
$1° = 60' = 60$ Winkelminuten

Taschenrechner: Taste DEG

Bogenmaß	Beim Bogenmaß wird jedem Winkel das Verhältnis $\frac{b}{r}$ von Bogenlänge und Radius zugeordnet.

Einheit: 1 Radiant
(wenn Bogenlänge $b = $ Radius r)

$\alpha = 1$ rad
$\approx 57{,}296°$

Taschenrechner: Taste RAD

Umrechnungstafel: Grad in Radiant

Grad	Rad.	Grad	Rad.	Grad	Rad.
1	0,017	31	0,541	61	1,065
2	035	32	559	62	082
3	052	33	576	63	100
4	070	34	593	65	117
5	087	35	611	65	134
6	105	36	628	66	152
7	122	37	646	67	169
8	140	38	663	68	187
9	157	39	681	69	204
10	0,175	40	0,698	70	1,222
11	0,192	41	0,716	71	1,239
12	209	42	733	72	257
13	227	43	750	73	274
14	244	44	768	74	292
15	262	45	785	75	309
16	279	46	803	76	326
17	297	47	820	77	344
18	314	48	838	78	361
19	332	49	855	79	379
20	0,349	50	0,873	80	1,396
21	0,367	51	0,890	81	1,414
22	384	52	908	82	431
23	401	53	925	83	449
24	419	54	942	84	466
25	436	55	960	85	484
26	454	56	977	86	501
27	471	57	995	87	518
28	489	58	1,012	88	536
29	506	59	030	89	553
30	0,524	60	1,047	90	1,571
Grad	Rad.	Grad	Rad.	Grad	Rad.

Umrechnungstafel: Radiant in Grad

Rad.	Grad	Rad.	Grad	Rad.	Grad
0,02	1,1	0,62	35,5	1,22	69,9
0,04	2,3	0,64	36,7	1,24	71,0
0,06	3,4	0,66	37,8	1,26	72,2
0,08	4,6	0,68	39,0	1,28	73,3
0,10	5,7	0,70	40,1	1,30	74,5
0,12	6,9	0,72	41,3	1,32	75,6
0,14	8,0	0,74	42,4	1,34	76,8
0,16	9,2	0,76	43,5	1,36	77,9
0,18	10,3	0,78	44,7	1,38	79,1
0,20	11,5	0,80	45,8	1,40	80,2
0,22	12,6	0,82	47,0	1,42	81,4
0,24	13,8	0,84	48,1	1,44	82,5
0,26	14,9	0,86	49,3	1,46	83,7
0,28	16,0	0,88	50,4	1,48	84,8
0,30	17,2	0,90	51,6	1,50	85,9
0,32	18,3	0,92	52,7	1,52	87,1
0,34	19,5	0,94	53,9	1,54	88,2
0,36	20,6	0,96	55,0	1,56	89,4
0,38	21,8	0,98	56,1	1,58	90,5
0,40	22,9	1,00	57,3	1,60	91,7
0,42	24,1	1,02	58,4	1,62	92,8
0,44	25,2	1,04	59,6	1,64	94,0
0,46	26,4	1,06	60,7	1,66	95,1
0,48	27,5	1,08	61,9	1,68	96,3
0,50	28,6	1,10	63,0	1,70	97,4
0,52	29,8	1,12	64,2	1,72	98,5
0,54	30,9	1,14	65,3	1,74	99,7
0,56	32,1	1,16	66,5	1,76	100,8
0,58	33,2	1,18	67,6	1,78	102,0
0,60	34,4	1,20	68,8	1,80	103,1
Rad.	Grad	Rad.	Grad	Rad.	Grad

Umrechnungsgleichungen: Bezeichnet man die Winkelgröße im Gradmaß mit α und die Winkelgröße im Bogenmaß mit arc α (*lat.* arcus = Bogen), so gilt:

$$\text{arc}\,\alpha = \frac{\pi}{180°} \cdot \alpha \approx 0{,}01745 \cdot \alpha \quad \text{und} \quad \alpha = \frac{180°}{\pi} \cdot \text{arc}\,\alpha \approx 57{,}295\,78° \cdot \text{arc}\,\alpha$$

Geometrie

Einteilung der Dreiecke

Einteilung der Dreiecke nach den Seiten		
unregelmäßig (alle Seiten sind paarweise verschieden lang)	**gleichschenklig** (ein Paar gleich langer Seiten)	
	nicht gleichseitig (genau zwei Seiten sind gleich lang)	**gleichseitig** (alle Seiten sind gleich lang)
$a \neq b \neq c \neq a$	$a = b \neq c$	$a = b = c$

Einteilung der Dreiecke nach den Innenwinkeln		
spitzwinklig (alle Innenwinkel sind spitz)	**rechtwinklig** (es gibt einen rechten Winkel)	**stumpfwinklig** (ein Innenwinkel ist stumpf)
$\alpha < 90°$ $\beta < 90°$ $\gamma < 90°$	$\gamma = 90°$	$\gamma > 90°$

Ebene Figuren (u – Umfang; A – Flächeninhalt)

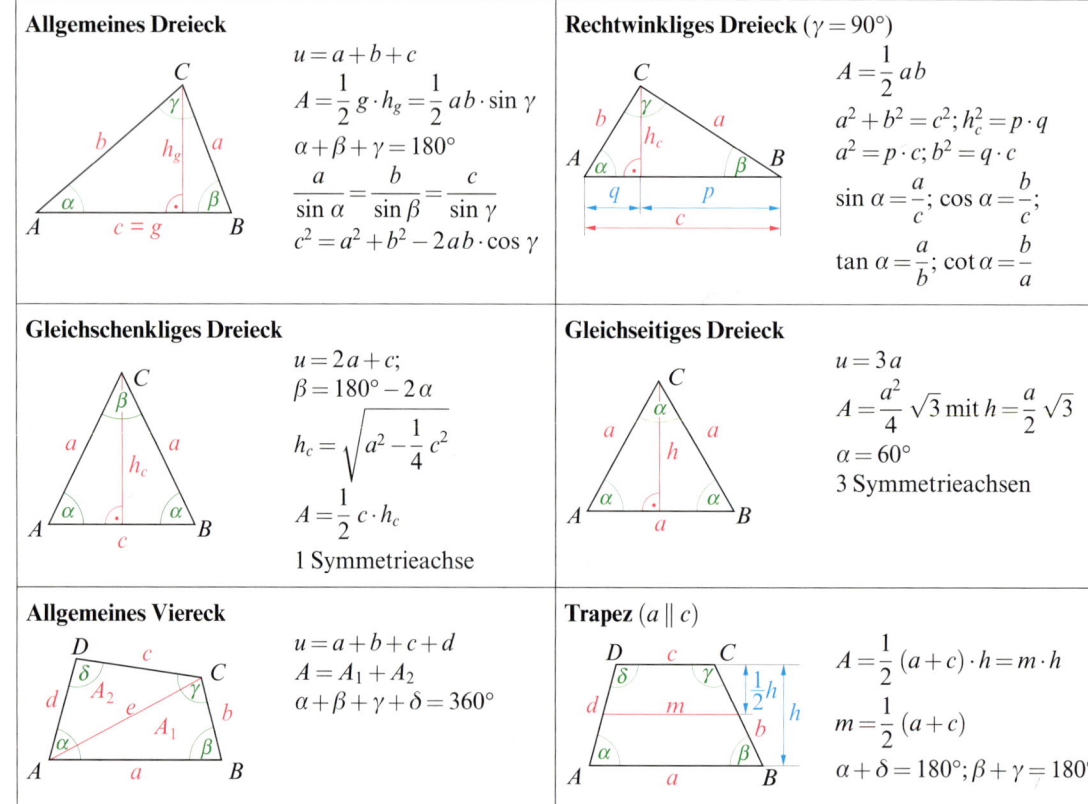

Allgemeines Dreieck

$$u = a + b + c$$
$$A = \frac{1}{2}\, g \cdot h_g = \frac{1}{2}\, ab \cdot \sin \gamma$$
$$\alpha + \beta + \gamma = 180°$$
$$\frac{a}{\sin \alpha} = \frac{b}{\sin \beta} = \frac{c}{\sin \gamma}$$
$$c^2 = a^2 + b^2 - 2ab \cdot \cos \gamma$$

Rechtwinkliges Dreieck ($\gamma = 90°$)

$$A = \frac{1}{2}\, ab$$
$$a^2 + b^2 = c^2;\; h_c^2 = p \cdot q$$
$$a^2 = p \cdot c;\; b^2 = q \cdot c$$
$$\sin \alpha = \frac{a}{c};\; \cos \alpha = \frac{b}{c};$$
$$\tan \alpha = \frac{a}{b};\; \cot \alpha = \frac{b}{a}$$

Gleichschenkliges Dreieck

$$u = 2a + c;$$
$$\beta = 180° - 2\alpha$$
$$h_c = \sqrt{a^2 - \frac{1}{4}\, c^2}$$
$$A = \frac{1}{2}\, c \cdot h_c$$

1 Symmetrieachse

Gleichseitiges Dreieck

$$u = 3a$$
$$A = \frac{a^2}{4}\, \sqrt{3} \text{ mit } h = \frac{a}{2}\, \sqrt{3}$$
$$\alpha = 60°$$

3 Symmetrieachsen

Allgemeines Viereck

$$u = a + b + c + d$$
$$A = A_1 + A_2$$
$$\alpha + \beta + \gamma + \delta = 360°$$

Trapez ($a \parallel c$)

$$A = \frac{1}{2}\, (a + c) \cdot h = m \cdot h$$
$$m = \frac{1}{2}\, (a + c)$$
$$\alpha + \delta = 180°;\, \beta + \gamma = 180°$$

Parallelogramm ($a \parallel c$; $b \parallel d$)

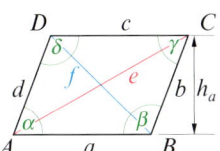

$u = 2(a+b)$
$A = a \cdot h_a = b \cdot h_b$
$A = ab \cdot \sin \alpha$
$\quad = ab \cdot \sin \beta$
$a = c; b = d$
$\beta = \delta; \alpha + \beta = 180°$
$\alpha = \gamma; \alpha + \delta = 180°$

Die Diagonalen halbieren einander. Es gibt keine Symmetrieachse.

Rhombus – Raute ($a \parallel c$; $b \parallel d$)

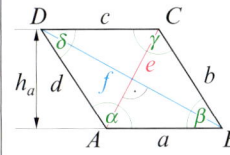

$u = 4a$
$A = a \cdot h_a$
$A = \dfrac{1}{2} e \cdot f; e \perp f$
$A = a^2 \cdot \sin \alpha = a^2 \cdot \sin \beta$
$a = b = c = d$
$\alpha = \gamma; \beta = \delta$
$\alpha + \beta = 180°$

Die Diagonalen halbieren einander und sie stehen senkrecht aufeinander. Es gibt 2 Symmetrieachsen.

Drachenviereck ($a = b$; $c = d$)

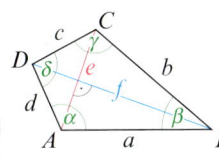

$u = 2(a+d)$
$A = \dfrac{1}{2} e \cdot f$
$\alpha = \gamma; e \perp f$
1 Symmetrieachse

Die Diagonalen stehen senkrecht aufeinander, eine Diagonale wird halbiert.

Rechteck ($a \parallel c$; $b \parallel d$; $a \perp b$)

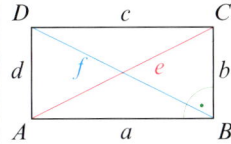

$u = 2(a+b)$
$A = ab$
$a = c, b = d; e = f$
$e = \sqrt{a^2 + b^2}$
$\alpha = \beta = \gamma = \delta = 90°$

Die Diagonalen sind gleich lang und sie halbieren einander. Es gibt 2 Symmetrieachsen.

Quadrat ($a \parallel c$; $b \parallel d$; $a \perp b$)

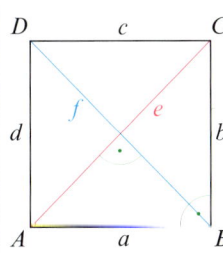

$u = 4a$
$A = a^2$
$a = b = c = d$
$\alpha = \beta = \gamma = \delta = 90°$
$e = f; e \perp f; e = a\sqrt{2}$
4 Symmetrieachsen

Die Diagonalen sind gleich lang, sie halbieren einander und stehen senkrecht aufeinander.

Kreis (r – Radius)

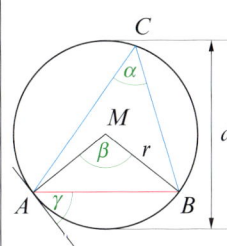

$u = 2\pi r = \pi d$
$A = \pi r^2 = \dfrac{1}{4} \pi d^2$
$\alpha = \dfrac{\beta}{2}; \alpha = \gamma$

α Peripheriewinkel
β Zentriwinkel
$\quad$ über $\overparen{AB}$
γ Sehnen-
$\quad$ Tangenten-
$\quad$ Winkel

Kreisbogen

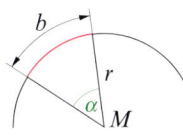

$b : u = \alpha : 360°$
$b = \dfrac{\pi r}{180°} \alpha$
$b = r \cdot \text{arc } \alpha \, (\nearrow \text{S. 25})$

Kreisausschnitt (Sektor)

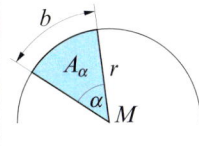

$A_\alpha : A = \alpha : 360°$
$\quad = \text{arc } \alpha : 2\pi$
$A_\alpha = \dfrac{\pi}{360°} \alpha r^2$
$A_\alpha = \dfrac{1}{2} b \cdot r = \dfrac{1}{2} r^2 \text{arc } \alpha$

Kreisring ($r_1 > r_2$)

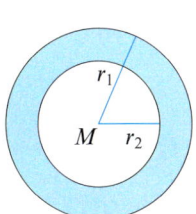

$A = \pi (r_1^2 - r_2^2)$

Regelmäßiges n-Eck

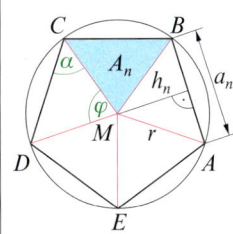

$u = n \cdot a_n; A = n \cdot A_n$
$\varphi = \dfrac{360°}{n}; \ \alpha = \dfrac{180° - \varphi}{2}$
$h_n^2 = r^2 - \left(\dfrac{1}{2} a_n\right)^2$
$a_n = 2r \cdot \sin \dfrac{\varphi}{2}$
$A_n = \dfrac{1}{2} r^2 \cdot \sin \varphi$

Körper (A_O – Oberflächeninhalt; A_M – Mantelflächeninhalt; V – Volumen)

Würfel	**Quader**	**Prisma**

Würfel

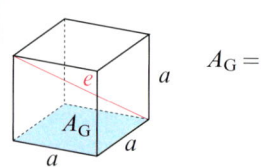

$A_G = a^2$

$V = a^3; \quad e = a \cdot \sqrt{3}$
$A_O = 6a^2$

Netz:

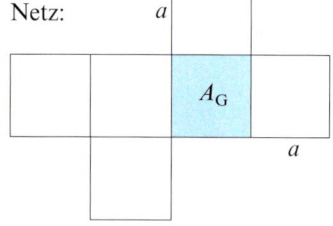

Quader

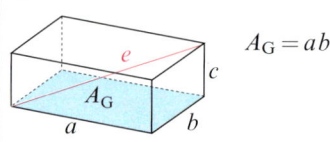

$A_G = ab$

$V = abc; \quad e = \sqrt{a^2 + b^2 + c^2}$
$A_O = 2(ab + ac + bc)$

Netz:

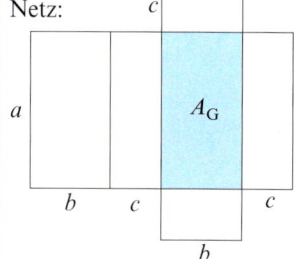

Prisma

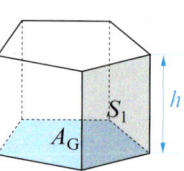

$V = A_G \cdot h$
$A_O = 2A_G + S_1 + S_2 + \ldots + S_n$

Netz:

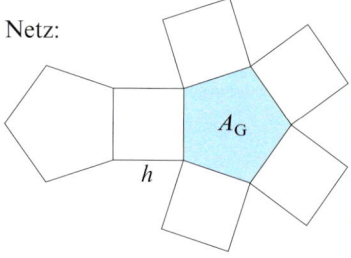

Kreiszylinder

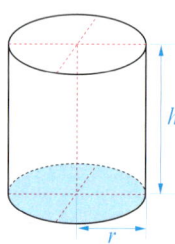

$V = \pi r^2 h; \quad A_M = 2\pi rh$
$A_O = 2\pi r\,(r + h)$

Netz:

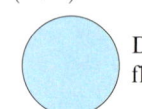

Deckfläche

Mantel $\qquad h$

$2 \cdot r \cdot \pi$

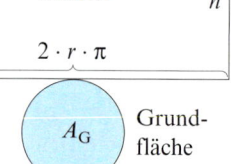

Grundfläche

Pyramide

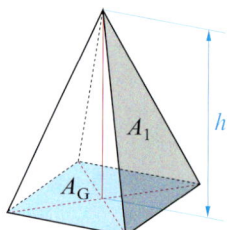

$V = \frac{1}{3} A_G \cdot h$

$A_O = A_G + A_1 + A_2 + \ldots + A_n$

Netz:

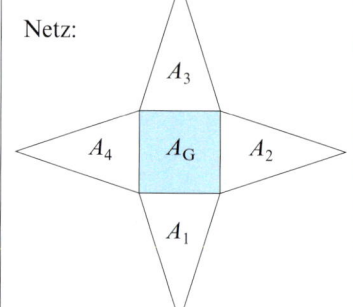

Kreiskegel

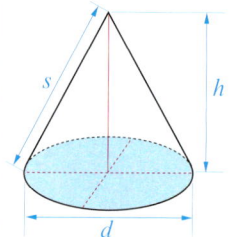

$V = \frac{1}{3}\pi r^2 h; \quad s^2 = r^2 + h^2$

$A_O = \pi r\,(r + s); \quad A_M = \pi rs$

Netz:

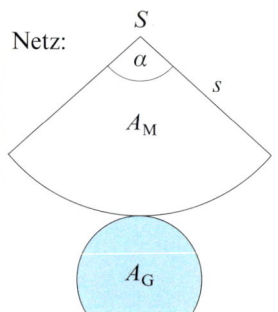

Satz des Cavalieri

Wenn zwei Körper gleich große Höhen und in gleicher Höhe gleiche Querschnittsflächeninhalte besitzen, so sind ihre Volumina gleich groß.

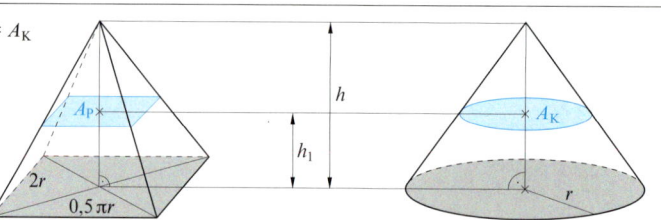

Kreiskegelstumpf ($r_1 > r_2$)	Pyramidenstumpf	Kugel
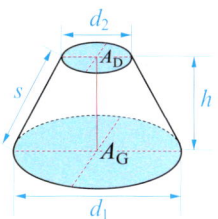	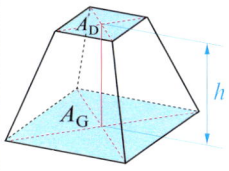	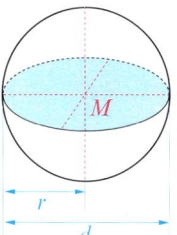
$V = \dfrac{1}{3}\pi h(r_1^2 + r_2^2 + r_1 r_2)$ $A_O = \pi r_1^2 + \pi r_2^2 + \pi s(r_1 + r_2)$ $s^2 = (r_1 - r_2)^2 + h^2$	$V = \dfrac{1}{3}h(A_G + \sqrt{A_G A_D} + A_D)$ $A_O = A_G + A_D + A_M$	$V = \dfrac{4}{3}\pi r^3$ $A_O = 4\pi r^2$
Kugelabschnitt	**Kugelschicht**	**Kugelausschnitt** (Kugelsektor)
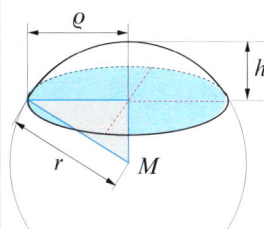	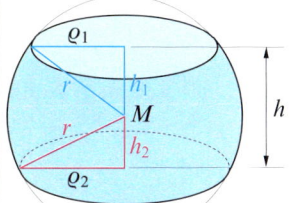	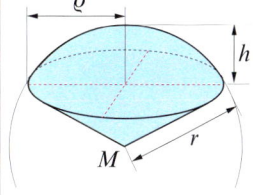
$V = \dfrac{1}{6}\pi h(3\varrho^2 + h^2)$ $A_O = 2\pi r h + \varrho^2 \pi$ $\varrho = \sqrt{h(2r - h)}$	$V = \dfrac{\pi h}{6}(3\varrho_1^2 + 3\varrho_2^2 + h^2)$ $A_O = 2\pi r h + \pi(\varrho_1^2 + \varrho_2^2)$ $\varrho_1^2 = r^2 - h_1^2$	$V = \dfrac{2\pi}{3}r^2 h$ $A_O = \pi \varrho r + 2\pi r h$ $\varrho = \sqrt{h(2r - h)}$

Regelmäßige Polyeder

Tetraeder	Oktaeder	Hexaeder	Ikosaeder	Dodekaeder
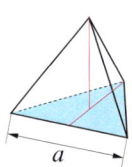	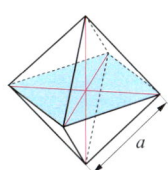	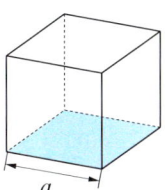	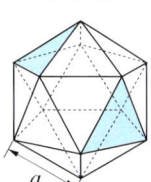	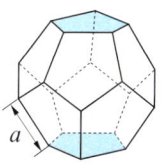

	Seitenflächen	Volumen	Oberfläche
Tetraeder	4 gleichseitige Dreiecke	$V = \dfrac{\sqrt{2}}{12}a^3 \approx 0{,}1179\,a^3$	$A_o = \sqrt{3}\cdot a^2 \approx 1{,}7321 a^2$
Oktaeder	8 gleichseitige Dreiecke	$V = \dfrac{\sqrt{2}}{3}a^3 \approx 0{,}4714\,a^3$	$A_o = 2\sqrt{3}\cdot a^2 \approx 3{,}4641 a^2$
Hexaeder (Würfel)	6 Quadrate	$V = a^3$	$A_o = 6\,a^2$
Ikosaeder	20 gleichseitige Dreiecke	$V \approx 2{,}1817 a^3$	$A_o \approx 8{,}6603\,a^2$
Dodekaeder	12 regelmäßige Fünfecke	$V \approx 7{,}6631 a^3$	$A_o \approx 20{,}6457 a^2$

Winkelpaare

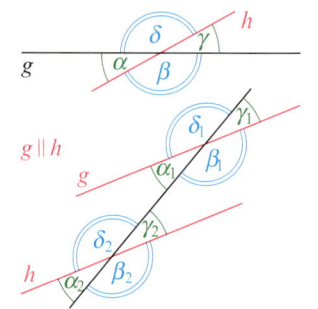

Winkelpaare an sich schneidenden Geraden:		
Nebenwinkel	$\alpha + \beta = 180°;$	$\alpha + \delta = 180°$
	$\gamma + \delta = 180°;$	$\beta + \gamma = 180°$
Scheitelwinkel	$\alpha = \gamma;$	$\beta = \delta$
Winkelpaare an geschnittenen Parallelen:		
Stufenwinkel	$\alpha_1 = \alpha_2;\quad \beta_1 = \beta_2;$	$\gamma_1 = \gamma_2;\quad \delta_1 = \delta_2$
Wechselwinkel	$\alpha_1 = \gamma_2;\quad \beta_1 = \delta_2;$	$\gamma_1 = \alpha_2;\quad \delta_1 = \beta_2$
Entgegengesetzt	$\alpha_1 + \delta_2 = 180°;$	$\gamma_1 + \beta_2 = 180°$
liegende Winkel	$\beta_1 + \gamma_2 = 180°;$	$\delta_1 + \alpha_2 = 180°$

Sätze im allgemeinen Dreieck

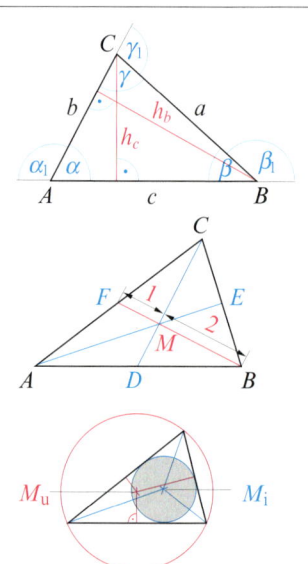

Summe der Innenwinkel	$\alpha + \beta + \gamma = 180°$
Summe der Außenwinkel	$\alpha_1 + \beta_1 + \gamma_1 = 360°$
Außenwinkelsatz	$\alpha_1 = \beta + \gamma;\ \beta_1 = \alpha + \gamma;\ \gamma_1 = \alpha + \beta$
Dreiecksungleichung	$a + b > c;\ b + c > a;\ a + c > b$
Höhen	Je zwei Höhen verhalten sich im Verhältnis umgekehrt wie die zugehörigen Seiten des Dreiecks: $\dfrac{h_c}{h_b} = \dfrac{b}{c}.$
Seitenhalbierende	Die Seitenhalbierenden im Dreieck schneiden einander im Schwerpunkt. Sie teilen einander im Verhältnis 2 : 1. $\dfrac{\overline{AM}}{\overline{ME}} = \dfrac{\overline{BM}}{\overline{MF}} = \dfrac{\overline{CM}}{\overline{MD}} = \dfrac{2}{1}$
Winkelhalbierende	Die Winkelhalbierenden schneiden einander im Mittelpunkt M_i des Inkreises.
Mittelsenkrechte	Die Mittelsenkrechten schneiden einander im Mittelpunkt M_u des Umkreises.

Kongruenzsätze	Ähnlichkeitssätze
Dreiecke sind kongruent,	Dreiecke sind zueinander ähnlich,
• wenn sie in den drei Seiten übereinstimmen (sss),	• wenn jede Seite des einen Dreiecks mit je einer Seite des anderen Dreiecks das gleiche Verhältnis bildet,
• wenn sie in einer Seite und den dieser Seite anliegenden Winkeln übereinstimmen (wsw),	• wenn sie in zwei Winkeln übereinstimmen **(Hauptähnlichkeitssatz)**,
• wenn sie in zwei Seiten und dem von diesen Seiten eingeschlossenen Winkel übereinstimmen (sws),	• wenn sie in einem Winkel übereinstimmen und die dem Winkel anliegenden Seiten gleiche Verhältnisse bilden,
• wenn sie in zwei Seiten und dem der größeren Seite gegenüberliegenden Winkel übereinstimmen (SsW).	• wenn zwei Seiten des einen Dreiecks mit je einer Seite des anderen Dreiecks das gleiche Verhältnis bilden und wenn sie in dem Winkel übereinstimmen, der jeweils der größeren Seite gegenüberliegt.

Satzgruppe des Pythagoras – Flächensätze am rechtwinkligen Dreieck

Satz des Pythagoras	Kathetensatz	Höhensatz
$a^2 + b^2 = c^2$	$b^2 = q \cdot c$; $a^2 = p \cdot c$	$h^2 = p \cdot q$
In jedem rechtwinkligen Dreieck ist das Hypotenusenquadrat flächengleich mit der Summe der Kathetenquadrate.	In jedem rechtwinkligen Dreieck ist ein Kathetenquadrat flächengleich zu dem Rechteck aus Hypotenuse und dem entsprechenden Hypotenusenabschnitt.	In jedem rechtwinkligen Dreieck ist das Quadrat über der Höhe flächengleich zu dem Rechteck aus den beiden Hypotenusenabschnitten.

Sätze über Winkel am Kreis

Satz des Thales	Mittelpunktswinkelsatz	Umfangswinkelsatz Sehnensatz	Sekantensatz
$\gamma = 90°$	$\gamma = \dfrac{\alpha}{2}$	$\gamma_1 = \gamma_2$; $\|\overline{SA_1}\| \cdot \|\overline{SA_2}\| = \|\overline{SB_1}\| \cdot \|\overline{SB_2}\|$	$\|\overline{SA_1}\| \cdot \|\overline{SA_2}\| = \|\overline{SB_1}\| \cdot \|\overline{SB_2}\|$

Sehnenviereck/Tangentenviereck

Sehnenviereck		Tangentenviereck	
	Die Summe der Gegenwinkel im Sehnenviereck ist stets 180°. Es gibt einen Umkreis. $\alpha + \gamma = 180°$ $\beta + \delta = 180°$		Die Summe der Gegenseiten im Tangentenviereck ist jeweils gleich groß. Es gibt einen Inkreis. $a + c = b + d$

Strahlensätze

Wenn zwei Strahlen mit einem gemeinsamen Anfangspunkt von zwei Parallelen geschnitten werden, dann gelten für die dabei entstehenden Teilstrecken folgende Sätze:

1. Strahlensatz

$|\overline{ZA}|:|\overline{ZB}| = |\overline{ZC}|:|\overline{ZD}|$ bzw. $|\overline{ZA}|:|\overline{AB}| = |\overline{ZC}|:|\overline{CD}|$

2. Strahlensatz

$|\overline{AC}|:|\overline{BD}| = |\overline{ZA}|:|\overline{ZB}|$ bzw. $|\overline{AC}|:|\overline{BD}| = |\overline{ZC}|:|\overline{ZD}|$

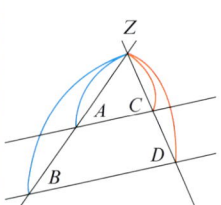 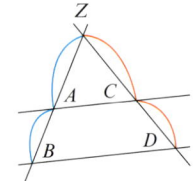 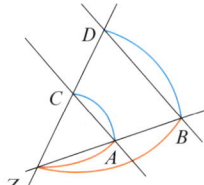 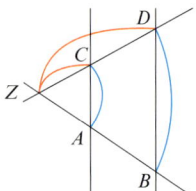

Umkehrung des 1. Strahlensatzes

Zwei Strahlen mit einem gemeinsamen Anfangspunkt werden von zwei Geraden geschnitten.
Wenn für die Teilstrecken $|\overline{ZA}|:|\overline{ZB}| = |\overline{ZC}|:|\overline{ZD}|$ gilt, so sind die beiden Geraden parallel zueinander.

Achtung: Die Umkehrung des zweiten Strahlensatzes gilt nicht.

Zentrische Streckung

Eine **zentrische Streckung** $(Z; k)$ mit dem **Streckungszentrum** Z und dem **Streckungsfaktor** k ist eine Abbildung, die jedem Punkt A einen Punkt A' zuordnet, der auf der Geraden ZA liegt und für den gilt:
$|\overline{ZA'}| = |k| \cdot |\overline{ZA}|$.

Ist $k < 0$, liegt Z zwischen A und A',

ist $0 < k < 1$, liegt A' zwischen Z und A

ist $k > 1$, liegt A zwischen Z und A'.

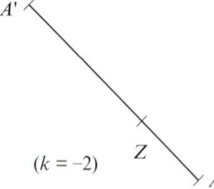 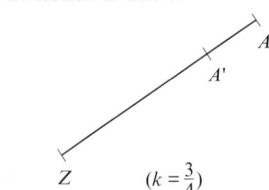 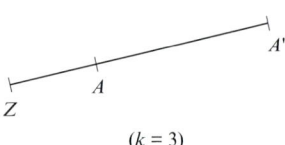

$(k = -2)$ $(k = \frac{3}{4})$ $(k = 3)$

Bei einer zentrischen Streckung $(Z; k)$ sind die Originalfigur und die Bildfigur zueinander ähnlich. Für das Orginalviereck $ABCD$ und das Bildviereck $A'B'C'D'$ gilt:

$|\overline{A'B'}| = k \cdot |\overline{AB}|$; $|\overline{B'C'}| = k \cdot |\overline{BC}|$ usw.

$\overline{A'B'} \| \overline{AB}$; $\overline{B'C'} \| \overline{BC}$ usw. sowie $\alpha' = \alpha$ usw.

Für die Umfänge gilt: $u' = k \cdot u$
Für die Flächeninhalte gilt: $A_{A'B'C'D'} = k^2 \cdot A_{ABCD}$
Für die Rauminhalte gilt: $V_{K'} = k^3 \cdot V_K$

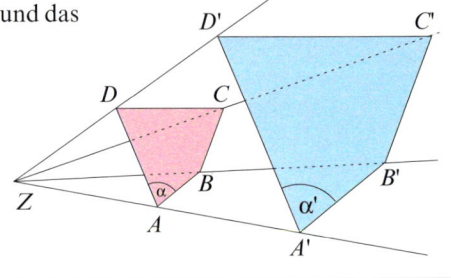

Goldener Schnitt

Wird eine Strecke $\overline{AB}$ in zwei Teilstrecken $\overline{AC}$ und $\overline{CB}$ geteilt und steht die größere Teilstrecke zur kleineren im gleichen Verhältnis wie die Gesamtstrecke zur größeren Teilstrecke, so spricht man vom Goldenen Schnitt:

$|\overline{AC}|:|\overline{CB}| = |\overline{AB}|:|\overline{AC}|$ bzw. $\dfrac{a}{b} = \dfrac{a+b}{a}$

Konstruktion:

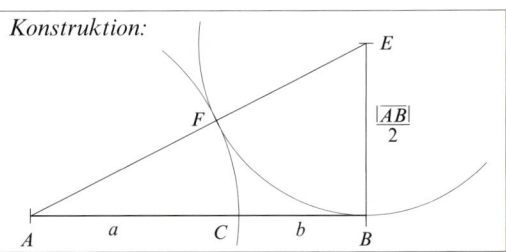

Darstellende Geometrie (Konstruktionsschritte)

Schrägbild bei Quader und quadratischer Pyramide ($\alpha = 45°$; $q = 0{,}5$)

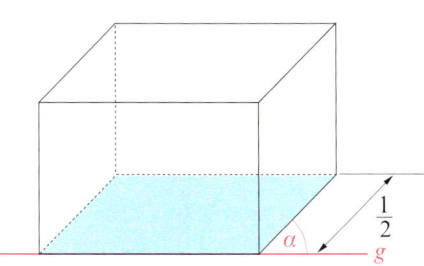 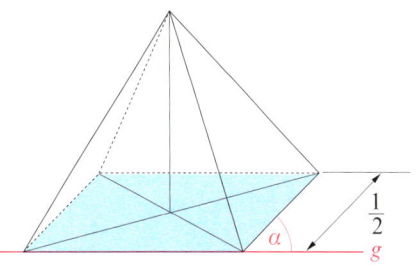

① Die Strecken, die parallel zur Zeichenebene verlaufen, werden in wahrer Länge gezeichnet. Parallele Strecken bleiben parallel.
② In die Tiefe gehende Strecken werden im Winkel von $\alpha = 45°$ an die Horizontale g angetragen und auf die Hälfte verkürzt.
③ Punkte werden verbunden, nicht sichtbare Strecken werden gestrichelt gezeichnet.

Schrägbild (andere Verzerrungen)

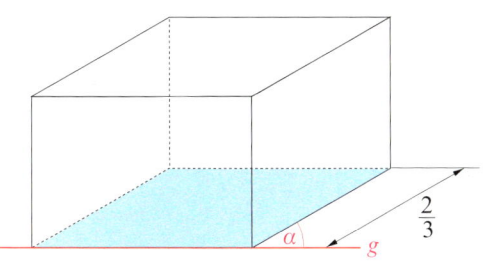 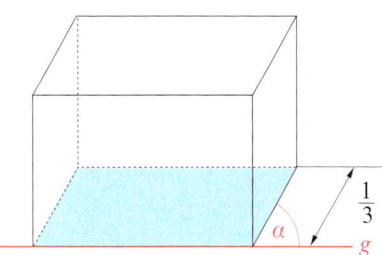

Verzerrungswinkel $\alpha = 30°$

Verkürzungsfaktor $q = \dfrac{2}{3}$

Verzerrungswinkel $\alpha = 60°$

Verkürzungsfaktor $q = \dfrac{1}{3}$

Senkrechte Dreitafelprojektion – Ansichten

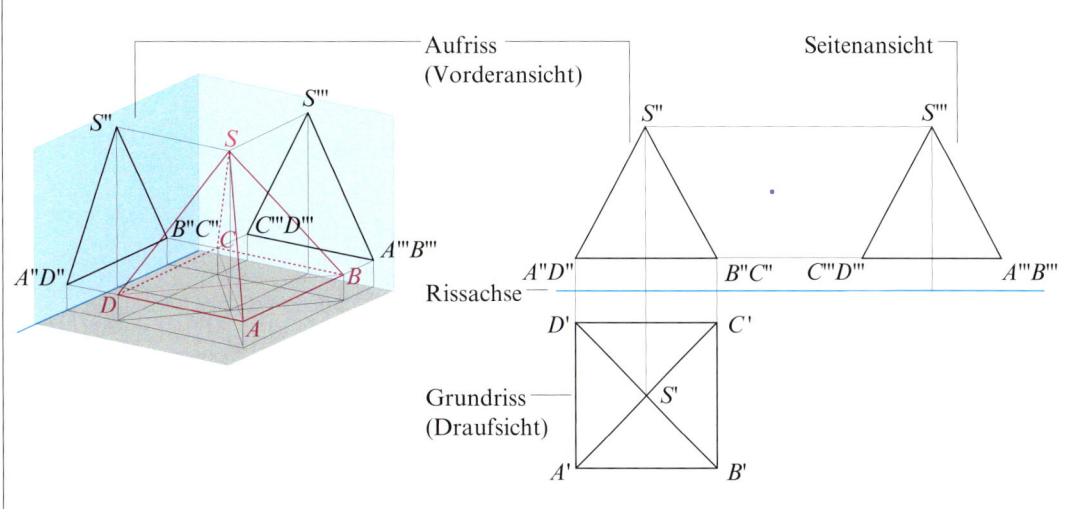

Kongruenz

Definition	Zwei Figuren heißen zueinander kongruent oder deckungsgleich, wenn man sie durch eine Verschiebung, Spiegelung oder Drehung zur Deckung bringen kann.
Eigenschaften	Einander entsprechende Strecken sind gleich lang (Längenerhaltung). Einander entsprechende Winkel sind gleich groß (Winkelerhaltung).

Parallelverschiebung

Konstruktion	Eine Parallelverschiebung wird durch die Länge und die Richtung eines Verschiebungspfeils $\vec{AB}$ angegeben. 1. Durch den gegebenen Punkt P wird eine Gerade g parallel zu $\vec{AB}$ gezeichnet. 2. Die Länge von $\vec{AB}$ wird von P aus auf der Gerade g abgetragen. Dabei muss die Richtung des Pfeils beachtet werden.
Eigenschaften	Es gilt Längen- und Winkelerhaltung (siehe Eigenschaften der Kongruenz). Die Bilder zueinander paralleler bzw. senkrechter Geraden sind wieder zueinander parallele bzw. senkrechte Geraden (Erhaltung der Lagebeziehungen).

Spiegelung

Konstruktion einer Achsenspiegelung	Eine Achsenspiegelung kann durch eine Spiegelachse g oder durch ein Punktepaar $(P; P')$ angegeben werden. 1. Durch den Punkt P wird die Senkrechte zur Spiegelachse g gezeichnet. Diese Senkrechte schneidet g im Punkt S. 2. Die Länge der Strecke $\overline{SP}$ wird von S aus in entgegengesetzter Richtung auf der Senkrechten abgetragen.
Konstruktion einer Punktspiegelung	Eine Punktspiegelung wird durch ein Zentrum Z vorgegeben. 1. Durch Z und P wird eine Gerade gezeichnet. 2. Die Länge der Strecke $\overline{ZP}$ wird von Z aus in entgegengesetzter Richtung abgetragen.
Eigenschaften von Spiegelungen	Längen, Winkel und Lagebeziehungen bleiben erhalten. Der Umlaufsinn von Figuren ändert sich bei einer Achsenspiegelung. Liegt P auf g, so ist $P = P'$.

Drehung

Konstruktion	Eine Drehung wird durch ein Drehzentrum Z und einen Drehwinkel α bestimmt. 1. Ein Strahl durch P und beginnend in Z wird gezeichnet. 2. Der Winkel α wird in Z an den Strahl angetragen. Dabei muss die Drehrichtung des Winkels α beachtet werden. 3. Die Länge der Strecke $\overline{ZP}$ wird auf dem zweiten Schenkel abgetragen.
Eigenschaften	Längen, Winkel und Lagebeziehungen bleiben erhalten.

Koordinatensysteme

Kartesische Koordinatensysteme

Koordinaten eines Punktes in einer Ebene

$P(x_P; y_P)$
$Q(x_Q; y_Q)$

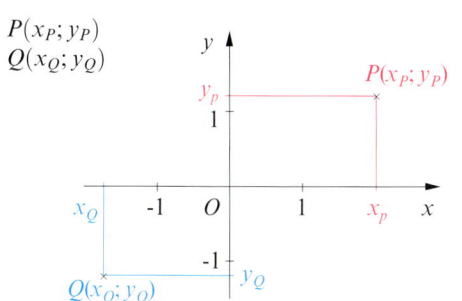

Koordinaten eines Punktes im Raum

$P(x_P; y_P; z_P)$

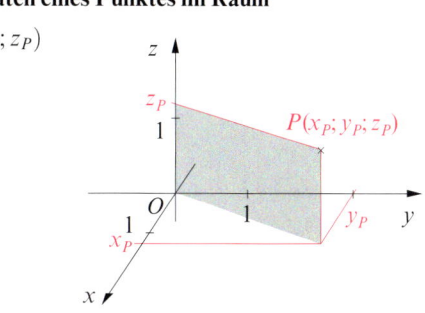

Polarkoordinaten

Koordinaten eines Punktes in einer Ebene

$P(r; \varphi)$ mit $0 < r < \infty$ und $0 \leq \varphi < 360°$

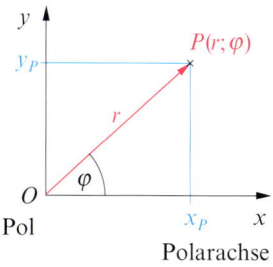

Zur Umrechnung von kartesischen Koordinaten in Polarkoordinaten gilt:

$x = r \cdot \cos \varphi$
$y = r \cdot \sin \varphi$ $\qquad r = \sqrt{x^2 + y^2}$

Koordinaten eines Punktes im Raum

$P(r; \lambda; \varphi)$ mit $0 < r < \infty;\ -180° \leq \lambda < 180°;\ -90° < \varphi < 90°$

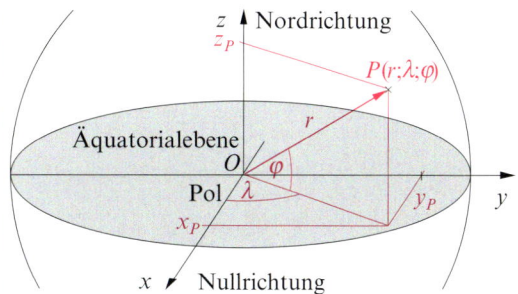

Zur Umrechnung von kartesischen Koordinaten in Polarkoordinaten gilt:

$x = r \cdot \cos \varphi \cos \lambda$
$y = r \cdot \sin \lambda \cos \varphi$ $\qquad r = \sqrt{x^2 + y^2 + z^2}$
$z = r \cdot \sin \varphi$

Transformation eines kartesischen Koordinatensystems in der Ebene

Wenn x, y die Koordinaten eines Punktes P im x, y-Koordinatensystem mit dem Ursprung O sind und x', y' die Koordinaten von P in Bezug auf das x', y'-Koordinatensystem mit dem Ursprung O', so gilt:

im Falle einer **Translation** mit $\overrightarrow{OO'}$ und $O'(c; d)$ bezüglich des ersten Systems:

$x = x' + c$ bzw. $x' = x - c$
$y = y' + d$ bzw. $y' = y - d$

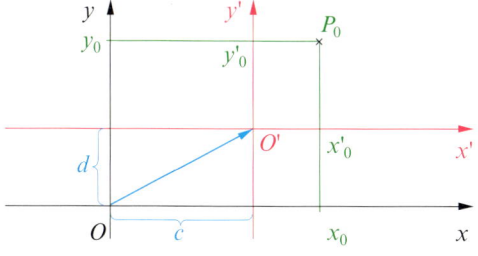

im Falle einer **Rotation** mit $O = O'$ und dem Drehwinkel $\sphericalangle(x, x') = \alpha$:

$x = x' \cdot \cos \alpha - y' \cdot \sin \alpha$ bzw. $x' = x \cdot \cos \alpha + y \cdot \sin \alpha$
$y = x' \cdot \sin \alpha + y' \cdot \cos \alpha$ bzw. $y' = (-x) \cdot \sin \alpha + y \cdot \cos \alpha$

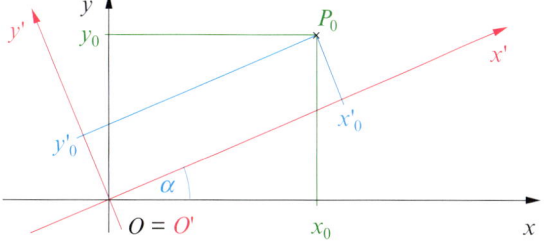

Stochastik

Diagramme

Piktogramme	Visualisierung absoluter Häufigkeiten (↗ S. 38) und Größen. Jedem Symbol entspricht eine bestimmte Anzahl bzw. Größe.	
Balkendiagramme (Säulendiagramme)	Meist Veranschaulichung der zeitlichen Entwicklung absoluter oder relativer Häufigkeiten (↗ S. 38). Die y-Achse sollte so skaliert werden, dass keine falschen Eindrücke entstehen können (bei Null beginnend; Kennzeichnung von Lücken).	
Strichdiagramme (Streckendiagramme)	Strichdiagramme können prinzipiell wie Balkendiagramme eingesetzt werden. Die Wahl der Achsen kann von Balkendiagrammen abweichen (s. Bild).	
Streifendiagramme	Darstellung von Anteilen an einem Ganzen (meist in %). Anteile sind proportional zu den Längen der zugehörigen Teilstreifen.	
Kreisdiagramme	Darstellung von Anteilen an einem Ganzen (meist in %). Anteile sind proportional zur Größe des Winkels des zugehörigen Kreissektors (z. B. 100 % = 360°, 1 % = 3,6°).	
Liniendiagramme	Darstellung von proportionalen und linearen Zusammenhängen. Besonders aussagekräftig sind Liniendiagramme, wenn verschiedene Datenreihen gruppiert werden können (s. Bild). Bei der Skalierung der Achsen ist darauf zu achten, dass keine irreführenden Eindrücke entstehen.	
Histogramme	Häufig werden Datenreihen durch eine Klasseneinteilung geordnet. Die Klassenhäufigkeiten werden in Histogrammen wie bei Balkendiagrammen dargestellt, allerdings bleibt zwischen den Balken i. d. R. kein Zwischenraum.	
Boxplots	Mithilfe von Boxplots können Datenreihen mit ihren Streubereichen so dargestellt werden, dass sie gut vergleichbar sind. Die Daten werden der Größe nach geordnet, die 5 folgenden Werte ergeben die Lage des Boxplots: Minimalwert, Viertelwert, Median, Dreiviertelwert, Maximalwert. Die „Box" markiert den Bereich, in dem 50 % der Werte liegen.	
Streudiagramme	Für Zusammenhänge zwischen zwei Größen können Messwerte als „Punktwolke" dargestellt werden (siehe auch S. 39: Regressionsgerade, Korrelationskoeffizient).	

Kombinatorik

Potenzen von Binomen	Wenn $a, b \in \mathbb{R}$ und $n \in \mathbb{N}$, so gilt: Pascal'sches Dreieck $(a \pm b)^0 = 1 \dots\dots\dots\dots\dots\dots\dots\dots\dots\dots$ 1 $(a \pm b)^1 = a \pm b \dots\dots\dots\dots\dots\dots\dots\dots\dots$ 1 1 $(a \pm b)^2 = a^2 \pm 2ab + b^2 \dots\dots\dots\dots\dots\dots$ 1 2 1 $(a \pm b)^3 = a^3 \pm 3a^2b + 3ab^2 \pm b^3 \dots\dots\dots$ 1 3 3 1 $(a \pm b)^4 = a^4 \pm 4a^3b + 6a^2b^2 \pm 4ab^3 + b^4 \dots$ 1 4 6 4 1 $(a \pm b)^5 = a^5 \pm 5a^4b + 10a^3b^2 \pm 10a^2b^3 + 5ab^4 \pm b^5$ 1 5 10 10 5 1
Binomial-koeffizienten	$\binom{n}{k} = \dfrac{n(n-1)\dots[n-(k-1)]}{k!} = \dfrac{n!}{k!(n-k)!}$ $(n, k \in \mathbb{N}; 0 < k \le n)$; $\binom{n}{0} = 1$ $\binom{n}{k} = \binom{n}{n-k}$; $\binom{n}{k} + \binom{n}{k+1} = \binom{n+1}{k+1}$
Binomischer Satz	$(a+b)^n = \binom{n}{0}a^n + \binom{n}{1}a^{n-1}b + \binom{n}{2}a^{n-2}b^2 + \dots + \binom{n}{n-1}ab^{n-1} + \binom{n}{n}b^n = \sum\limits_{k=0}^{n}\binom{n}{k}a^{n-k}b^k$
Fakultät	$a! = 1 \cdot 2 \cdot 3 \cdot 4 \cdot \dots \cdot (a-1) \cdot a$ $(a \in \mathbb{N}, a \ge 2)$; $0! = 1$; $1! = 1$; $(a+1)! = a!\,(a+1)$
Permutationen	Ist eine Menge mit n Elementen gegeben, so bezeichnet man die möglichen Anordungen aller dieser n Elemente als Permutationen. Anzahl der Permutationen, wenn die n Elemente untereinander verschieden sind: $n!$ Anzahl der Permutationen, wenn es unter den n Elementen $r, s, \dots, t$ gleiche Elemente gibt: $\dfrac{n!}{r! \cdot s! \cdot \dots \cdot t!}$
Variationen	Ist eine Menge mit n verschiedenen Elementen gegeben, so bezeichnet man die möglichen Anordnungen aus je k Elementen dieser Menge in jeder möglichen Reihenfolge als Variationen (Variationen von n Elementen zur k-ten Klasse). Anzahl der Variationen aus je k Elementen, wenn jedes Element in einer Variation jeweils nur einmal vorkommen kann (Anzahl der Variationen ohne Zurücklegen der Elemente): $\dfrac{n!}{(n-k)!}$ Anzahl der Variationen aus je k Elementen, wenn jedes Element in einer Variation beliebig oft vorkommen kann (Anzahl der Variationen mit Zurücklegen der Elemente): n^k
Kombinationen	Ist eine Menge mit n verschiedenen Elementen gegeben, so bezeichnet man die möglichen Anordnungen aus je k Elementen dieser Menge ohne Berücksichtigung ihrer Reihenfolge als Kombinationen. Variationen sind also Kombinationen mit Berücksichtigung der Reihenfolge der Elemente. (Kombinationen von n Elementen zur k-ten Klasse) Anzahl der Kombinationen aus je k Elementen, wenn jedes Element in einer Kombination jeweils nur einmal vorkommen kann: $\binom{n}{k}$ bzw. $\dfrac{n!}{k!(n-k)!}$ Anzahl der Kombinationen aus je k Elementen, wenn jedes Element in einer Kombination beliebig oft vorkommen kann: $\binom{n+k-1}{k}$

Grundbegriffe der Stochastik

Ergebnisse/ Ereignisse	Ein **Vorgang mit zufälligem Ergebnis** (ein Zufallsversuch) hat mehrere mögliche Ergebnisse, von denen nicht vorausgesagt werden kann, welches eintritt. Die Menge aller möglichen Ergebnisse ist die **Ergebnismenge Ω.** Jede Teilmenge A von Ω heißt ein zu diesem Zufallsversuch gehörendes **Ereignis** ($A \subseteq \Omega$). Das Ereignis A tritt ein, wenn bei dem Zufallsversuch ein Ergebnis aus A eintritt. Das **Gegenereignis** $\bar{A}$ zu einem Ereignis A ist die Menge aller Ergebnisse, die nicht zu A gehören. **Sicheres Ereignis:** Alle möglichen Ergebnisse sind günstig für das Ereignis. **Unmögliches Ereignis:** Keines der möglichen Ergebnisse ist günstig für das Ereignis.	
Absolute Häufigkeit	Anzahl des Auftretens des Ergebnisses x_i bei n Beobachtungen des Zufallsversuches bzw. bei der Überprüfung einer Stichprobe vom Umfang n:	$H_n(x_i)$
Relative Häufigkeit	Relative Häufigkeit des Ergebnisses x_i bei n Beobachtungen eines Zufallsversuches (bei einer Stichprobe vom Umfang n): Relative Häufigkeit des Ereignisses A bei n Beobachtungen eines Zufallsversuches (bei einer Stichprobe vom Umfang n), wobei insgesamt k-mal für das Ereignis A günstige Ergebnisse aufgetreten sind:	$h_n(x_i) = \dfrac{H_n(x_i)}{n}$ $h_n(A) = \dfrac{k}{n}$
	Die relative Häufigkeit des Ergebnisses A ist gleich der Summe der relativen Häufigkeiten der Ergebnisse, die für das Ereignis A günstig sind. Für $A = \{x_1, x_2, \ldots, x_r\}$ gilt: $\qquad h_n(A) = h_n(x_1) + h_n(x_2) + \ldots + h_n(x_r)$	
Wahrscheinlichkeit	Die beobachtete relative Häufigkeit $h_n(A)$ des Eintretens von A nähert sich mit wachsender Beobachtungszahl n dem stabilen Wert $P(A)$, der **Wahrscheinlichkeit des Ereignisses.** *Grundeigenschaften:* Es gilt $0 \leq P(A) \leq 1$ und ferner ist: $P(A) = P(x_1) + P(x_2) + \ldots + P(x_r)$, falls $A = \{x_1, x_2, \ldots, x_r\}$ $\left.\vphantom{\begin{array}{c}1\\1\\1\end{array}}\right\}$ Axiomensystem $P(\Omega) = 1 \qquad$ Wahrscheinlichkeit des sicheren Ereignisses Ω $\left.\vphantom{\begin{array}{c}1\\1\end{array}}\right\}$ von Kolmogorow $P(\emptyset) = 0 \qquad$ Wahrscheinlichkeit des unmöglichen Ereignisses $\emptyset$ $P(\bar{A}) = 1 - P(A) \qquad$ Wahrscheinlichkeit des zu A entgegengesetzten Ereignisses $\bar{A}$ **Laplace-Wahrscheinlichkeit (klassische Wahrscheinlichkeit):** Sind alle Ergebnisse bei einem Vorgang mit zufälligem Ergebnis gleich wahrscheinlich, so gilt: $P(A) = \dfrac{\text{Anzahl der für } A \text{ günstigen Ergebnisse}}{\text{Anzahl der möglichen Ergebnisse}}$	

Kenngrößen der Häufigkeitsverteilung einer Datenreihe

Arithmetisches Mittel $\bar{x}$ (↗ Seite 8)	Berechnung von $\bar{x}$ aus der Summe aller Ergebnisse $x_1, x_2, \ldots, x_n$: Treten bei den n Ergebnissen r verschiedene Ergebnisse auf, so berechnet man $\bar{x}$ unter Hinzuziehung • der absoluten Häufigkeiten der Ergebnisse: • der relativen Häufigkeiten der Ergebnisse:	$\bar{x} = \dfrac{x_1 + x_2 + \ldots + x_n}{n}$ $\bar{x} = \dfrac{x_1 \cdot H_n(x_1) + x_2 \cdot H_n(x_2) + \ldots + x_r \cdot H_n(x_r)}{n}$ $\bar{x} = x_1 \cdot h_n(x_1) + x_2 \cdot h_n(x_2) + \ldots + x_r \cdot h_n(x_r)$
Zentralwert $\tilde{x}$ (Median)	$\tilde{x}$ halbiert die der Größe nach geordnete Datenreihe. Für $2n+1$ Daten ist es der $(n+1)$-te Wert, für $2n$ Daten ist es das arithmetische Mittel aus n-tem und $(n+1)$-tem Wert.	
Modalwert m	m ist der am häufigsten beobachtete Wert. (Eine Datenreihe kann mehrere Modalwerte haben.)	

Kenngrößen zur Charakterisierung der Streuung

Spannweite d	d ist die Differenz zwischen dem größten und dem kleinsten Wert einer Datenreihe:	$d = x_{\max} - x_{\min}$
Halbweite H	H ist die Differenz zwischen dem oberen Viertelwert $x_{3/4}$ und dem unteren Viertelwert $x_{1/4}$ einer Datenreihe: (Der Viertelwert $x_{1/4}$ halbiert die untere Hälfte der Datenreihe, $x_{3/4}$ halbiert die obere Hälfte der Datenreihe.)	$H = x_{3/4} - x_{1/4}$
Mittlere quadratische Abweichung (empirische Varianz) s^2	s^2 ist ein Maß für die Streuung der Beobachtungswerte um den Mittelwert $\bar{x}$. Berechnung der mittleren quadratischen Abweichung der Beobachtungswerte vom Mittelwert $\bar{x}$ der Beobachtungswerte • unter Hinzuziehung der absoluten Häufigkeiten $H_n(x_1), H_n(x_2), \ldots, H_n(x_r)$: $$s^2 = \frac{(x_1 - \bar{x})^2 \cdot H_n(x_1) + (x_2 - \bar{x})^2 \cdot H_n(x_2) + \ldots + (x_r - \bar{x})^2 \cdot H_n(x_r)}{n}$$ • unter Hinzuziehung der relativen Häufigkeiten $h_n(x_1), h_n(x_2), \ldots, h_n(x_r)$: $$s^2 = (x_1 - \bar{x})^2 \cdot h_n(x_1) + (x_2 - \bar{x})^2 \cdot h_n(x_2) + \ldots + (x_r - \bar{x})^2 \cdot h_n(x_r) = \sum_{i=1}^{r} (x_i - \bar{x})^2 \cdot h_n(x_i)$$	
Standardabweichung s	Ein weiteres Maß für die Streuung um den Mittelwert $\bar{x}$ ist die Standardabweichung s: $$s = \sqrt{s^2} = \sqrt{(x_1 - \bar{x})^2 \cdot h_n(x_1) + (x_2 - \bar{x})^2 \cdot h_n(x_2) + \ldots + (x_r - \bar{x})^2 \cdot h_n(x_r)}$$	
Regressionsgerade (Ausgleichsgerade)	$y = \dfrac{s_{xy}}{s_x^2}(x - \bar{x}) + \bar{y}$ (Ausgleichsgerade für die Messpunkte $(x_1; y_1), (x_2; y_2), \ldots, (x_n; y_n)$) Dabei gelten: $s_{xy} = \dfrac{1}{n} \cdot [(y_1 - \bar{y})(x_1 - \bar{x}) + (y_2 - \bar{y})(x_2 - \bar{x}) + \ldots + (y_n - \bar{y})(x_n - \bar{x})]$ und $s_x^2 = \dfrac{1}{n} \cdot \left[(x_1 - \bar{x})^2 + (x_2 - \bar{x})^2 + \ldots + (x_n - \bar{x})^2 \right].$	
Korrelationskoeffizient r_{xy}	$r_{xy} := \dfrac{s_{xy}}{s_x s_y} = \dfrac{(x_1 - \bar{x})(y_1 - \bar{y}) + (x_2 - \bar{x})(y_2 - \bar{y}) + \ldots + (x_n - \bar{x})(y_n - \bar{y})}{\sqrt{(x_1 - \bar{x})^2 + (x_2 - \bar{x})^2 + \ldots + (x_n - \bar{x})^2} \cdot \sqrt{(y_1 - \bar{y})^2 + (y_2 - \bar{y})^2 + \ldots + (y_n - \bar{y})^2}}$	

Mehrstufige Zufallsversuche

1. Pfadregel	**Produktregel:** Die Wahrscheinlichkeit eines Ergebnisses ist gleich dem Produkt der Wahrscheinlichkeiten entlang des jeweiligen Pfades im Baumdiagramm. (Im Bild gilt: $P(AD) = p_1 \cdot p_4$)	
2. Pfadregel	**Summenregel:** Die Wahrscheinlichkeit eines Ereignisses ist gleich der Summe der Wahrscheinlichkeiten aller der Pfade, die für dieses Ereignis günstig sind.	

Rechnen mit Wahrscheinlichkeiten

Additionssatz	Für die Wahrscheinlichkeit des Eintretens des Ereignisses A oder des Ereignisses B gilt: $P(A \cup B) = P(A) + P(B) - P(A \cap B)$ Falls A und B unvereinbar sind, gilt: $P(A \cup B) = P(A) + P(B)$
Bedingte Wahrscheinlichkeit	Für die Wahrscheinlichkeit des Eintretens von A unter der Bedingung, dass das Ereignis B eingetreten ist, gilt: $$P(A\mid B) = \frac{P(A \cap B)}{P(B)}$$ Diese Wahrscheinlichkeiten kann man übersichtlich in einer Vier-Felder-Tafel darstellen: 		A	$\bar{A}$	Summen
---	---	---	---
B	$P(A \cap B)$	$P(\bar{A} \cap B)$	$P(B)$
$\bar{B}$	$P(A \cap \bar{B})$	$P(\bar{A} \cap \bar{B})$	$P(\bar{B})$
Summen	$P(A)$	$P(\bar{A})$	$P(\Omega)=1$	
Multiplikationssatz	Für die Wahrscheinlichkeit des Eintretens sowohl des Ereignisses A als auch des Ereignisses B gilt: $P(A \cap B) = P(A) \cdot P(B\mid A) = P(B) \cdot P(A\mid B)$ Allgemein gilt für die Ereignisse $A_1, A_2, \ldots, A_n$: $P(A_1 \cap A_2 \cap \ldots \cap A_n) = P(A_1) \cdot P(A_2\mid A_1) \cdot P(A_3\mid A_1 \cap A_2) \cdot \ldots \cdot P(A_n\mid A_1 \cap A_2 \cap \ldots \cap A_{n-1})$
Unabhängigkeit	A und B heißen voneinander **unabhängig** genau dann, wenn gilt: $P(A \cap B) = P(A) \cdot P(B)$ Für voneinander unabhängige Ereignisse $A_1, A_2, \ldots, A_n$ gilt: $P(A_1 \cap A_2 \cap \ldots \cap A_n) = P(A_1) \cdot P(A_2) \cdot \ldots \cdot P(A_n)$
Formel für die totale Wahrscheinlichkeit	Bilden die Ereignisse B_1 und B_2 eine Zerlegung, d. h. gilt $B_1 \cup B_2 = \Omega$ und $B_1 \cap B_2 = \emptyset$, so gilt für jedes Ereignis A die Formel $P(A) = P(A\mid B_1) \cdot P(B_1) + P(A\mid B_2) \cdot P(B_2)$. Allgemein gilt für jedes Ereignis A im Falle einer Zerlegung von Ω in die Ereignisse $B_1, B_2, \ldots, B_n$, also mit $B_1 \cup B_2 \cup \ldots \cup B_n = \Omega$ und $B_i \cap B_j = \emptyset$ für $i \neq j$, die Formel $P(A) = P(A\mid B_1) \cdot P(B_1) + P(A\mid B_2) \cdot P(B_2) + \ldots + P(A\mid B_n) \cdot P(B_n)$. 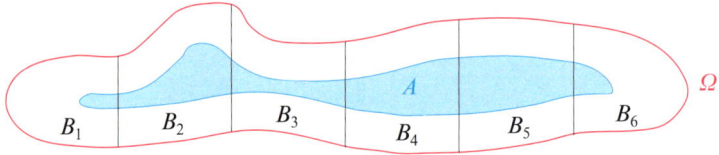
Bayes'sche Formel	Bilden die Ereignisse B_1 und B_2 eine Zerlegung, gilt also $B_1 \cup B_2 = \Omega$ und $B_1 \cap B_2 = \emptyset$, und ist A ein Ereignis mit $P(A) > 0$, so gilt $$P(B_1\mid A) = \frac{P(A\mid B_1) \cdot P(B_1)}{P(A\mid B_1) \cdot P(B_1) + P(A\mid B_2) \cdot P(B_2)} \quad \text{und}$$ $$P(B_2\mid A) = \frac{P(A\mid B_2) \cdot P(B_2)}{P(A\mid B_1) \cdot P(B_1) + P(A\mid B_2) \cdot P(B_2)}.$$ Allgemein gilt für jedes Ereignis A mit $P(A) > 0$ im Falle einer Zerlegung von Ω in die Ereignisse $B_1, B_2, \ldots, B_n$, also mit $B_1 \cup B_2 \cup \ldots \cup B_n = \Omega$ und $B_i \cap B_j = \emptyset$ für $i \neq j$ und alle $k = 1, 2, \ldots, n$ die Formel $$P(B_k\mid A) = \frac{P(A\mid B_k) \cdot P(B_k)}{P(A\mid B_1) \cdot P(B_1) + P(A\mid B_2) \cdot P(B_2) + \ldots + P(A\mid B_n) \cdot P(B_n)}.$$

Zufallsgrößen und ihre Wahrscheinlichkeitsverteilung

Wahrscheinlichkeitsverteilung einer diskreten Zufallsgröße X	Es seien x_i $(i = 1, 2, 3, \ldots, k)$ die Werte, die eine diskrete Zufallsgröße X annehmen kann und p_i die zugeordneten Wahrscheinlichkeiten für das Eintreten der x_i. Es ist $E(X) = \sum\limits_{i=1}^{k} x_i \cdot p_i = \mu$ der **Erwartungswert** (Mittelwert) der Zufallsgröße X. $V(X) = \sum\limits_{i=1}^{k} (x_i - \mu)^2 \cdot p_i$ die **Varianz** der Zufallsgröße X und $\sigma(X) = \sqrt{V(X)}$ die **Standardabweichung** von X.
Bernoulli-Versuch	Ein **Bernoulli-Versuch** ist ein Zufallsversuch, bei dem man sich nur dafür interessiert, ob ein bestimmtes Ereignis eintritt oder nicht. Eine **Bernoulli-Kette** ist eine Serie unabhängiger Bernoulli-Versuche. Wenn p die Wahrscheinlichkeit für das Eintreten eines bestimmten Ereignisses (Treffer) ist und der Zufallsversuch n-mal wiederholt wird, dann gilt: • Die Wahrscheinlichkeit für genau k Treffer ist: $P(X = k) = \binom{n}{k} p^k \cdot (1-p)^{n-k}$ • Die Wahrscheinlichkeit für mindestens einen Treffer ist: $P(X \geq 1) = 1 - (1-p)^n$ • Soll die Wahrscheinlichkeit für mindestens einen Treffer größer oder gleich a $(0 < a < 1)$ sein, so gilt für die Länge n der Kette: $n \geq \dfrac{\ln(1-a)}{\ln(1-p)}$
Binomialverteilung	Eine Zufallsgröße heißt **binomialverteilt** mit den Parametern n und p, wenn für alle k $(k = 0, 1, \ldots, n)$ gilt: $P(X = k) = \binom{n}{k} p^k \cdot (1-p)^{n-k}$ Erwartungswert $E(X) = n \cdot p$ Varianz $V(X) = n \cdot p \cdot (1-p)$ Standardabweichung $\sigma(X) = \sqrt{n \cdot p \cdot (1-p)}$
Gestalt der Binomial-Verteilung in Abhängigkeit von den Parametern n und p (p_k steht für $P(X = k)$)	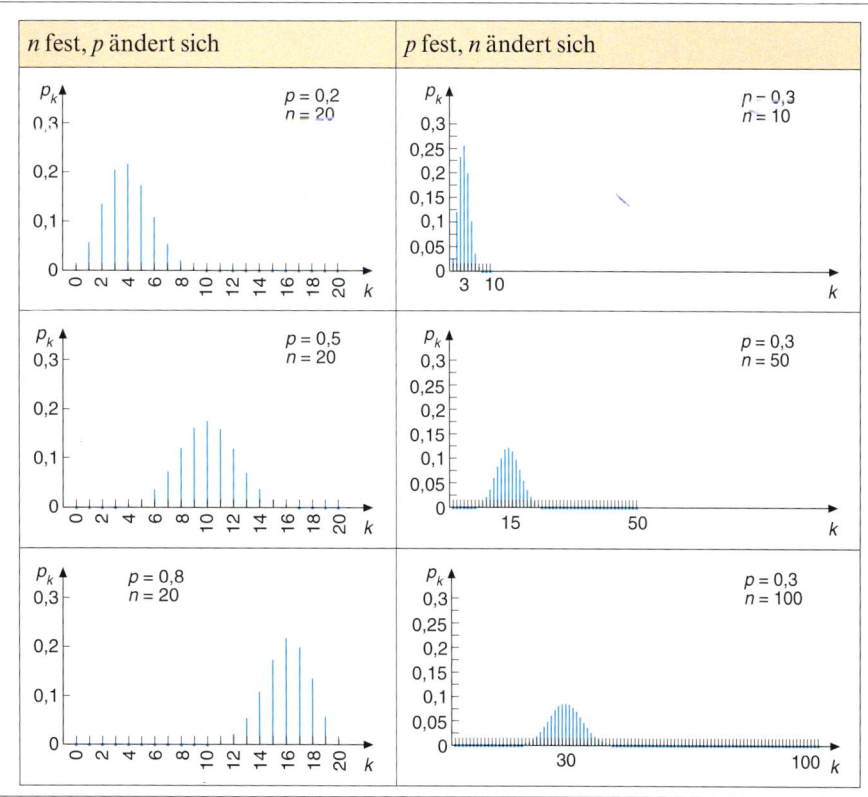

Poisson-verteilung	Für sehr große n und sehr kleine p gilt für die Binomialverteilung die **Näherungsformel von Poisson:** $\quad P(X = k) = \binom{n}{k} p^k \cdot (1-p)^{n-k} \approx \dfrac{\mu^k}{k!} \cdot e^{-\mu}, \quad e \approx 2{,}7183; \quad \mu = n \cdot p$
Gleich-verteilung	Eine diskrete Zufallsgröße ist **gleichverteilt**, wenn gilt: $P(X = x_i) = \dfrac{1}{r} \ (i = 1, 2, 3, \ldots, r)$ Im **Spezialfall $x_i = i$** gilt: $E(X) = \dfrac{r+1}{2}, \quad V(X) = \dfrac{r^2-1}{12}, \quad \sigma(X) = \sqrt{\dfrac{r^2-1}{12}}$
Hyper-geometrische Verteilung	$P(X = k) = \dfrac{\dbinom{M}{k}\dbinom{N-M}{n-k}}{\dbinom{N}{n}} \quad (k \leq n \leq N; k \leq M \leq N)$ Die Problemstellung kann durch eine Stichprobe vom Umfang n aus einer Gesamtheit von N Elementen charakterisiert werden, in der M Elemente mit abweichender Gestalt enthalten sind; es interessiert die Frage, mit welcher Wahrscheinlichkeit k Elemente der Art M in der Stichprobe n enthalten sind.
Tscheby-schew'sche Ungleichung	Mithilfe folgender Ungleichung lässt sich im Falle einer Binomialverteilung für große n, für die auf den Seiten 44 ff. keine Tabelle zu finden ist, eine Abschätzung der Wahrscheinlichkeit für das Abweichen der Zufallsgröße X vom Erwartungswert $E(X)$ um mindestens ε ermitteln: $\qquad P(\mid X - E(X) \mid \geq \varepsilon) \leq \dfrac{V(X)}{\varepsilon^2}$ für alle $\varepsilon > 0$
Stetige Zufallsgrößen	Eine stetige Zufallsgröße kann in einem Intervall $[a, b]$ von $\mathbb{R}$, mitunter sogar in $\mathbb{R}$ selbst, alle Werte annehmen. In diesem Fall gibt es eine Funktion f (**Dichtefunktion von X**) derart, dass gilt: $\qquad P(a < X \leq b) = \int\limits_a^b f(x)\, \mathrm{d}x$ $(a, b \in \mathbb{R})$
	Falls das Integral $\int\limits_{-\infty}^{\infty} x \cdot f(x)\, \mathrm{d}x$ existiert, gilt für stetige Zufallsgrößen: $E(X) = \int\limits_{-\infty}^{\infty} x \cdot f(x)\, \mathrm{d}x, \quad V(X) = E((X - E(X))^2), \quad \sigma = \sqrt{V(X)}$
Normal-verteilung Standard-normal-verteilung	Eine stetige Zufallsgröße X heißt normalverteilt mit den Parametern μ und σ^2, wenn für ihre Dichte f gilt: $f(x) = \dfrac{1}{\sqrt{2\pi} \cdot \sigma} \, e^{-\frac{(x-\mu)^2}{2 \cdot \sigma^2}}, x \in \mathbb{R}, E(X) = \mu, V(X) = \sigma^2$. Man schreibt: $X \sim N(\mu; \sigma^2)$. Die Standardnormalverteilung $N(0; 1)$ ist eine Normalverteilung mit $E(X) = 0$ und $V(X) = 1$: $f(x) = \dfrac{1}{\sqrt{2\pi}} \, e^{-\frac{x^2}{2}}$ (Verteilungsfunktion Φ mit $\Phi(x) = \dfrac{1}{\sqrt{2\pi}} \int\limits_{-\infty}^{x} e^{-0{,}5t^2} \mathrm{d}t)$
Näherungs-formel von Moivre und Laplace	Für eine binomialverteilte Zufallsgröße X mit Standard-abweichung $\sigma > 3$ gilt: Die Wahrscheinlichkeit für genau k Erfolge lässt sich näherungsweise berechnen durch: $\qquad P(X = k) \approx \dfrac{1}{\sigma\sqrt{2\pi}} \, e^{-\frac{(k-\mu)^2}{2 \cdot \sigma^2}}$. Die Wahrscheinlichkeit für höchstens k Erfolge lässt sich näherungsweise berechnen durch: $\qquad P(X \leq k) \approx \Phi\left(\dfrac{k + 0{,}5 - \mu}{\sigma}\right)$.

Intervallwahrscheinlichkeiten normalverteilter Zufallsgrößen	Intervallwahrscheinlichkeiten für eine normalverteilte Zufallsgröße $X \sim N(\mu; \sigma^2)$ mit der Dichtefunktion f (s. S. 39) lassen sich mithilfe der Standardnormalverteilung berechnen. Es gilt: $P(a \leq X \leq b) = P\left(\dfrac{a-\mu}{\sigma} \leq \dfrac{X-\mu}{\sigma} \leq \dfrac{b-\mu}{\sigma}\right) = \Phi\left(\dfrac{b-\mu}{\sigma}\right) - \Phi\left(\dfrac{a-\mu}{\sigma}\right)$.

$k\,\sigma$-Intervalle normalverteilter Zufallsgrößen

Wenn $X \sim N(\mu; \sigma^2)$, so gilt:
$P(\mu - 1 \cdot \sigma \leq X \leq \mu + 1 \cdot \sigma) = 0{,}683$
$P(\mu - 2 \cdot \sigma \leq X \leq \mu + 2 \cdot \sigma) = 0{,}954$
$P(\mu - 3 \cdot \sigma \leq X \leq \mu + 3 \cdot \sigma) = 0{,}997$

weitere Werte für $P(\mu - k \cdot \sigma \leq X \leq \mu + k \cdot \sigma)$:

k	0,8	1,2	1,4	1,6	1,64	1,8
P	0,576	0,770	0,838	0,890	0,900	0,928
k	1,96	2,2	2,4	2,58	2,6	2,8
P	0,950	0,972	0,984	0,990	0,991	0,995

$k\,\sigma$-Intervalle binomialverteilter Zufallsgrößen

Eine binomialverteile Zufallsgröße X mit den Parametern n und p kann durch eine Normalverteilung angenähert werden, falls $n \cdot p \cdot (1-p) > 9$ (Näherungsformel von Moivre und Laplace, S. 42).
Dann gilt: $P(\mu - 1 \cdot \sigma \leq X \leq \mu + 1 \cdot \sigma) \approx 0{,}683$
$\qquad\qquad P(\mu - 2 \cdot \sigma \leq X \leq \mu + 2 \cdot \sigma) \approx 0{,}954$
$\qquad\qquad P(\mu - 3 \cdot \sigma \leq X \leq \mu + 3 \cdot \sigma) \approx 0{,}997$

Stichproben als Bernoulli-Versuche

- Stichprobenumfang n (Elemente durchnummeriert bis n) — Anzahl der Stufen n
- absolute Häufigkeit H_n eines Merkmals in der Stichprobe — Anzahl der Erfolge k
- relative Häufigkeit h_n eines Merkmals in der Stichprobe — Erfolgswahrscheinlichkeit p
- Standardabweichung σ_n in der Stichprobe — Standardabweichung σ

Konfidenzintervalle

Schließen von der Grundgesamtheit auf die Stichprobe
Erfolgswahrscheinlichkeit p in der Grundgesamtheit ist bekannt.
Die relative Häufigkeit h_n des Merkmals in der Stichprobe liegt mit der Wahrscheinlichkeit P (siehe Tabelle oben) im Intervall $\left[p - k\,\dfrac{\sigma}{n}; p + k\,\dfrac{\sigma}{n}\right]$.

Die absolute Häufigkeit H_n des Merkmals in der Stichprobe liegt mit der Wahrscheinlichkeit P (siehe Tabelle oben) im Intervall $[n \cdot p - k\,\sigma; n \cdot p + k\,\sigma]$.

Schließen von der Stichprobe auf die Grundgesamtheit
Erfolgswahrscheinlichkeit p in der Grundgesamtheit ist unbekannt, wird durch h_n geschätzt.
$P\left(h_n - k\,\dfrac{1}{2\sqrt{n}} \leq p \leq h_n + k\,\dfrac{1}{2\sqrt{n}}\right) \geq P$ (siehe Tabelle oben).

- Irrtumswahrscheinlichkeit α; Sicherheit $1 - \alpha$
- Genauigkeit ε der Schätzgröße h_n: $P(h_n - \varepsilon \leq p \leq h_n + \varepsilon) \geq 1 - \alpha$
- Konfidenzintervall (Vertrauensintervall) für p zum Vertrauensniveau $1 - \alpha$: $[h_n - \varepsilon; h_n + \varepsilon]$
- Stichprobenumfang: Soll $1 - \alpha \approx P$ sein, ist $n > \left(\dfrac{k}{2\varepsilon}\right)^2$ oder $n \geq \dfrac{1}{4\,\alpha\,\varepsilon^2}$ zu wählen.

Testen von Hypothesen

Nullhypothese H_0: Hypothese, die man durch einen Test mit geringer Irrtumswahrscheinlichkeit α (Signifikanzniveau) verwerfen möchte.
Gegenhypothese H_1: alternative Hypothese zur Nullhypothese H_0.
Entscheidungsregel: Festlegung des Ablehnungsbereiches A. Liegt die absolute Häufigkeit des Merkmals in der Stichprobe im Ablehnungsbereich, wird die Hypothese verworfen.
Signifikanztest: Es muss entschieden werden, ob die Nullhypothese H_0 verworfen werden kann (einseitig: $H_0: p \geq p_0$; $H_1: p < p_0$; zweiseitig: $H_0: p = p_0$; $H_1: p < p_0$ oder $p > p_0$).

Fehler beim Testen von Hypothesen

	H_0 wahr	H_0 falsch
H_0 verworfen	**Fehler 1. Art**	richtige Entscheidung
H_0 angenommen	richtige Entscheidung	**Fehler 2. Art**

Wertetafel zur Binomialverteilung ($n = 2; \dots ; 10$)

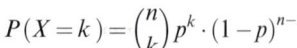

$$P(X=k) = \binom{n}{k} p^k \cdot (1-p)^{n-k}$$

n	k	p	0,02	0,03	0,04	0,05	0,10	1/6	0,20	0,30	1/3	0,40	0,50	k	n
2	0		0,9604	9409	9216	9025	8100	6944	6400	4900	4444	3600	2500	2	2
	1		0392	0582	0768	0950	1800	2778	3200	4200	4444	4800	5000	1	
	2		0004	0009	0016	0025	0100	0278	0400	0900	1111	1600	2500	0	
3	0		0,9412	9127	8847	8574	7290	5787	5120	3430	2963	2160	1250	3	3
	1		0576	0847	1106	1354	2430	3472	3840	4410	4444	4320	3750	2	
	2		0012	0026	0046	0071	0270	0694	0960	1890	2222	2880	3750	1	
	3				0001	0001	0010	0046	0080	0270	0370	0640	1250	0	
4	0		0,9224	8853	8493	8145	6561	4823	4096	2401	1975	1296	0625	4	4
	1		0753	1095	1416	1715	2916	3858	4096	4116	3951	3456	2500	3	
	2		0023	0051	0088	0135	0486	1157	1536	2646	2963	3456	3750	2	
	3			0001	0002	0005	0036	0154	0256	0756	0988	1536	2500	1	
	4						0001	0008	0016	0081	0123	0256	0625	0	
5	0		0,9039	8587	8154	7738	5905	4019	3277	1681	1317	0778	0313	5	5
	1		0922	1328	1699	2036	3281	4019	4096	3602	3292	2592	1563	4	
	2		0038	0082	0142	0214	0729	1608	2048	3087	3292	3456	3125	3	
	3		0001	0003	0006	0011	0081	0322	0512	1323	1646	2304	3125	2	
	4						0005	0032	0064	0284	0412	0768	1563	1	
	5							0001	0003	0024	0041	0102	0313	0	
6	0		0,8858	8330	7828	7351	5314	3349	2621	1176	0878	0467	0156	6	6
	1		1085	1546	1957	2321	3543	4019	3932	3025	2634	1866	0938	5	
	2		0055	0120	0204	0305	0984	2009	2458	3241	3292	3110	2344	4	
	3		0002	0005	0011	0021	0146	0536	0819	1852	2195	2765	3125	3	
	4					0001	0012	0080	0154	0595	0823	1382	2344	2	
	5						0001	0006	0015	0102	0165	0369	0938	1	
	6							0001	0007	0014	0041	0156	0	
7	0		0,8681	8080	7514	6983	4783	2791	2097	0824	0585	0280	0078	7	7
	1		1240	1749	2192	2573	3720	3907	3670	2471	2048	1306	0547	6	
	2		0076	0162	0274	0406	1240	2344	2753	3177	3073	2613	1641	5	
	3		0003	0008	0019	0036	0230	0781	1147	2269	2561	2903	2734	4	
	4				0001	0002	0026	0156	0287	0972	1280	1935	2734	3	
	5						0002	0019	0043	0250	0384	0774	1641	2	
	6							0001	0004	0036	0064	0172	0547	1	
	7								0002	0005	0016	0078	0	
8	0		0,8508	7837	7214	6634	4305	2326	1678	0576	0390	0168	0039	8	8
	1		1389	1939	2405	2793	3826	3721	3355	1977	1561	0896	0313	7	
	2		0099	0210	0351	0515	1488	2605	2936	2965	2731	2090	1094	6	
	3		0004	0013	0029	0054	0331	1042	1468	2541	2731	2787	2188	5	
	4			0001	0002	0004	0046	0260	0459	1361	1707	2322	2734	4	
	5						0004	0042	0092	0467	0683	1239	2188	3	
	6							0004	0011	0100	0171	0413	1094	2	
	7								0001	0012	0024	0079	0313	1	
	8									0001	0002	0007	0039	0	
9	0		0,8337	7602	6925	6302	3874	1938	1342	0404	0260	0101	0020	9	9
	1		1531	2116	2597	2985	3874	3489	3020	1556	1171	0605	0176	8	
	2		0125	0262	0433	0629	1722	2791	3020	2668	2341	1612	0703	7	
	3		0006	0019	0042	0077	0446	1302	1762	2668	2731	2508	1641	6	
	4			0001	0003	0006	0074	0391	0661	1715	2048	2508	2461	5	
	5						0008	0078	0165	0735	1024	1672	2461	4	
	6						0001	0010	0028	0210	0341	0743	1641	3	
	7							0001	0003	0039	0073	0212	0703	2	
	8									0004	0009	0035	0176	1	
	9										0001	0003	0020	0	
10	0		0,8171	7374	6648	5987	3487	1615	1074	0282	0173	0060	0010	10	10
	1		1667	2281	2770	3151	3874	3230	2684	1211	0867	0403	0098	9	
	2		0153	0317	0519	0746	1937	2907	3020	2335	1951	1209	0439	8	
	3		0008	0026	0058	0105	0574	1550	2013	2668	2601	2150	1172	7	
	4			0001	0004	0010	0112	0543	0881	2001	2276	2508	2051	6	
	5					0001	0015	0130	0264	1029	1366	2007	2461	5	
	6						0001	0022	0055	0368	0569	1115	2051	4	
	7							0002	0008	0090	0163	0425	1172	3	
	8								0001	0014	0030	0106	0439	2	
	9									0001	0003	0016	0098	1	
	10										0001	0010	0	
n	k	p	0,98	0,97	0,96	0,95	0,90	5/6	0,80	0,70	2/3	0,60	0,50	k	n

Alle freien Plätze dieser Seite würden durch das Runden auf 4 Dezimalen den Wert 0,0000 enthalten.

Summierte Binomialverteilung (n = 2; …; 10)

$$P(X \le k) = \sum_{i=0}^{k} \binom{n}{i}\, p^i \cdot (1-p)^{n-i}$$

n	k	p	0,02	0,03	0,04	0,05	0,10	1/6	0,20	0,30	1/3	0,40	0,50	k	n
2	0		0,9604	9409	9216	9025	8100	6944	6400	4900	4444	3600	2500	1	2
	1		9996	9991	9984	9975	9900	9722	9600	9100	8889	8400	7500	0	
3	0		0,9412	9127	8847	8574	7290	5787	5120	3430	2963	2160	1250	2	3
	1		9988	9974	9953	9928	9720	9259	8960	7840	7407	6480	5000	1	
	2				9999	9999	9990	9954	9920	9730	9630	9360	8750	0	
4	0		0,9224	8853	8493	8145	6561	4823	4096	2401	1975	1296	0625	3	4
	1		9977	9948	9909	9860	9477	8681	8192	6517	5926	4762	3125	2	
	2			9999	9998	9995	9963	9838	9728	9163	8889	8208	6875	1	
	3						9999	9992	9984	9919	9877	9744	9375	0	
5	0		0,9039	8587	8154	7738	5905	4019	3277	1681	1317	0778	0313	4	5
	1		9962	9915	9852	9774	9185	8038	7373	5282	4609	3370	1875	3	
	2		9999	9997	9994	9988	9914	9645	9421	8369	7901	6826	5000	2	
	3						9995	9967	9933	9692	9547	9130	8125	1	
	4							9999	9997	9976	9959	9898	9688	0	
6	0		0,8858	8330	7828	7351	5314	3349	2621	1176	0878	0467	0156	5	6
	1		9943	9875	9784	9672	8857	7368	6554	4202	3512	2333	1094	4	
	2		9998	9995	9988	9978	9842	9377	9011	7443	6804	5443	3438	3	
	3					9999	9987	9913	9830	9295	8999	8208	6563	2	
	4						9999	9993	9984	9891	9822	9590	8906	1	
	5								9999	9993	9986	9959	9844	0	
7	0		0,8681	8080	7514	6983	4783	2791	2097	0824	0585	0280	0078	6	7
	1		9921	9829	9706	9556	8503	6698	5767	3294	2634	1586	0625	5	
	2		9997	9991	9980	9962	9743	9042	8520	6471	5706	4199	2266	4	
	3				9999	9998	9973	9824	9667	8740	8267	7102	5000	3	
	4						9998	9980	9953	9712	9547	9037	7734	2	
	5							9999	9996	9962	9931	9812	9375	1	
	6									9998	9995	9984	9922	0	
8	0		0,8508	7837	7214	6634	4305	2326	1678	0576	0390	0168	0039	7	8
	1		9897	9777	9619	9428	8131	6047	5033	2553	1951	1064	0352	6	
	2		9996	9987	9969	9942	9619	8652	7969	5518	4682	3154	1445	5	
	3			9999	9998	9996	9950	9693	9437	8059	7414	5941	3633	4	
	4						9996	9954	9896	9420	9121	8263	6367	3	
	5							9996	9988	9887	9803	9502	8555	2	
	6								9999	9987	9974	9915	9648	1	
	7									9999	9998	9993	9961	0	
9	0		0,8337	7602	6925	6302	3874	1938	1342	0404	0260	0101	0020	8	9
	1		9869	9718	9522	9288	7748	5427	4362	1960	1431	0705	0195	7	
	2		9994	9980	9955	9916	9470	8217	7382	4628	3772	2318	0898	6	
	3			9999	9997	9994	9917	9520	9144	7297	6503	4826	2539	5	
	4						9991	9911	9804	9012	8552	7334	5000	4	
	5						9999	9989	9969	9747	9576	9006	7461	3	
	6							9999	9997	9957	9917	9750	9102	2	
	7									9996	9990	9962	9805	1	
	8										9999	9997	9980	0	
10	0		0,8171	7374	6648	5987	3487	1615	1074	0282	0173	0060	0010	9	10
	1		9838	9655	9418	9139	7361	4845	3758	1493	1040	0464	0107	8	
	2		9991	9972	9938	9885	9298	7752	6778	3828	2991	1673	0547	7	
	3			9999	9996	9990	9872	9303	8791	6496	5593	3823	1719	6	
	4					9999	9984	9845	9672	8497	7869	6331	3770	5	
	5						9999	9976	9936	9527	9234	8338	6230	4	
	6							9997	9991	9894	9803	9452	8281	3	
	7								9999	9984	9966	9877	9453	2	
	8									9999	9996	9983	9893	1	
	9											9999	9990	0	
n	k	p	0,98	0,97	0,96	0,95	0,90	5/6	0,80	0,70	2/3	0,60	0,50	k	n

Alle freien Plätze dieser Seite würden durch das Runden auf 4 Dezimalen den Wert 1,0000 enthalten.

Beachte! Wenn Werte über den zweiten, gelb unterlegten Eingang der Tabelle abgelesen werden sollen, d. h. $p \ge 0{,}5$, muss die Differenz 1 − (abgelesener Wert) ermittelt werden.
Beispiel: $n = 8$; $k = 3$, $p = 0{,}6$; $P(X \le 3) = 1{,}0000 - 0{,}8263 = 0{,}1737$

Wertetafel zur Binomialverteilung (n = 12, 14, 16, 18)

$$P(X=k) = \binom{n}{k} p^k \cdot (1-p)^{n-k}$$

n	k	p	0,02	0,03	0,04	0,05	0,10	1/6	0,20	0,30	1/3	0,40	0,50	k	n
12	0		0,7847	6938	6127	5404	2824	1122	0687	0138	0077	0022	0002	12	12
	1		1922	2575	3064	3413	3766	2692	2062	0712	0462	0174	0029	11	
	2		0216	0438	0702	0988	2301	2961	2835	1678	1272	0639	0161	10	
	3		0015	0045	0098	0173	0852	1974	2362	2397	2120	1419	0537	9	
	4		0001	0003	0009	0021	0213	0888	1329	2311	2384	2128	1209	8	
	5		0000	0000	0001	0002	0038	0284	0532	1585	1908	2270	1934	7	
	6				0000	0000	0005	0066	0155	0792	1113	1766	2256	6	
	7						0000	0011	0033	0291	0477	1009	1934	5	
	8							0001	0005	0078	0149	0420	1209	4	
	9							0000	0001	0015	0033	0125	0537	3	
	10								0000	0002	0005	0025	0161	2	
	11									0000	0000	0003	0029	1	
	12											0000	0002	0	
14	0		0,7536	6528	5647	4877	2288	0779	0440	0068	0034	0008	0001	14	14
	1		2153	2827	3294	3593	3559	2181	1539	0407	0240	0073	0009	13	
	2		0286	0568	0892	1229	2570	2835	2501	1134	0779	0317	0056	12	
	3		0023	0070	0149	0259	1142	2268	2501	1943	1559	0845	0222	11	
	4		0001	0006	0017	0037	0349	1247	1720	2290	2143	1549	0611	10	
	5		0000	0000	0001	0004	0078	0499	0860	1963	2143	2066	1222	9	
	6				0000	0000	0013	0150	0322	1262	1607	2066	1833	8	
	7						0002	0034	0092	0618	0918	1574	2095	7	
	8						0000	0006	0020	0232	0402	0918	1833	6	
	9							0001	0003	0066	0134	0408	1222	5	
	10							0000	0000	0014	0033	0136	0611	4	
	11									0002	0006	0033	0222	3	
	12									0000	0001	0005	0056	2	
	13										0000	0001	0009	1	
	14											0000	0001	0	
16	0		0,7238	6143	5204	4401	1853	0541	0281	0033	0015	0003	0000	16	16
	1		2363	3040	3469	3706	3294	1731	1126	0228	0122	0030	0002	15	
	2		0362	0705	1084	1463	2745	2596	2111	0732	0457	0150	0018	14	
	3		0034	0102	0211	0359	1423	2423	2463	1465	1066	0468	0085	13	
	4		0002	0010	0029	0061	0514	1575	2001	2040	1732	1014	0278	12	
	5		0000	0001	0003	0008	0137	0756	1201	2099	2078	1623	0667	11	
	6			0000	0000	0001	0028	0277	0550	1649	1905	1983	1222	10	
	7					0000	0004	0079	0197	1010	1361	1889	1746	9	
	8						0001	0018	0055	0487	0765	1417	1964	8	
	9						0000	0003	0012	0185	0340	0840	1746	7	
	10							0000	0002	0056	0119	0392	1222	6	
	11								0000	0013	0032	0142	0667	5	
	12									0002	0007	0040	0278	4	
	13									0000	0001	0008	0085	3	
	14										0000	0001	0018	2	
	15											0000	0002	1	
	16												0000	0	
18	0		0,6951	5780	4796	3972	1501	0376	0180	0016	0007	0001	0000	18	18
	1		2554	3217	3597	3763	3002	1352	0811	0126	0061	0012	0001	17	
	2		0443	0846	1274	1683	2835	2299	1723	0458	0259	0069	0006	16	
	3		0048	0140	0283	0473	1680	2452	2297	1046	0690	0246	0031	15	
	4		0004	0016	0044	0093	0700	1839	2153	1681	1294	0614	0117	14	
	5		0000	0001	0005	0014	0218	1030	1507	2017	1812	1146	0327	13	
	6			0000	0000	0002	0052	0446	0816	1873	1963	1655	0708	12	
	7					0000	0010	0153	0350	1376	1682	1892	1214	11	
	8						0002	0042	0120	0811	1157	1734	1669	10	
	9						0000	0009	0033	0386	0643	1284	1855	9	
	10							0002	0008	0149	0289	0771	1669	8	
	11							0000	0001	0046	0105	0374	1214	7	
	12								0000	0012	0031	0145	0708	6	
	13									0002	0007	0045	0327	5	
	14									0000	0001	0011	0117	4	
	15										0000	0002	0031	3	
	16											0000	0006	2	
	17												0000	1	
n	k	p	0,98	0,97	0,96	0,95	0,90	5/6	0,80	0,70	2/3	0,60	0,50	k	n

Alle freien Plätze dieser Seite würden durch das Runden auf 4 Dezimalen den Wert 0,0000 enthalten.

Summierte Binomialverteilung ($n = 12, 14, 16, 18$)

$$P(X \le k) = \sum_{i=0}^{k} \binom{n}{i} p^i \cdot (1-p)^{n-i}$$

n	k	p	0,02	0,03	0,04	0,05	0,10	1/6	0,20	0,30	1/3	0,40	0,50	k	n
12	0		0,7847	6938	6127	5404	2824	1122	0687	0138	0077	0022	0002	11	12
	1		9769	9514	9191	8816	6590	3813	2749	0850	0540	0196	0032	10	
	2		9985	9952	9893	9804	8891	6774	5583	2528	1811	0834	0193	9	
	3		9999	9997	9990	9978	9744	8748	7946	4925	3931	2253	0730	8	
	4				9999	9998	9957	9637	9274	7237	6315	4382	1938	7	
	5						9995	9921	9806	8822	8223	6652	3872	6	
	6						9999	9987	9961	9614	9336	8418	6128	5	
	7							9998	9994	9905	9812	9427	8062	4	
	8								9999	9983	9961	9847	9270	3	
	9									9998	9995	9972	9807	2	
	10											9997	9968	1	
	11												9998	0	
14	0		0,7536	6528	5647	4877	2288	0779	0440	0068	0034	0008	0001	13	14
	1		9690	9355	8941	8470	5846	2960	1979	0475	0274	0081	0009	12	
	2		9975	9923	9833	9699	8416	5795	4481	1608	1053	0398	0065	11	
	3		9999	9994	9981	9958	9559	8063	6982	3552	2612	1243	0287	10	
	4				9998	9996	9908	9310	8702	5842	4755	2793	0898	9	
	5						9985	9809	9561	7805	6898	4859	2120	8	
	6						9998	9959	9884	9067	8505	6925	3953	7	
	7							9993	9976	9685	9424	8499	6047	6	
	8							9999	9996	9917	9826	9417	7880	5	
	9									9983	9960	9825	9102	4	
	10									9998	9993	9961	9713	3	
	11										9999	9994	9935	2	
	12											9999	9991	1	
	13												9999	0	
16	0		0,7238	6143	5204	4401	1853	0541	0281	0033	0015	0003	0000	15	16
	1		9601	9182	8673	8108	5147	2272	1407	0261	0137	0033	0003	14	
	2		9963	9887	9758	9571	7892	4868	3518	0994	0594	0183	0021	13	
	3		9998	9989	9968	9930	9316	7291	5981	2459	1659	0651	0106	12	
	4			9999	9997	9991	9830	8866	7982	4499	3391	1666	0384	11	
	5					9999	9967	9622	9183	6598	5469	3288	1051	10	
	6						9995	9899	9733	8247	7374	5272	2272	9	
	7						9999	9979	9930	9256	8735	7161	4018	8	
	8							9996	9985	9743	9500	8577	5982	7	
	9								9998	9929	9841	9417	7728	6	
	10									9984	9960	9809	8949	5	
	11									9997	9992	9951	9616	4	
	12										9999	9991	9894	3	
	13											9999	9979	2	
	14												9997	1	
	15													0	
18	0		0,6951	5780	4796	3972	1501	0376	0180	0016	0007	0001	0000	17	18
	1		9505	8997	8393	7735	4503	1728	0991	0142	0068	0013	0001	16	
	2		9948	9843	9667	9419	7338	4027	2713	0600	0326	0082	0007	15	
	3		9996	9982	9950	9891	9018	6479	5010	1646	1017	0328	0038	14	
	4			9998	9994	9985	9718	8318	7164	3327	2311	0942	0154	13	
	5				9999	9998	9936	9347	8671	5344	4122	2088	0481	12	
	6						9988	9794	9487	7217	6085	3743	1189	11	
	7						9998	9947	9837	8593	7767	5634	2403	10	
	8							9989	9957	9404	8924	7368	4073	9	
	9							9998	9991	9790	9567	8653	5927	8	
	10								9998	9939	9856	9424	7597	7	
	11									9986	9961	9797	8811	6	
	12									9997	9991	9943	9519	5	
	13										9999	9987	9846	4	
	14											9998	9962	3	
	15												9993	2	
	16												9999	1	
n	k	p	0,98	0,97	0,96	0,95	0,90	5/6	0,80	0,70	2/3	0,60	0,50	k	n

> Alle freien Plätze dieser Seite würden durch das Runden auf 4 Dezimalen den Wert 1,0000 enthalten.

Beachte! Wenn Werte über den zweiten, gelb unterlegten Eingang der Tabelle abgelesen werden sollen, d. h. $p \ge 0{,}5$, muss die Differenz $1 - $ (abgelesener Wert) ermittelt werden.
Beispiel: $n = 12$; $k = 9$; $p = 0{,}95$: $P(X \le 9) = 1{,}0000 - 0{,}9804 = 0{,}0196$

Wertetafel zur Binomialverteilung ($n = 25, 50$)

$$P(X=k) = \binom{n}{k} p^k \cdot (1-p)^{n-k}$$

n	k	p	0,02	0,03	0,04	0,05	0,10	1/6	0,20	0,30	1/3	0,40	0,50	k	n
25	0		0,6034	4670	3604	2774	0718	0105	0038	0001	0000			25	25
	1		3079	3611	3754	3650	1994	0524	0236	0014	0005	0000		24	
	2		0754	1340	1877	2305	2659	1258	0708	0074	0030	0004	0000	23	
	3		0118	0318	0600	0930	2265	1929	1358	0243	0114	0019	0001	22	
	4		0013	0054	0137	0269	1384	2122	1867	0572	0313	0071	0004	21	
	5		0001	0007	0024	0060	0646	1782	1960	1030	0658	0199	0016	20	
	6		0000	0001	0003	0010	0239	1188	1633	1472	1096	0442	0053	19	
	7			0000	0000	0001	0072	0645	1108	1712	1487	0800	0143	18	
	8					0000	0018	0290	0623	1651	1673	1200	0322	17	
	9						0004	0110	0294	1336	1580	1511	0609	16	
	10						0001	0035	0118	0916	1264	1612	0974	15	
	11						0000	0010	0040	0536	0862	1465	1328	14	
	12							0002	0012	0268	0503	1140	1550	13	
	13							0000	0003	0115	0251	0760	1550	12	
	14								0001	0042	0108	0434	1328	11	
	15								0000	0013	0040	0212	0974	10	
	16									0004	0012	0088	0609	9	
	17									0001	0003	0031	0322	8	
	18									0000	0001	0009	0143	7	
	19										0000	0002	0053	6	
	20											0000	0016	5	
	21												0004	4	
	22												0001	3	
	23												0000	2	
50	0		0,3642	2181	1299	0769	0052	0001	0000					50	50
	1		3716	3372	2706	2025	0286	0011	0002					49	
	2		1858	2555	2762	2611	0779	0054	0011					48	
	3		0607	1264	1842	2199	1386	0172	0044	0000				47	
	4		0145	0459	0902	1360	1809	0405	0128	0001	0000			46	
	5		0027	0131	0346	0658	1849	0745	0295	0006	0001			45	
	6		0004	0030	0108	0260	1541	1118	0554	0018	0004			44	
	7		0001	0006	0028	0086	1076	1405	0870	0048	0012	0000		43	
	8		0000	0001	0006	0024	0643	1510	1169	0110	0033	0002		42	
	9			0000	0001	0006	0333	1410	1364	0220	0077	0005		41	
	10				0000	0001	0152	1156	1398	0386	0157	0014		40	
	11					0000	0061	0841	1271	0602	0286	0035	0000	39	
	12						0022	0546	1033	0838	0465	0076	0001	38	
	13						0007	0319	0755	1050	0679	0147	0003	37	
	14						0002	0169	0499	1189	0898	0260	0008	36	
	15						0001	0081	0299	1223	1077	0415	0020	35	
	16						0000	0035	0164	1147	1178	0606	0044	34	
	17							0014	0082	0983	1178	0808	0087	33	
	18							0005	0037	0772	1080	0987	0160	32	
	19							0002	0016	0558	0910	1109	0270	31	
	20							0001	0006	0370	0705	1146	0419	30	
	21							0000	0002	0227	0503	1091	0598	29	
	22								0001	0128	0332	0959	0788	28	
	23								0000	0067	0202	0778	0960	27	
	24									0032	0114	0584	1080	26	
	25									0014	0059	0405	1123	25	
	26									0006	0028	0259	1080	24	
	27									0002	0013	0154	0960	23	
	28									0001	0005	0084	0788	22	
	29									0000	0002	0043	0598	21	
	30										0001	0020	0419	20	
	31										0000	0009	0270	19	
	32											0003	0160	18	
	33											0001	0087	17	
	34											0000	0044	16	
	35												0020	15	
	36												0008	14	
	37												0003	13	
	38												0001	12	
	39												0000	11	
n	k	p	0,98	0,97	0,96	0,95	0,90	5/6	0,80	0,70	2/3	0,60	0,50	k	n

Alle freien Plätze dieser Seite würden durch das Runden auf 4 Dezimalen den Wert 0,0000 enthalten.

Summierte Binomialverteilung ($n = 25, 50$)

$$P(X \leq k) = \sum_{i=0}^{k} \binom{n}{i} p^i \cdot (1-p)^{n-i}$$

n	k	p	0,02	0,03	0,04	0,05	0,10	1/6	0,20	0,30	1/3	0,40	0,50	k	n
25	0		0,6034	4670	3604	2774	0718	0105	0038	0001	0000	0000		24	25
	1		9114	8280	7358	6424	2712	0629	0274	0016	0005	0001		23	
	2		9868	9620	9235	8729	5371	1887	0982	0090	0035	0004	0000	22	
	3		9986	9938	9835	9659	7636	3816	2340	0332	0149	0024	0001	21	
	4		9999	9992	9972	9928	9020	5937	4207	0905	0462	0095	0005	20	
	5			9999	9996	9988	9666	7720	6167	1935	1120	0294	0020	19	
	6					9998	9905	8908	7800	3407	2215	0736	0073	18	
	7						9977	9553	8909	5118	3703	1536	0216	17	
	8						9995	9843	9532	6769	5376	2735	0539	16	
	9						9999	9953	9827	8106	6956	4246	1148	15	
	10							9988	9944	9022	8220	5858	2122	14	
	11							9997	9985	9558	9082	7323	3450	13	
	12							9999	9996	9825	9585	8462	5000	12	
	13								9999	9940	9836	9222	6550	11	
	14									9982	9944	9656	7878	10	
	15									9995	9984	9868	8852	9	
	16									9999	9996	9957	9461	8	
	17										9999	9988	9784	7	
	18											9997	9927	6	
	19											9999	9980	5	
	20												9995	4	
	21												9999	3	
50	0		0,3642	2181	1299	0769	0052	0001	0000					49	50
	1		7358	5553	4005	2794	0338	0012	0002					48	
	2		9216	8108	6767	5405	1117	0066	0013					47	
	3		9822	9372	8609	7604	2503	0238	0057	0000				46	
	4		9968	9832	9510	8964	4312	0643	0185	0002	0000			45	
	5		9995	9963	9856	9622	6161	1388	0480	0007	0001			44	
	6		9999	9993	9964	9882	7702	2506	1034	0025	0005			43	
	7			9999	9992	9968	8779	3911	1904	0073	0017	0000		42	
	8				9999	9992	9421	5421	3073	0183	0050	0002		41	
	9					9998	9755	6830	4437	0402	0127	0008		40	
	10						9906	7986	5836	0789	0284	0022		39	
	11						9968	8827	7107	1390	0570	0057	0000	38	
	12						9990	9373	8139	2229	1035	0133	0002	37	
	13						9997	9693	8894	3279	1715	0280	0005	36	
	14						9999	9862	9393	4468	2612	0540	0013	35	
	15							9943	9692	5692	3690	0955	0033	34	
	16							9978	9856	6839	4868	1561	0077	33	
	17							9992	9937	7822	6046	2369	0164	32	
	18							9998	9975	8594	7126	3356	0325	31	
	19							9999	9991	9152	8036	4465	0595	30	
	20								9997	9522	8741	5610	1013	29	
	21								9999	9749	9244	6701	1611	28	
	22									9877	9576	7660	2399	27	
	23									9944	9778	8438	3359	26	
	24									9976	9892	9022	4439	25	
	25									9991	9951	9427	5561	24	
	26									9997	9979	9686	6641	23	
	27									9999	9992	9840	7601	22	
	28										9997	9924	8389	21	
	29										9999	9966	8987	20	
	30											9986	9405	19	
	31											9995	9675	18	
	32											9998	9836	17	
	33											9999	9923	16	
	34												9967	15	
	35												9987	14	
	36												9995	13	
	37												9998	12	
n	k	p	0,98	0,97	0,96	0,95	0,90	5/6	0,80	0,70	2/3	0,60	0,50	k	n

Alle freien Plätze dieser Seite, die unterhalb der Zahlenkolonnen liegen, würden durch das Runden auf 4 Dezimalen den Wert 1,0000 enthalten.

Beachte! Wenn Werte über den zweiten, gelb unterlegten Eingang der Tabelle abgelesen werden sollen, d. h. $p \geq 0,5$, muss die Differenz 1 – (abgelesener Wert) ermittelt werden.
Beispiel: $n = 50$; $k = 44$; $p = 0,97$: $P(X \leq 44) = 1,0000 - 0,9963 = 0,0037$

Standardnormalverteilung

Die Binomialverteilung kann für große n durch die **Normalverteilung** angenähert werden. Wählt man dabei für die Parameter μ und σ^2 die Werte 0 bzw. 1, so nimmt die Dichtefunktion (↗ S. 43) folgende Gestalt an:

$$\varphi(x) = \frac{1}{\sqrt{2\pi}}\, e^{-0,5x^2} \quad \text{mit}\ \ x \in \mathbb{R} \quad \text{und}\ \ e \approx 2{,}7183$$

Zur Berechnung von Intervallwahrscheinlichkeiten wird das jeweilige Integral in den Grenzen des betrachteten Intervalls gebildet:

$$\Phi(x) = \frac{1}{\sqrt{2\pi}} \int\limits_{-\infty}^{x} e^{-0,5t^2}\,dt$$

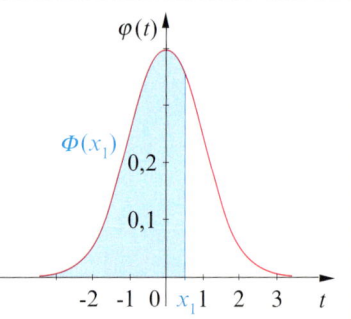

x	0	1	2	3	4	5	6	7	8	9
0,0	0,5000	5040	5080	5120	5160	5199	5239	5279	5319	5359
0,1	0,5398	5438	5478	5517	5557	5596	5636	5675	5714	5753
0,2	5793	5832	5871	5910	5948	5987	6026	6064	6103	6141
0,3	6179	6217	6255	6293	6331	6368	6406	6443	6480	6517
0,4	0,6554	6591	6628	6664	6700	6736	6772	6808	6844	6879
0,5	6915	6950	6985	7019	7054	7088	7123	7157	7190	7224
0,6	7257	7291	7324	7357	7389	7422	7454	7486	7517	7549
0,7	0,7580	7611	7642	7673	7703	7734	7764	7794	7823	7852
0,8	7881	7910	7939	7967	7995	8023	8051	8078	8106	8133
0,9	8159	8186	8212	8238	8264	8289	8315	8340	8365	8389
1,0	0,8413	8438	8461	8485	8508	8531	8554	8577	8599	8621
1,1	0,8643	8665	8686	8708	8729	8749	8770	8790	8810	8830
1,2	8849	8869	8888	8907	8925	8944	8962	8980	8997	9015
1,3	9032	9049	9066	9082	9099	9115	9131	9147	9162	9177
1,4	0,9192	9207	9222	9236	9251	9265	9279	9292	9306	9319
1,5	9332	9345	9357	9370	9382	9394	9406	9418	9429	9441
1,6	9452	9463	9474	9484	9495	9505	9515	9525	9535	9545
1,7	0,9554	9564	9573	9582	9591	9599	9608	9616	9625	9633
1,8	9641	9649	9656	9664	9671	9678	9686	9693	9699	9706
1,9	9713	9719	9726	9732	9738	9744	9750	9756	9761	9767
2,0	0,9772	9778	9783	9788	9793	9798	9803	9808	9812	9817
2,1	0,9821	9826	9830	9834	9838	9842	9846	9850	9854	9857
2,2	9861	9864	9868	9871	9875	9878	9881	9884	9887	9890
2,3	9893	9896	9898	9901	9904	9906	9909	9911	9913	9916
2,4	0,9918	9920	9922	9925	9927	9929	9931	9932	9934	9936
2,5	9938	9940	9941	9943	9945	9946	9948	9949	9951	9952
2,6	9953	9955	9956	9957	9959	9960	9961	9962	9963	9964
2,7	0,9965	9966	9967	9968	9969	9970	9971	9972	9973	9974
2,8	9974	9975	9976	9977	9977	9978	9979	9979	9980	9981
2,9	9981	9982	9982	9983	9984	9984	9985	9985	9986	9986
3,0	0,9987	9987	9987	9988	9988	9989	9989	9989	9990	9990
3,1	0,9990	9991	9991	9991	9992	9992	9992	9992	9993	9993
3,2	9993	9993	9994	9994	9994	9994	9994	9995	9995	9995
3,3	9995	9995	9996	9996	9996	9996	9996	9996	9996	9997
3,4	9997	9997	9997	9997	9997	9997	9997	9997	9997	9998

Beachte! $\Phi(-x) = 1 - \Phi(x)$

Beispiel: $\Phi(0{,}45) = 0{,}6736$ $\quad$ $\Phi(-0{,}45) = 1 - 0{,}6736 = 0{,}3264$

Zufallsziffern

Spalte 1	6	11	16	21	26	31	36	41	46
Zeile 1									
40653	82715	29835	27852	32191	08941	50090	61628	65483	68626
20388	02169	45693	90569	04706	17889	05236	26044	69228	97623
57375	04758	13200	06366	26794	80210	12428	97669	38347	14644
29285	35386	06306	17756	01889	46567	63690	63322	01017	61988
83962	35849	08903	05793	96942	95658	46987	27525	65613	52743
6									
66069	77855	15735	32548	10974	45251	05650	48448	07123	91208
88181	96842	04303	54328	24074	47946	86171	07035	01102	13039
95048	96876	80669	11018	41785	59413	13462	77991	67173	67110
54896	29949	98441	20674	21872	37943	19470	94930	49602	60368
67330	86909	12329	30622	48336	40615	89047	01519	28522	10795
11									
46523	20927	02553	56011	73696	58072	52382	93454	68062	04286
02349	65756	96906	12472	63225	76378	70719	86979	79069	87335
41171	30721	67419	01523	62544	90206	01661	40897	04276	12350
47476	71046	59731	53044	38860	51080	25567	28590	42538	24039
80949	37558	59607	86281	78195	34547	64538	55686	17243	14952
16									
42544	61262	61917	67009	02129	53738	78084	39678	11714	75672
78525	59155	17681	27377	53521	87219	21689	38698	36575	38855
85123	05896	67580	83757	16462	97117	80214	35832	22654	97535
55625	54556	34184	37696	49685	52220	12043	43907	34623	09100
32886	56880	00664	92270	95370	68380	40080	88305	32970	27418
21									
90245	78149	75928	56698	30673	17850	90999	83915	83790	51120
95852	27875	23509	08221	78018	33343	78167	44176	43353	20759
58523	59268	46692	65717	46108	43848	44345	02564	98770	04382
02091	44328	69638	24757	07074	53044	55039	29285	06272	65713
45386	46823	39271	56819	57679	82300	44452	38678	08782	40501
26									
63403	45072	53838	64968	38927	58665	82977	45721	47508	16489
91764	22041	14681	13412	90484	32597	61926	62937	70314	09562
84775	96110	74931	78038	45171	77311	39051	50771	24411	05340
00684	72931	20561	98505	85582	88178	13299	85881	93058	82880
74419	83717	02176	91077	22202	26631	62100	41765	24536	24967
31									
61317	29832	55744	31002	94051	95486	38471	01157	24471	78669
41977	67597	56282	17431	57695	67395	68436	90916	09096	93813
10214	70778	62085	37554	69699	89270	67972	60884	69308	57300
59174	66491	35653	17796	86621	07090	80557	82156	68647	67575
40972	92317	37287	92170	45520	85312	15886	00166	91310	20742
36									
50859	98860	73847	93671	75457	84486	17553	24646	70496	92346
80182	46662	49420	21032	31032	95462	29379	28618	60379	87240
44530	85870	07606	76299	65612	23594	28940	64327	34674	12644
13869	49069	45952	88431	20573	38782	45150	18252	50247	54242
30038	56122	13554	03554	22104	47212	21491	45984	44902	53207
41									
90616	89917	71773	64981	85522	23626	55851	57164	69873	23091
41820	68749	22163	40313	09859	23212	06345	07204	57710	53547
59653	83841	82064	76753	22364	96886	17853	00664	99338	92784
70559	89219	44858	66573	97933	08784	49282	97784	31554	96917
12222	04150	30928	08237	16014	68122	98054	95004	94713	41249
46									
00862	80639	03290	48441	74768	40968	33732	59771	63843	69580
28361	92650	64922	29306	59084	73676	64468	49862	91288	13219
61043	46009	56209	12845	47235	75884	75720	57387	60512	35296
11048	25187	58211	89139	05366	10889	47076	54450	77124	78444
98629	82125	41154	99335	77586	16905	34048	38516	40653	30500

Analysis

Folgen und Reihen

Definition Folge	Eine reelle **Zahlenfolge** (a_n) besteht aus unendlich vielen reellen Zahlen $a_1, a_2, a_3, \ldots$, die in einer festen Reihenfolge angeordnet sind. Die Zahl a_1 steht an erster, die Zahl a_n an n-ter Stelle in der Reihenfolge der Folgenglieder.
Partialsummen-folge	Werden aus den Gliedern einer Zahlenfolge (a_n) die Summen $s_1 = a_1,$ $s_2 = a_1 + a_2,$ $\ldots$ $s_n = a_1 + a_2 + \ldots + a_n = \sum\limits_{k=1}^{n} a_k$ usw. gebildet, so entsteht eine neue Folge (s_n), die **Partialsummenfolge**.
Definition Reihe	Die Partialsummenfolge (s_n) zu einer gegebenen Folge (a_n) heißt die zu (a_n) gehörende (unendliche) **Reihe**.
Monotone Zahlenfolgen (a_n)	• monoton steigend (wachsend): $\quad$ Für alle $n \in \mathbb{N}$ $(n > 0)$ gilt $a_{n+1} \geq a_n$. • monoton fallend (abnehmend): $\quad$ Für alle $n \in \mathbb{N}$ $(n > 0)$ gilt $a_{n+1} \leq a_n$. • streng monoton steigend: $\quad$ Für alle $n \in \mathbb{N}$ $(n > 0)$ gilt $a_{n+1} > a_n$. • streng monoton fallend: $\quad$ Für alle $n \in \mathbb{N}$ $(n > 0)$ gilt $a_{n+1} < a_n$.

Arithmetische Folge $(k = 1, 2, 3, \ldots)$	$(a_k) = (a_1; a_1 + d; \ldots; a_1 + (k-1)d, \ldots)$ $a_k = a_1 + (k-1)d; \quad a_{k+1} = a_k + d$	$s_n = \sum\limits_{k=1}^{n} a_k = \dfrac{n}{2}(a_1 + a_n) = n \cdot a_1 + \dfrac{(n-1) \cdot n}{2} \cdot d$
Geometrische Folge $(k = 1, 2, 3, \ldots)$	$(a_k) = (a_1; a_1 q; a_1 q^2; \ldots; a_1 q^{k-1}; \ldots)$ $\qquad\qquad\qquad\qquad (a_1 \neq 0; q \neq 0)$ $a_k = a_1 \cdot q^{k-1}; \quad a_{k+1} = a_k \cdot q$ Spezialfall $a_1 = 1$ $(q \neq 0)$: $(a_k) = (1; q; q^2; \ldots, q^{k-1}, \ldots)$ $a_k = q^{k-1}; \quad a_{k+1} = a_k \cdot q$	$s_n = \sum\limits_{k=1}^{n} a_k = a_1 \dfrac{q^n - 1}{q - 1} = \dfrac{a_n q - a_1}{q - 1}$ (falls $q \neq 1$) $s_n = a_1 n$ $\qquad\qquad\qquad\qquad\qquad$ (falls $q = 1$) $s_n = \sum\limits_{k=1}^{n} a_k = \dfrac{q^n - 1}{q - 1} = \dfrac{a_n q - 1}{q - 1}$ $\quad$ (falls $q \neq 1$) $s_n = n$ $\qquad\qquad\qquad\qquad\qquad\quad$ (falls $q = 1$)
Unendliche geometrische Reihe	$s = \sum\limits_{i=1}^{\infty} a_1 q^{i-1} = a_1 + a_1 q + \ldots + a_1 q^{n-1} + \ldots = \dfrac{a_1}{1 - q}$ $\quad (a_1 \neq 0; q \neq 0; |q| < 1)$ Spezialfall $a_1 = 1$ $(q \neq 0; |q| < 1)$ $s = \sum\limits_{i=1}^{\infty} q^{i-1} = 1 + q + q^2 + q^3 + \ldots = \dfrac{1}{1 - q}$	
Spezielle Partialsummen	Summen der ersten n Glieder der Folge der • natürlichen Zahlen $\quad 1 + 2 + 3 + \ldots + n = \sum\limits_{i=1}^{n} i = \dfrac{n}{2}(n+1)$ • geraden Zahlen $\qquad 2 + 4 + 6 + \ldots + 2n = \sum\limits_{i=1}^{n} 2i = n(n+1)$ $\qquad\qquad$ arith-metische Reihen • ungeraden Zahlen $\quad 1 + 3 + 5 + \ldots + (2n-1) = \sum\limits_{i=1}^{n}(2i-1) = n^2$ • Quadratzahlen $\qquad 1^2 + 2^2 + 3^2 + \ldots + n^2 = \sum\limits_{i=1}^{n} i^2 = \dfrac{n(n+1)(2n+1)}{6}$ $\qquad$ Potenz-summen-formeln • Kubikzahlen $\qquad 1^3 + 2^3 + 3^3 + \ldots + n^3 = \sum\limits_{i=1}^{n} i^3 = \left[\dfrac{n(n+1)}{2}\right]^2$	

Grenzwerte

Grenzwerte ε-Umgebung	Die Menge aller reellen Zahlen x, für die $|x - a| < \varepsilon$ gilt, wobei ε eine positive reelle Zahl ist, heißt ε-Umgebung der Zahl a. Andere Schreibweise: $a - \varepsilon < x < a + \varepsilon$
Grenzwert einer Zahlenfolge	Die Zahl g heißt Grenzwert der Folge (a_n) genau dann, wenn es für jedes $\varepsilon > 0$ eine natürliche Zahl n_0 gibt, sodass für alle $n \geq n_0$ gilt: $|a_n - g| < \varepsilon$ Man schreibt: $\lim\limits_{n \to \infty} a_n = g$
Grenzwertsätze für unendliche konvergente Zahlenfolgen	Falls die Grenzwerte $\lim\limits_{n \to \infty} a_n = a$ und $\lim\limits_{n \to \infty} b_n = b$ existieren, gilt: • $\lim\limits_{n \to \infty} (a_n \pm b_n) = \lim\limits_{n \to \infty} a_n \pm \lim\limits_{n \to \infty} b_n = a \pm b$ • $\lim\limits_{n \to \infty} (a_n \cdot b_n) = \lim\limits_{n \to \infty} a_n \cdot \lim\limits_{n \to \infty} b_n = a \cdot b$ • $\lim\limits_{n \to \infty} \dfrac{a_n}{b_n} = \dfrac{\lim\limits_{n \to \infty} a_n}{\lim\limits_{n \to \infty} b_n} = \dfrac{a}{b}$, falls $b_n \neq 0$ für alle n und $\lim\limits_{n \to \infty} b_n \neq 0$
Einige wichtige Grenzwerte	**Nullfolgen:** $\lim\limits_{n \to \infty} \dfrac{1}{n} = 0$ $\qquad$ $\lim\limits_{n \to \infty} a^n = 0$ für $|a| < 1$ $\qquad$ $\lim\limits_{n \to \infty} \dfrac{a^n}{n!} = 0$ $\lim\limits_{n \to \infty} a^n = 1$ für $a = 1$ $\qquad$ $\lim\limits_{n \to \infty} \sqrt[n]{a} = 1$ für $a > 0$ $\qquad$ $\lim\limits_{x \to 0} \dfrac{\sin x}{x} = 1$ $\lim\limits_{n \to \infty} \left(1 + \dfrac{1}{n}\right)^n = \mathrm{e} \approx 2{,}718\,281\,828\,4 \ldots$
Grenzwert einer Funktion	Eine Funktion f hat an der Stelle x_0 den **Grenzwert** g genau dann, wenn für jede Folge (x_n) mit $x_n \neq x_0$, die gegen x_0 konvergiert, die Folge $(f(x_n))$ der zugehörigen Funktionswerte gegen g konvergiert.
Stetigkeit von Funktionen an einer Stelle $x_0 \in D_f$	Die Funktion f ist an der Stelle x_0 **stetig** genau dann, wenn $\quad$ (1) $\lim\limits_{x \to x_0} f(x)$ existiert und $\quad$ (2) $\lim\limits_{x \to x_0} f(x) = f(x_0)$. Faustregel: Eine Funktion ist stetig, wenn man ihren Graphen in einem Zug zeichnen kann. $\qquad$ Die Funktion $f(x) = \begin{cases} \dfrac{1}{x} \text{ für } x \neq 0 \\ 0 \text{ für } x = 0 \end{cases}$ ist an der Stelle $x_0 = 0$ nicht stetig.
Grenzwertsätze für Funktionen	Falls $\lim\limits_{x \to x_0} f_1(x) = g_1$ und $\lim\limits_{x \to x_0} f_2(x) = g_2$ ist, gilt: $\lim\limits_{x \to x_0} [f_1(x) \pm f_2(x)] = g_1 \pm g_2$ $\lim\limits_{x \to x_0} [f_1(x) \cdot f_2(x)] = g_1 \cdot g_2$ $\lim\limits_{x \to x_0} \dfrac{f_1(x)}{f_2(x)} = \dfrac{g_1}{g_2}$ falls $g_2 \neq 0$

Differenzialrechnung

Differenzen-quotient	Sei f eine Funktion, die in einer Umgebung U von x_0 definiert ist. Dann nennt man $\dfrac{f(x_0+h)-f(x_0)}{h}$ mit $h \in \mathbb{R}$; $h \neq 0$ und $x_0 + h \in D(f)$ den zu h gehörigen Differenzen-quotient der Funktion f an der Stelle x_0.
Differenzial-quotient	Der Differenzialquotient (oder die **Ableitung**) der Funktion f an der Stelle x_0 ist der Grenzwert $\lim\limits_{h \to 0} \dfrac{f(x_0+h)-f(x_0)}{h}$, falls er existiert. Man schreibt auch: $f'(x_0)$ oder $\left.\dfrac{dy}{dx}\right\|_{x=x_0}$ 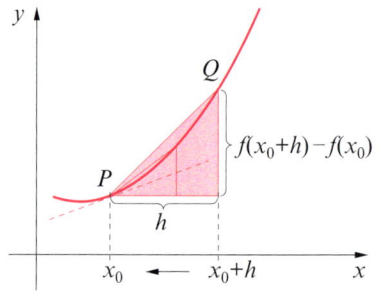
Differenzier-barkeit	Die Funktion f ist an der Stelle $x = x_0$ differenzierbar, wenn (1) $f(x)$ in einer Umgebung von x_0 definiert ist und (2) der Grenzwert $\lim\limits_{h \to 0} \dfrac{f(x_0+h)-f(x_0)}{h}$ existiert.
Differen-ziationsregeln	Falls die Funktionen u und v differenzierbar sind, so gilt für • eine konstante Funktion $\quad y = c$ $\quad$ (c eineKonstante) $\qquad y' = 0$ • einen konstanten Faktor $\quad y = c \cdot v$ $\qquad\qquad\qquad\qquad\qquad y' = c \cdot v'$ • eine Potenzfunktion $\qquad y = x^n$ $\qquad\qquad\qquad y' = n \cdot x^{n-1}$ **(Potenzregel)** $\qquad\qquad\qquad y'' = n \cdot (n-1) \cdot x^{n-2}$ $\qquad\qquad\qquad \cdots$ $\qquad y^{(k)} = \begin{cases} \dfrac{n!}{(n-k)!} \cdot x^{n-k} & \text{(für } k \leq n) \\ 0 & \text{(für } k > n) \end{cases}$ • eine Summe/Differenz $\quad y = u \pm v$ $\qquad\qquad\qquad y' = u' \pm v'$ **(Summenregel)** • ein Produkt $\qquad\qquad y = uv$ $\qquad\qquad\qquad y' = u'v + uv'$ **(Produktregel)** • einen Quotienten $\qquad y = \dfrac{u}{v}$ $(v \neq 0)$ $\qquad\qquad\qquad y' = \dfrac{u'v - uv'}{v^2}$ **(Quotientenregel)** **Kettenregel:** Sind u und v differenzierbare Funktionen, dann ist die Funktion $f(x) = u(v(x))$ differenzierbar. $f'(x) = u'(v(x)) \cdot v'(x)$ oder mit $y = u(z)$ und $z = v(x)$: $\dfrac{dy}{dx} = \dfrac{dy}{dz} \cdot \dfrac{dz}{dx}$ Differenziation einer Umkehrfunktion $\bar{f}$: Ist f eine eineindeutige Funktion, die in einer Umgebung der Stelle x_0 differenzierbar ist, und gilt $f'(x_0) \neq 0$, so ist die zu f inverse Funktion $\bar{f}$ an der Stelle $y_0 = f(x_0)$ differenzierbar und es gilt: $\bar{f}'(y_0) = \dfrac{1}{f'(x_0)}$

Ableitung spezieller Funktionen	Funktion	1. Ableitung	2. (und k-te) Ableitung
	$y = e^x$	$y' = e^x$	$y'' = e^x;\ y^{(k)} = e^x$
	$y = a^x\ (a > 0, a \neq 1)$	$y' = a^x \cdot \ln a = \dfrac{a^x}{\log_a e}$	$y'' = a^x \cdot \ln a \cdot \ln a$
	$y = \ln x\ (x > 0)$	$y' = \dfrac{1}{x}$	$y'' = -\dfrac{1}{x^2}$
	$y = \log_a x$ $(a > 0, a \neq 1; x > 0)$	$y' = \dfrac{1}{x \cdot \ln a}$	$y'' = -\dfrac{1}{x^2 \cdot \ln a}$
	$y = \sin x$	$y' = \cos x$	$y'' = -\sin x$
	$y = \cos x$	$y' = -\sin x$	$y'' = -\cos x$
	$y = \tan x$	$y' = \dfrac{1}{\cos^2 x} = 1 + \tan^2 x$	$y'' = 2 \cdot \tan x(1 + \tan^2 x)$
	$y = \arcsin x$	$y' = \dfrac{1}{\sqrt{1 - x^2}}$	$y'' = \dfrac{x}{(1 - x^2) \cdot \sqrt{1 - x^2}}$
	$y = \arccos x$	$y' = \dfrac{-1}{\sqrt{1 - x^2}}$	$y'' = \dfrac{-x}{(1 - x^2) \cdot \sqrt{1 - x^2}}$
	$y = \arctan x$	$y' = \dfrac{1}{1 + x^2}$	$y'' = \dfrac{-2x}{(1 + x^2)^2}$

| Mittelwertsatz der Differenzialrechnung | Wenn eine Funktion f im Intervall $[a, b]$ stetig und in (a, b) differenzierbar ist, so gibt es eine Zahl ξ mit $a < \xi < b$ und $$\dfrac{f(b) - f(a)}{b - a} = f'(\xi).$$ Faustregel: Im Intervall $(a; b)$ gibt es eine Stelle ξ mit der Eigenschaft: Die Tangente an f im Punkt $P(\xi; f(\xi))$ hat die gleiche Steigung wie die Sekante durch $P_1(a; f(a))$ und $P_2(b; f(b))$. | |

| Näherungsverfahren zur Berechnung von Nullstellen | **Newton'sches Näherungsverfahren** Falls x_n eine erste Näherung für x_0 ist, so gilt: $$x_{n+1} = x_n - \dfrac{f(x_n)}{f'(x_n)} \qquad f'(x_n) \neq 0$$ | **Regula falsi** Falls a und b Näherungswerte für x_0 sind, wobei $f(a) < 0$ und $f(b) > 0$ sind, so erhält man eine bessere Näherung mit $$x_s = a - \dfrac{f(a) \cdot (b - a)}{f(b) - f(a)}$$ |

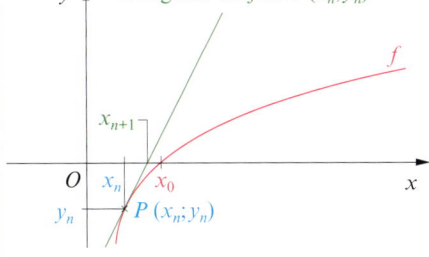

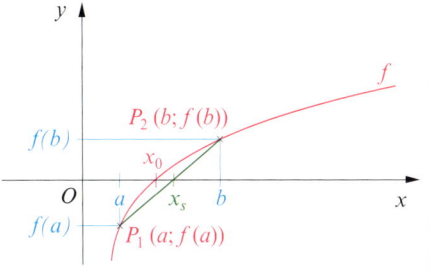

Schrittfolge einer Kurvendiskussion

Schnittpunkte des Graphen mit der x-Achse (Nullstellen)	Im Falle ganzrationaler Funktionen $y = f(x)$ setzt man $f(x) = 0$ und löst die Gleichung. Handelt es sich um Gleichungen dritten oder höheren Grades, wird die erste Nullstelle x_{01} durch Probieren oder mithilfe von Näherungsverfahren (↗ S. 55) ermittelt und die Gleichung schrittweise unter Nutzung von $f(x) : (x - x_{01}) = f_1(x)$ reduziert. Im Falle gebrochenrationaler Funktionen $y = \dfrac{u(x)}{v(x)}$ setzt man $u(x) = 0$, ermittelt die Lösungen $x_{01}, x_{02}, \ldots$ und prüft dann für jede Lösung der Gleichung $u(x) = 0$, ob $v(x_0) \neq 0$ ist.
Schnittpunkt mit der y-Achse	$x = 0$ setzen und $f(0)$ berechnen.
Definitionslücken von gebrochenrationalen Funktionen	$f(x) = \dfrac{u(x)}{v(x)}$ daraufhin untersuchen, ob es x_i gibt, für die $v(x_i) = 0$ und $u(x_i) \neq 0$. Diese Stellen müssen aus dem Definitionsbereich ausgeschlossen werden. Wächst $|f(x)|$ an einer Definitionslücke über alle Grenzen, so liegt dort eine **Polstelle** vor. Es gibt Polstellen mit Vorzeichenwechsel (rechts- und linksseitiger Grenzwert sind verschieden) und ohne Vorzeichenwechsel (rechts- und linksseitiger Grenzwert sind gleich). Hat eine rationale Funktion in Zähler und Nenner eine Nullstelle gleicher Ordnung, so liegt an dieser Stelle eine **stetig hebbare Definitionslücke** vor.
Monotonie von Funktionen	Ist eine Funktion $y = f(x)$ in einem Intervall I differenzierbar und gilt: für alle $x \in I$ die Beziehung $f'(x) < 0$, so ist f über I streng monoton fallend, für alle $x \in I$ die Beziehung $f'(x) > 0$, so ist f über I streng monoton wachsend.
Symmetrien	Gilt für alle x aus dem Definitionsbereich • $f(-x) = f(x)$, so ist der Graph von f achsensymmetrisch bzgl. der y-Achse; • $f(-x) = -f(x)$, so ist der Graph von f punktsymmetrisch bzgl. des Ursprungs $(0; 0)$.
Lokale Extrema	Für den Fall, dass $f(x)$ mindestens zweimal differenzierbar ist, gilt: $f(x)$ hat an der Stelle $x = x_E$ ein lokales Maximum, wenn $f'(x_E) = 0$ und $f''(x_E) < 0$, $f(x)$ hat an der Stelle $x = x_E$ ein lokales Minimum, wenn $f'(x_E) = 0$ und $f''(x_E) > 0$. (Ist $f''(x_E) = 0$, kann vielfach durch weitere Ableitungen festgestellt werden, ob ein lokales Extremum oder ein Wendepunkt vorliegt. Das Ergebnis $f'''(x_E) \neq 0$ weist auf einen Wendepunkt hin. Mitunter muss das Monotonieverhalten der Funktion zur Entscheidungsfindung hinzugezogen werden.)
Wendepunkte, Wendetangente	Für den Fall, dass $f(x)$ mindestens dreimal differenzierbar ist, setzt man $f''(x_W) = 0$, löst diese Gleichung und erhält mit $x_{W1}, x_{W2}, \ldots$ die x-Werte (Abszissen) der eventuellen Wendepunkte und mit $f(x_{W1}), f(x_{W2}), \ldots$ die zugehörigen y-Werte (Ordinaten) der Wendepunkte. Gewissheit erhält man erst, wenn jeweils $f'''(x_W) \neq 0$ gesichert ist. Die Gleichung der zugehörigen Wendetangente lautet: $y - y_W = f'(x_W) \cdot (x - x_W)$
Verhalten im Unendlichen	$\lim\limits_{x \to +\infty} f(x)$ und $\lim\limits_{x \to -\infty} f(x)$ berechnen und Asymptoten bestimmen. Für gebrochenrationale Funktionen gilt: Ist der Zählergrad kleiner als der Nennergrad, so ist die x-Achse Asymptote. Ist der Zählergrad gleich dem Nennergrad, so ist eine Parallele zur x-Achse Asymptote. Ist der Zählergrad größer als der Nennergrad, so muss der Funktionsterm mittels Polynomdivision in einen ganzrationalen und einen echt gebrochenen Term zerlegt werden, der ganzrationale Term liefert die Gleichung für die Asymptote.
Graph zeichnen	Die Ergebnisse der Kurvendiskussion werden für die Zeichnung der Graphen in einem geeigneten Koordinatensystem genutzt.

Horner-Schema; Polynomdivision

Ganzrationale Funktionen	Ein Ausdruck $f(x) = a_n x^n + a_{n-1} x^{n-1} + \ldots + a_1 x + a_0$ mit $a_i \in \mathbb{R}$ und $n \in \mathbb{N}$ heißt ganzrationale Funktion mit einer Variablen x. Der Ausdruck $a_n x^n + a_{n-1} x^{n-1} + \ldots + a_1 x + a_0$ heißt Polynom n-ten Grades. Jede ganzrationale Funktion kann in der Form $f(x) = ((\ldots((a_n x + a_{n-1}) x + a_{n-2}) x + \ldots + a_2) x + a_1) x + a_0$ geschrieben werden.

Horner-Schema	Das Horner-Schema ist eine Schreibweise und Rechenvorschrift, mit deren Hilfe – für ganzrationale Funktionen Funktionswerte zu einem Argument x_0 berechnet werden können, – Linearfaktoren $(x - x_0)$ aus einem Polynom abgespalten werden können, – für ganzrationale Funktionen n-te Ableitungen zu einem Argument x_0 berechnet werden können.

Allgemeines Horner-Schema für
$$f(x) = a_n x^n + a_{n-1} x^{n-1} + \ldots + a_1 x + a_0$$

$$
\begin{array}{ccccc}
a_n & a_{n-1} & a_{n-2} & \ldots\, a_1 & a_0 \\
 & a_n x_0 & (a_{n-1} + a_n x_0)\cdot x_0 & & \\
a_n & \underbrace{a_{n-1} + a_n \cdot x_0}_{b_1} & \underbrace{a_{n-2} + (a_{n-1} + a_n x_0)\cdot x_0}_{b_2} & \ldots\, b_n
\end{array}
$$

Aus den Werten b_i der 3. Zeile ergibt sich folgende Schreibweise für $f(x)$:
$$f(x) = a_n x^n + a_{n-1} x^{n-1} + \ldots a_1 x + a_0$$
$$= (a_n x^{n-1} + b_1 x^{n-2} + \ldots + b_{n-2} x + b_{n-1})\cdot(x - x_0) + b_n.$$
Für $x = x_0$ ergibt sich $f(x_0) = b_n$.

Die Zahlen der dritten Zeile des Schemas sind die Koeffizienten eines Polynoms $p(x)$ mit
$$p(x)\cdot(x - x_0) = f(x) - f(x_0).$$

Es gilt $p(x) = f'(x_0)$.
Durch fortgesetzte Anwendung des Horner-Schemas können auch die Werte höherer Ableitungen von f an der Stelle x_0 berechnet werden.

Beispiel:
$f(x) = x^4 + 4x^3 + x + 4$ und $x_0 = 2$

$$
\begin{array}{ccccc}
1 & 4 & 0 & 1 & 4 \\
 & 2 & 12 & 24 & 50 \\
1 & 6 & 12 & 25 & 54
\end{array}
$$

$f(x) = x^4 + 4x^3 + x + 4$
$= (x^3 + 6x^2 + 12x + 25)\cdot(x - 2) + 54$
$f(2) = 54$

$f(x) - f(2) = p(x)\cdot(x - 2)$
mit $p(x) = x^3 + 6x^2 + 12x + 25$

Es gilt:
$p(2) = f'(2) = 81$

Polynom-division	Wird ein Polynom $f(x)$ vom Grad n durch ein Polynom $g(x)$ vom Grad m (mit $n \geq m$) geteilt, so entsteht ein neues Polynom $p(x)$ und evtl. ein Restpolynom $r(x)$: $f(x) = p(x)\cdot g(x) + r(x)$. $r(x)$ ist entweder das Nullpolynom oder ein Polynom, dessen Grad kleiner als der Grad von $p(x)$ ist. Ist $r(x) = 0$, so kann man aus $g(x_0) = 0$ eine Nullstelle der ganzrationalen Funktion f ermitteln. Der Divisionsalgorithmus entspricht dem der schriftlichen Division natürlicher Zahlen.	**Beispiel:** $f(x) = x^4 - 3x^3 - 10x^2 + x + 2$; $g(x) = x + 2$

$$(x^4 - 3x^3 - 10x^2 + x + 2) : (x + 2) = x^3 - 5x^2 + 1$$
$$\underline{-(x^4 + 2x^3)}$$
$$0 - 5x^3 - 10x^2$$
$$\underline{-(-5x^3 - 10x^2)}$$
$$0 + x$$
$$\underline{-(x + 2)}$$
$$-2 + 2$$
$$\underline{\underline{0 = r(x)}}$$

$p(x) = x^3 - 5x^2 + 1$, also
$f(x) = (x^3 - 5x^2 + 1)\cdot(x + 2)$

Da $r(x) = 0$ ist, folgt aus $g(x_0) = x_0 + 2 = 0$, dass $x_0 = -2$ eine Nullstelle des Polynoms $f(x)$ ist: $f(-2) = 0$.

Integralrechnung

Stammfunktion	Eine Funktion F heißt Stammfunktion von f genau dann, wenn F und f in einem Intervall I definiert sind, wenn F in I differenzierbar ist und wenn $F'(x) = f(x)$ für alle $x \in I$.
Unbestimmtes Integral	Das unbestimmte Integral der Funktion f ist die Menge aller Stammfunktionen von $f(x)$. Es gilt $\int f(x)\,dx = F(x) + c \quad (c \in \mathbb{R})$.
Bestimmtes Integral	Das bestimmte Integral der Funktion f auf dem abgeschlossenen Intervall $[a; b]$ ist die reelle Zahl $\int\limits_a^b f(x)\,dx$.
Hauptsatz der Differenzial- und Integral- rechnung	Ist f eine im Intervall $[a; b]$ stetige Funktion und F irgendeine Stammfunktion von f, so ist $$\int\limits_a^b f(x)\,dx = F(b) - F(a).$$
Eigenschaften	(1) $\int\limits_a^a f(x)\,dx = 0$ (falls f in a definiert ist) (2) $\int\limits_b^a f(x)\,dx = -\int\limits_a^b f(x)\,dx$ (3) $\int\limits_a^b f(x)\,dx = \int\limits_a^c f(x)\,dx + \int\limits_c^b f(x)\,dx$ (falls f in $[a; b]$ stetig und $a \le c \le b$)
Integrations- regeln	• Für einen konstanten Faktor gilt: $\int k \cdot f(x)\,dx = k \cdot \int f(x)\,dx$ • Für eine Summe/Differenz gilt: $\int [f(x) \pm g(x)]\,dx = \int f(x)\,dx \pm \int g(x)\,dx$ • Substitutionsregel: $\int f[\varphi(t)] \cdot \varphi'(t)\,dt = \int f(x)\,dx$ mit $x = \varphi(t)$ und $dx = \varphi'(t)\,dt$ • Partielle Integration (Produktintegration): $\int u\,v'\,dx = u\,v - \int v\,u'\,dx$
Näherungsweise Berechnung von Integralen	**Trapezverfahren** Mit $d = \dfrac{b-a}{n} = \dfrac{x_n - x_0}{n}$ erhält man für den Flächen- inhalt A folgende Näherung: $$A \approx \sum_{k=1}^{n} \frac{1}{2}(f(x_{k-1}) + f(x_k)) \cdot d$$ $$A = \int\limits_a^b f(x)\,dx \approx \left(\frac{f(x_0) + f(x_n)}{2} + \sum_{k=1}^{n-1} f(x_k) \right) \cdot d$$
	Simpson'sche Regel Die Genauigkeit ist bei gleicher Anzahl der Stützpunkte i. Allg. größer als bei dem Trapezverfahren. Mit $d = \dfrac{x_n - x_0}{n}$, n gerade gilt: $$A \approx \frac{d}{3} \cdot [f(x_0) + f(x_n) + 2 \cdot (f(x_2) + f(x_4) + \ldots + f(x_{n-2})) + 4 \cdot (f(x_1) + f(x_3) + \ldots + f(x_{n-1}))]$$
	Kepler'sche (Fass-)Regel Die Kepler'sche Regel ist der Spezialfall der Simpson'- schen Regel für $n = 2$. Mit $d = \dfrac{x_2 - x_0}{2}$ gilt: $$A \approx \frac{d}{3} \cdot (f(x_0) + 4f(x_1) + f(x_2))$$

Grundintegrale und weitere spezielle Integrale	$\int a \cdot \mathrm{d}x = ax + c \quad (a \in \mathbb{R})$
	$\int x\,\mathrm{d}x = 0{,}5 \cdot x^2 + c$
	$\int x^n\,\mathrm{d}x = \dfrac{x^{n+1}}{n+1} + c \quad \text{mit} \quad n \in \mathbb{Z},\, n \neq -1 \quad \text{und} \quad \begin{cases} x \in \mathbb{R}, & \text{falls } n \geq 0 \\ x \in \mathbb{R},\ x \neq 0 & \text{falls } n < 0 \end{cases}$
	$\int x^{-1}\,\mathrm{d}x = \int \dfrac{\mathrm{d}x}{x} = \ln|x| + c = \begin{cases} \ln x + c, & \text{falls } x > 0 \\ \ln(-x) + c, & \text{falls } x < 0 \end{cases}$
	$\int x^r\,\mathrm{d}x = \dfrac{x^{r+1}}{r+1} + c \quad \text{mit} \quad r \in \mathbb{Q},\, r \neq -1,\, x \in \mathbb{R} \quad \text{und} \quad x > 0$
	$\int a^x\,\mathrm{d}x = \dfrac{1}{\ln a}\,a^x + c = a^x \cdot \log_a e + c \quad \text{mit} \quad a \in \mathbb{R},\, a > 0,\, a \neq 1 \quad \text{und} \quad x \in \mathbb{R}$
	$\int e^x\,\mathrm{d}x = e^x + c \quad (x \in \mathbb{R})$
	$\int \ln x\,\mathrm{d}x = x \cdot \ln|x| - x + c \quad (x \neq 0)$
	$\int x \cdot \ln x\,\mathrm{d}x = x^2 \left(\dfrac{\ln x}{2} - \dfrac{1}{4}\right) + c \quad (x \neq 0)$
	$\int \dfrac{\mathrm{d}x}{a^2 + x^2} = \dfrac{1}{a}\,\arctan\dfrac{x}{a} + c \quad (a \neq 0)$
	$\int \dfrac{\mathrm{d}x}{ax+b} = \dfrac{1}{a}\,\ln|ax+b| + c$
	$\int \sin x\,\mathrm{d}x = -\cos x + c \quad (x \in \mathbb{R})$
	$\int \cos x\,\mathrm{d}x = \sin x + c \quad (x \in \mathbb{R})$
	$\int \dfrac{\mathrm{d}x}{\cos^2 x} = \tan x + c \quad \text{mit} \quad x \neq (2k+1)\dfrac{\pi}{2},\ k \in \mathbb{Z}$
	$\int \tan x\,\mathrm{d}x = -\ln|\cos x| + c \quad \text{mit} \quad x \neq (2k+1)\cdot\dfrac{\pi}{2},\ \text{wobei}\ k \in \mathbb{Z}$
	$\int \cot x\,\mathrm{d}x = \ln|\sin x| + c \quad \text{mit} \quad x \neq k \cdot \pi,\ \text{wobei}\ k \in \mathbb{Z}$
	$\int \dfrac{\mathrm{d}x}{\sqrt{a^2 - x^2}} = \arcsin\dfrac{x}{a} + c,\ \text{wenn}\ |x| < |a|;\ a \neq 0$
	$\int (ax+b)^n\,\mathrm{d}x = \dfrac{(ax+b)^{n+1}}{a(n+1)} + c \quad (n \neq -1)$

Mittelwertsatz der Integralrechnung	Wenn eine Funktion $f(x)$ im Intervall $[a, b]$ stetig ist, so gibt es wenigstens eine Zahl ξ mit $a \leq \xi \leq b$, für die gilt:

$$\frac{\int\limits_a^b f(x)\,\mathrm{d}x}{b-a} = f(\xi) \quad \text{bzw.} \quad \int\limits_a^b f(x)\,\mathrm{d}x = f(\xi)\cdot(b-a)$$

Faustregel:
Im Intervall $(a; b)$ gibt es eine Stelle ξ, sodass das Rechteck mit den Seitenlängen $f(\xi)$ und $(b-a)$ den gleichen Flächeninhalt besitzt wie die Fläche unter dem Graphen von f in den Grenzen a und b.

Flächeninhaltsberechnung durch Integration

Fläche oberhalb bzw. unterhalb der x-Achse	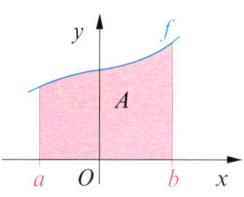 $A = \int\limits_a^b f(x)\,dx$ 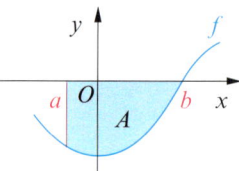 $A = \left| \int\limits_a^b f(x)\,dx \right|$
Fläche oberhalb und unterhalb der x-Achse	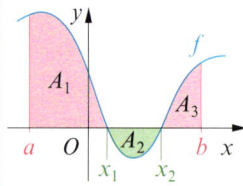 Achtung: zuerst Nullstellen bestimmen. $A = A_1 + A_2 + A_3$ $A = \int\limits_a^{x_1} f(x)\,dx + \left| \int\limits_{x_1}^{x_2} f(x)\,dx \right| + \int\limits_{x_2}^b f(x)\,dx$
Fläche zwischen zwei Graphen	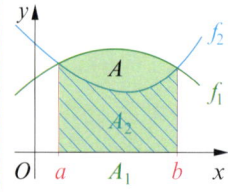 $A = A_1 - A_2$ $A = \int\limits_a^b [f_1(x) - f_2(x)]\,dx$
von zwei sich schneidenden Graphen eingeschlossene Fläche	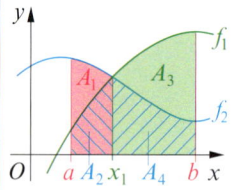 $A = A_1 - A_2 + A_3 - A_4$ $A = \int\limits_a^{x_1} [f_2(x) - f_1(x)]\,dx + \int\limits_{x_1}^b [f_1(x) - f_2(x)]\,dx$

Volumenberechnung durch Integration

Rotation	Lässt man den Graphen einer Funktion f um die x-Achse bzw. um die y-Achse rotieren, so entsteht ein Rotationskörper.
	Rotation um die x-Achse $V_x = \pi \int\limits_{x_1}^{x_2} [f(x)]^2\,dx \quad \text{(falls } x_1 < x_2)$ **Rotation um die y-Achse** $V_y = \pi \int\limits_{y_1}^{y_2} [g(y)]^2\,dy \quad \text{(falls } y_1 < y_2)$ Dabei ist g die Umkehrfunktion von f. 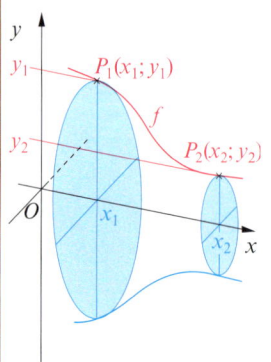 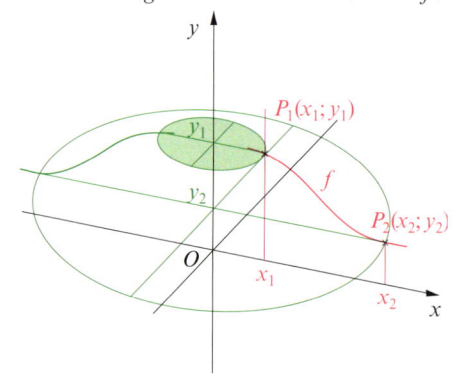

Wachstumsprozesse, Wachstumsfunktionen; Differenzialgleichungen

Lineares Wachstum	Die wachsende Größe erhöht (vermindert) sich in gleichen Zeitspannen jeweils um den gleichen Wachstumssummanden k. Absoluter Zuwachs bzw. absolute Abnahme sind unabhängig vom Zeitpunkt t. *Rekursionsformel*: $N_{t+1} = N_t + k$ (Anfangswert N_0)	$N(t)$ $\quad k > 0;\ N_0 > 0$ $N(t) = k \cdot t + N_0$ k 1 $0 \qquad\qquad$ Zeit t
Exponentielles Wachstum (natürliches Wachstum)	Die wachsende Größe erhöht (vermindert) sich in gleichen Zeitspannen jeweils mit dem gleichen Wachstumsfaktor k. Die Veränderung ist zu jedem Zeitpunkt proportional zum vorhandenen Bestand. Absoluter Zuwachs bzw. absolute Abnahme hängen von der vorhandenen Menge N_t ab. *Rekursionsformel*: $N_{t+1} = N_t \cdot k$ (Anfangswert N_0)	$N(t)$ $\quad$ Wachstum $(k>1)$ $N_0 > 0$ $N(t) = N_0 \cdot k^t$ Zerfall $(0<k<1)$ $0 \qquad\qquad$ Zeit t

Exponentielles Wachstum wird auch als **prozentuales Wachstum** bezeichnet. Ist c die Bestandszunahme (in %) in gleichen Zeitspannen, so gilt mit N_0 als Anfangswert $$N_{t+1} = N_t \cdot \left(1 + \frac{c}{100}\right);\ N_t = N_0 \cdot \left(1 + \frac{c}{100}\right)^t \left(\text{Wachstumsfaktor } k = 1 + \frac{c}{100}\right)$$	

Beschreibung mit Differenzialgleichungen: Die Änderungsrate $f'(x)$ der Wachstumsfunktion f ist zu $f(x)$ proportional (unabhängig von x).	$f'(x) \sim f(x)$, d.h. $f'(x) = \lambda \cdot f(x);\ \lambda \neq 0$ Lösung zur Anfangsbedingung $f(0) = a$: $f(x) = a \cdot e^{\lambda x}$ für $\lambda > 0$: exp. Wachstum $\qquad\qquad\qquad$ für $\lambda < 0$: exp. Zerfall

Logistisches Wachstum	Bei zahlreichen Wachstumsprozessen ist unbegrenztes Wachstum nicht möglich, z. B. bei Populationsentwicklungen. Es gibt dann eine obere Schranke P für die Wachstumsfolge $N_0;\ N_1;\ N_2\ \dots$. Wenn die Differenz $(P - N_t)$ klein wird, so wird auch der absolute Zuwachs klein. Er ist zu der vorhandenen Menge N_t und zu $(P - N_t)$ proportional. *Rekursionsformel*: $N_{t+1} = N_t + \lambda \cdot N_t \cdot (P - N_t)$. (Die angegebene Funktionsgleichung ergibt sich als Lösung der diesem Ansatz entsprechenden Differenzialgleichung $N'(t) = \lambda \cdot N(t) \cdot (P - N(t))$.)	$N(t)$ $\qquad\qquad\qquad\qquad P$ $N(t) = \dfrac{N_0 \cdot P}{N_0 + (P - N_0) \cdot e^{-\lambda P \cdot t}}$ $0 \qquad\qquad$ Zeit t

Beschreibung mit Differenzialgleichungen: Die Änderungsrate $f'(x)$ ist sowohl zu $f(x)$ als auch zur Differenz $P - f(x)$ proportional.	$f'(x) = \lambda \cdot f(x) \cdot (P - f(x));\ \lambda > 0$ Lösung zur Anfangsbedingung $f(0) = a < P$: $f(x) = \dfrac{a \cdot P}{a + (P - a) \cdot e^{-\lambda P x}}$.

Lösen spezieller Typen von Differenzialgleichungen	$y' + p(x) \cdot y + q(x) = 0$; allg. Lösung: $y = e^{-\int p(x)\,dx} \left[C - \int q(x) \cdot e^{\int p(x)\,dx}\,dx \right]$ $y' = h(y) \cdot g(x)$; $\qquad$ Lösung ergibt sich aus: $\displaystyle\int \frac{dy}{h(y)} = \int g(x)\,dx$, falls $h(x) \neq 0$ $y' = f(ax + by + c)$; $\qquad$ Lösung ergibt sich aus: $\displaystyle\int \frac{du}{a + bf(u)} = x + C$ mit $u := ax + by + c$ $y' = f\left(\dfrac{y}{x}\right)$; $\qquad\qquad$ Lösung ergibt sich aus: $x(u) = C \cdot e^{\int \frac{du}{f(u) - u}}$ mit $u := \dfrac{y}{x}$ In den meisten Fällen kann man eine Lösung nur durch ein Iterationsverfahren finden.

Vektorrechnung und analytische Geometrie

Vektoren

Definition eines Vektors	Eine Klasse paralleler Pfeile mit gleicher Länge und gleichem Richtungssinn heißt Vektor. Die Länge eines Repräsentanten des Vektors $\vec{a}$ bezeichnet man als **Betrag des Vektors** und schreibt: $\lvert\vec{a}\rvert$. Als **Nullvektor** $\vec{o}$ bezeichnet man einen Vektor mit dem Betrag 0: $\vec{o} = \overrightarrow{AA} = \overrightarrow{BB}\ldots$ Zwei Vektoren $\vec{a} \neq 0$ und $\vec{b} \neq 0$ sind gleich genau dann, wenn gilt: $\vec{a} \parallel \vec{b}$ (Parallelität), $\vec{a} \uparrow\uparrow \vec{b}$ (gleiche Orientierung) und $\lvert\vec{a}\rvert = \lvert\vec{b}\rvert$ (gleiche Länge).	
Beschreibung von Vektoren durch Koordinaten	**Koordinaten eines Vektors in einer Ebene** $\vec{a} = \overrightarrow{PQ}$ mit $P(x_P; y_P)$ und $Q(x_Q; y_Q)$: $\vec{a} = \overrightarrow{PQ} = \begin{pmatrix} x_Q - x_P \\ y_Q - y_P \end{pmatrix}$ 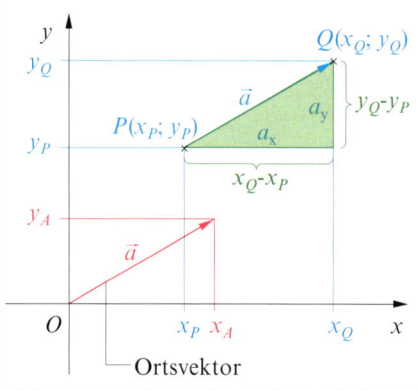 Ortsvektor	**Koordinaten eines Vektors im Raum** $\vec{a} = \overrightarrow{PQ}$ mit $P(x_P; y_P; z_P)$ und $Q(x_Q; y_Q; z_Q)$: $\vec{a} = \overrightarrow{PQ} = \begin{pmatrix} x_Q - x_P \\ y_Q - y_P \\ z_Q - z_P \end{pmatrix}$
Vektoren in Komponenten-darstellung	$\vec{i} = \overrightarrow{OE_1}, \vec{j} = \overrightarrow{OE_2}$ bzw. $\vec{i} = \overrightarrow{OE_1}, \vec{j} = \overrightarrow{OE_2}, \vec{k} = \overrightarrow{OE_3}$ sind die in einem Koordinatensystem paarweise senkrecht aufeinander stehenden Einheitsvektoren der Länge 1.	
	Komponentendarstellung in einer Ebene <ul><li>Ortsvektor $\vec{p}$ eines Punktes $P(x_P; y_P)$: $\overrightarrow{OP} = \vec{p} = x_P\vec{i} + y_P\vec{j}$</li><li>Vektor $\vec{a} = \overrightarrow{P_1P_2}$ mit $P_1(x_1; y_1)$ und $P_2(x_2; y_2)$: $\overrightarrow{P_1P_2} = (x_2 - x_1)\vec{i} + (y_2 - y_1)\vec{j}$ oder $\overrightarrow{P_1P_2} = \vec{a} = a_x\vec{i} + a_y\vec{j}$</li></ul> 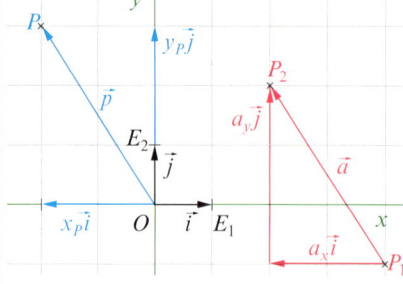	**Komponentendarstellung im Raum** <ul><li>Ortsvektor $\vec{p}$ eines Punktes $P(x_P; y_P; z_P)$: $\overrightarrow{OP} = x_P\vec{i} + y_P\vec{j} + z_P\vec{k}$</li><li>Vektor $\vec{a} = \overrightarrow{P_1P_2}$ mit $P_1(x_1; y_1; z_1)$ und $P_2(x_2; y_2; z_2)$: $\overrightarrow{P_1P_2} = (x_2 - x_1)\vec{i} + (y_2 - y_1)\vec{j} + (z_2 - z_1)\vec{k}$ gegebenenfalls auch $\overrightarrow{P_1P_2} = \vec{a} = a_x\vec{i} + a_y\vec{j} + a_z\vec{k}$</li></ul> 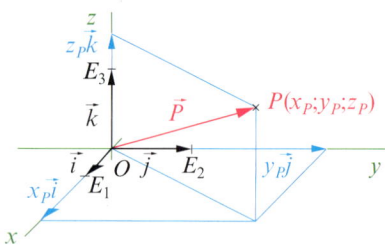

Länge eines Vektors; Betrag eines Vektors	**in einer Ebene**	**im Raum**
	• Länge des Vektors $\vec{a}$ mit $\vec{a} = \begin{pmatrix} a_x \\ a_y \end{pmatrix}$: $$|\vec{a}| = \sqrt{a_x^2 + a_y^2}$$ • Länge des Vektors $\overrightarrow{PQ}$: $$|\overrightarrow{PQ}| = \sqrt{(x_Q - x_P)^2 + (y_Q - y_P)^2}$$	• Länge des Vektors $\vec{a}$ mit $\vec{a} = \begin{pmatrix} a_x \\ a_y \\ a_z \end{pmatrix}$: $$|\vec{a}| = \sqrt{a_x^2 + a_y^2 + a_z^2}$$ • Länge des Vektors $\overrightarrow{PQ}$: $$|\overrightarrow{PQ}| = \sqrt{(x_Q - x_P)^2 + (y_Q - y_P)^2 + (z_Q - z_P)^2}$$

Einfache Operationen mit Vektoren

Addition und Subtraktion von Vektoren	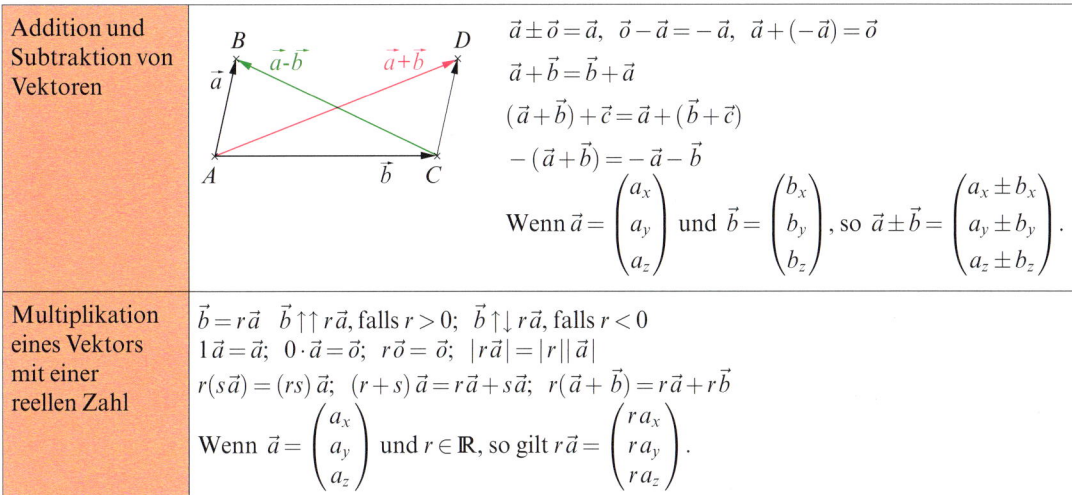 $\vec{a} \pm \vec{o} = \vec{a}, \quad \vec{o} - \vec{a} = -\vec{a}, \quad \vec{a} + (-\vec{a}) = \vec{o}$ $\vec{a} + \vec{b} = \vec{b} + \vec{a}$ $(\vec{a} + \vec{b}) + \vec{c} = \vec{a} + (\vec{b} + \vec{c})$ $-(\vec{a} + \vec{b}) = -\vec{a} - \vec{b}$ Wenn $\vec{a} = \begin{pmatrix} a_x \\ a_y \\ a_z \end{pmatrix}$ und $\vec{b} = \begin{pmatrix} b_x \\ b_y \\ b_z \end{pmatrix}$, so $\vec{a} \pm \vec{b} = \begin{pmatrix} a_x \pm b_x \\ a_y \pm b_y \\ a_z \pm b_z \end{pmatrix}$.
Multiplikation eines Vektors mit einer reellen Zahl	$\vec{b} = r\vec{a} \quad \vec{b} \uparrow\uparrow r\vec{a}$, falls $r > 0$; $\quad \vec{b} \uparrow\downarrow r\vec{a}$, falls $r < 0$ $1\vec{a} = \vec{a}; \quad 0 \cdot \vec{a} = \vec{o}; \quad r\vec{o} = \vec{o}; \quad |r\vec{a}| = |r||\vec{a}|$ $r(s\vec{a}) = (rs)\vec{a}; \quad (r + s)\vec{a} = r\vec{a} + s\vec{a}; \quad r(\vec{a} + \vec{b}) = r\vec{a} + r\vec{b}$ Wenn $\vec{a} = \begin{pmatrix} a_x \\ a_y \\ a_z \end{pmatrix}$ und $r \in \mathbb{R}$, so gilt $r\vec{a} = \begin{pmatrix} r a_x \\ r a_y \\ r a_z \end{pmatrix}$.

Basis von Vektoren/Vektorraum

Linearkombination	Jeder Vektor $\vec{b}$, der sich als Summe $\vec{b} = r_1\vec{a}_1 + r_2\vec{a}_2 + r_3\vec{a}_3 + \ldots + r_n\vec{a}_n$ mit $r_i \in \mathbb{R}$ darstellen lässt, heißt Linearkombination der Vektoren $\vec{a}_1, \vec{a}_2, \vec{a}_3, \ldots, \vec{a}_n$.
Lineare Unabhängigkeit	Die Vektoren $\vec{a}_1, \vec{a}_2, \vec{a}_3, \ldots, \vec{a}_n$ heißen genau dann linear unabhängig, wenn die Gleichung $r_1\vec{a}_1 + r_2\vec{a}_2 + r_3\vec{a}_3 + \ldots + r_n\vec{a}_n = \vec{o}$ nur für $r_1 = r_2 = r_3 = \ldots = r_n = 0$ erfüllt ist. Beispiele: Zwei senkrecht aufeinander stehende Vektoren sind linear unabhängig. Zueinander parallele Vektoren sind linear abhängig.
Basis $\{\vec{a}_1, \vec{a}_2\}$ bzw. $\{\vec{a}_1, \vec{a}_2, \vec{a}_3\}$	Jedes Paar linear unabhängiger Vektoren $\vec{a}_1, \vec{a}_2$ einer Ebene nennt man eine Basis der Menge der Vektoren dieser Ebene, jedes Tripel linear unabhängiger Vektoren $\vec{a}_1, \vec{a}_2, \vec{a}_3$ des Raumes entsprechend Basis der Vektoren des Raumes.
Vektorraum	Eine Menge V heißt Vektorraum über den reellen Zahlen, wenn für ihre Elemente – die Vektoren – eine Addition und eine Multiplikation mit reellen Zahlen definiert ist und wenn für beliebige $\vec{a}, \vec{b}, \vec{c} \in V$ sowie für beliebige $r, s \in \mathbb{R}$ gilt: *Bedingungen der Addition:* $\vec{a} + \vec{b} = \vec{b} + \vec{a}$ (Kommutativität) $(\vec{a} + \vec{b}) + \vec{c} = \vec{a} + (\vec{b} + \vec{c})$ (Assoziativität) Es gibt ein $\vec{o} \in V$, für das bei jedem $\vec{a}$ gilt: $\vec{a} + \vec{o} = \vec{a}$ (Neutrales Element bzgl. +) Zu jedem $\vec{a}$ existiert in V ein $-\vec{a}$ (Gegenvektor von $\vec{a}$), sodass gilt: $\vec{a} + (-\vec{a}) = \vec{o}$. *Bedingungen der Multiplikation:* $1 \cdot \vec{a} = \vec{a}$ (Neutrales Element bzgl. ·) $r(s\vec{a}) = (rs)\vec{a}$ (Assoziativität) $\left. \begin{array}{l} (r + s)\vec{a} = r\vec{a} + s\vec{a} \\ r(\vec{a} + \vec{b}) = r\vec{a} + r\vec{b} \end{array} \right\}$ (Distributivität)

Multiplikation von Vektoren

Skalarprodukt von Vektoren	$\vec{a} \cdot \vec{b} = a_1 b_1 + a_2 b_2 + a_3 b_3$ für $\vec{a} = \begin{pmatrix} a_1 \\ a_2 \\ a_3 \end{pmatrix}$ und $\vec{b} = \begin{pmatrix} b_1 \\ b_2 \\ b_3 \end{pmatrix}$.

$\vec{a} \cdot \vec{b}$ ist eine reelle Zahl.

Eigenschaften: $\quad \vec{a}^2 = \vec{a} \cdot \vec{a} = |\vec{a}|^2 > 0; \quad |\vec{a}| = \sqrt{\vec{a} \cdot \vec{a}}; \quad \vec{a} \cdot \vec{b} = \vec{b} \cdot \vec{a}$

$\quad\quad\quad\quad\quad (\vec{a} + \vec{b}) \cdot \vec{c} = \vec{a} \cdot \vec{c} + \vec{b} \cdot \vec{c}; \quad r(\vec{a} \cdot \vec{b}) = (r\vec{a}) \cdot \vec{b} = \vec{a}(r\vec{b}).$

Winkel zwischen zwei Vektoren:

Schließen die Vektoren $\vec{a} \neq \vec{o}$ und $\vec{b} \neq \vec{o}$ den Winkel $\varphi = \sphericalangle(\vec{a}, \vec{b})$ ein, so gilt:

$\vec{a} \cdot \vec{b} = |\vec{a}||\vec{b}| \cdot \cos \varphi \quad$ oder $\quad \cos \varphi = \dfrac{\vec{a} \cdot \vec{b}}{|\vec{a}||\vec{b}|}$

Es gilt: $\quad\quad\quad \vec{a} \cdot \vec{b} > 0$ genau dann, wenn $\vec{a} \neq \vec{o}; \vec{b} \neq \vec{o}$ und $0 \leq \sphericalangle(\vec{a}, \vec{b}) < 90°$,

$\quad\quad\quad\quad\quad\quad \vec{a} \cdot \vec{b} < 0$ genau dann, wenn $\vec{a} \neq \vec{o}; \vec{b} \neq \vec{o}$ und $90° < \sphericalangle(\vec{a}, \vec{b}) \leq 180°$,

$\quad\quad\quad\quad\quad\quad \vec{a} \cdot \vec{b} = 0$ genau dann, wenn $\vec{a} = \vec{o}$ **oder wenn** $\vec{b} = \vec{o}$ **oder wenn**

$\quad\quad\quad\quad\quad\quad\quad\quad\quad\quad\quad\quad\quad \vec{a} \neq \vec{o}; \vec{b} \neq \vec{o}$ und $\varphi = 90°$ (d. h. $\vec{a} \perp \vec{b}$).

Vektorprodukt	$\vec{a} \times \vec{b} = \begin{pmatrix} a_2 b_3 - a_3 b_2 \\ a_3 b_1 - a_1 b_3 \\ a_1 b_2 - a_2 b_1 \end{pmatrix}$ für $\vec{a} = \begin{pmatrix} a_1 \\ a_2 \\ a_3 \end{pmatrix}$ und $\vec{b} = \begin{pmatrix} b_1 \\ b_2 \\ b_3 \end{pmatrix}$.

$\vec{a} \times \vec{b}$ ist ein Vektor.

Eigenschaften: $\quad \vec{a} \times \vec{a} = \vec{o}; \quad \vec{a} \times \vec{o} = \vec{o} \times \vec{a} = \vec{o}; \quad (r\vec{a}) \times \vec{b} = \vec{a} \times (r\vec{b}) = r(\vec{a} \times \vec{b});$

$\quad\quad\quad\quad\quad \vec{a} \times \vec{b} = -\vec{b} \times \vec{a}; \quad \vec{a} \times (\vec{b} + \vec{c}) = (\vec{a} \times \vec{b}) + (\vec{a} \times \vec{c});$

$\quad\quad\quad\quad\quad (\vec{a} + \vec{b}) \times \vec{c} = (\vec{a} \times \vec{c}) + (\vec{b} \times \vec{c})$

Winkel zwischen Vektoren, Flächeninhalte:

Schließen die Vektoren $\vec{a} \neq \vec{o}$ und $\vec{b} \neq \vec{o}$ den Winkel $\varphi = \sphericalangle(\vec{a}; \vec{b})$ ein, so gilt:

$|\vec{a} \times \vec{b}| = |\vec{a}||\vec{b}| \sin \varphi.$

Der Vektor $\vec{a} \times \vec{b}$ ist zu $\vec{a}$ und zu $\vec{b}$ orthogonal.

$\vec{a}, \vec{b}, \vec{a} \times \vec{b}$ bilden in der angegebenen Reihenfolge ein Rechtssystem.

$|\vec{a} \times \vec{b}|$ ist der Flächeninhalt des von $\vec{a}$ und $\vec{b}$ aufgespannten Parallelogramms.

Der Flächeninhalt des von $\vec{a}$ und $\vec{b}$ aufgespannten Dreiecks ist $\frac{1}{2}|\vec{a} \times \vec{b}|$.

Für $\vec{a} \neq \vec{o}$ und $\vec{b} \neq \vec{o}$ gilt $\vec{a} \times \vec{b} = \vec{o}$, falls $\vec{a} \parallel \vec{b}$.

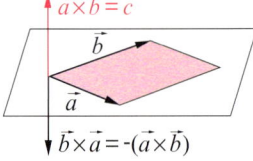

Spatprodukt von Vektoren (gemischtes Produkt)	$\vec{a} \times \vec{b} \cdot \vec{c} = \begin{pmatrix} a_2 b_3 - a_3 b_2 \\ a_3 b_1 - a_1 b_3 \\ a_1 b_2 - a_2 b_1 \end{pmatrix} \cdot \begin{pmatrix} c_1 \\ c_2 \\ c_3 \end{pmatrix} = a_2 b_3 c_1 + a_3 b_1 c_2 + a_1 b_2 c_3 - a_3 b_2 c_1 - a_1 b_3 c_2 - a_2 b_1 c_3$

$\vec{a} \times \vec{b} \cdot \vec{c}$ ist eine reelle Zahl.

Das Spatprodukt $(\vec{a} \times \vec{b}) \cdot \vec{c}$ ist dem Betrag nach das Volumen des von $\vec{a}, \vec{b}$ und $\vec{c}$ aufgespannten Spats:

$|(\vec{a} \times \vec{b}) \cdot \vec{c}| = |\vec{a} \times \vec{b}| \cdot |\vec{c}| \cdot \cos \sphericalangle(\vec{a} \times \vec{b}; \vec{c})$

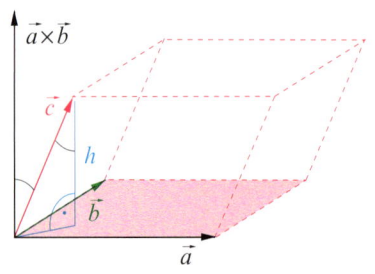

Geradendarstellungen

Punktrichtungsgleichung	$\vec{x} = \vec{p} + t \cdot \vec{a}$ mit $t \in \mathbb{R}$; $\vec{a} \neq \vec{o}$ Sind die Koordinaten eines **Ortsvektors** $\vec{p} = \overrightarrow{OP}$ und eines **Richtungsvektors** $\vec{a}$ gegeben, so gilt: **in einer Ebene** $\begin{pmatrix} x \\ y \end{pmatrix} = \begin{pmatrix} p_1 \\ p_2 \end{pmatrix} + t \cdot \begin{pmatrix} a_1 \\ a_2 \end{pmatrix}$ für $P(p_1; p_2)$; $\vec{a} = \begin{pmatrix} a_1 \\ a_2 \end{pmatrix}$; $t \in \mathbb{R}$ **im Raum** $\begin{pmatrix} x \\ y \\ z \end{pmatrix} = \begin{pmatrix} p_1 \\ p_2 \\ p_3 \end{pmatrix} + t \cdot \begin{pmatrix} a_1 \\ a_2 \\ a_3 \end{pmatrix}$ für $P(p_1; p_2; p_3)$; $\vec{a} = \begin{pmatrix} a_1 \\ a_2 \\ a_3 \end{pmatrix}$; $t \in \mathbb{R}$ 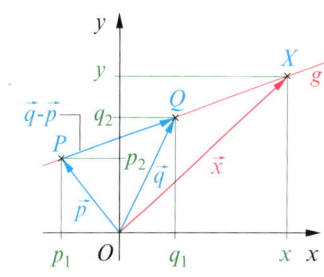
Zweipunktegleichung	Sind die Koordinaten von $\vec{p} = \overrightarrow{OP}$ und $\vec{q} = \overrightarrow{OQ}$ gegeben, so gilt: **in einer Ebene** $\begin{pmatrix} x \\ y \end{pmatrix} = \begin{pmatrix} p_1 \\ p_2 \end{pmatrix} + t \cdot \begin{pmatrix} q_1 - p_1 \\ q_2 - p_2 \end{pmatrix}$ für $P(p_1; p_2)$ und $Q(q_1; q_2)$; $t \in \mathbb{R}$ **im Raum** $\begin{pmatrix} x \\ y \\ z \end{pmatrix} = \begin{pmatrix} p_1 \\ p_2 \\ p_3 \end{pmatrix} + t \cdot \begin{pmatrix} q_1 - p_1 \\ q_2 - p_2 \\ q_3 - p_3 \end{pmatrix}$ für $P(p_1; p_2; p_3)$ und $Q(q_1; q_2; q_3)$; $t \in \mathbb{R}$ 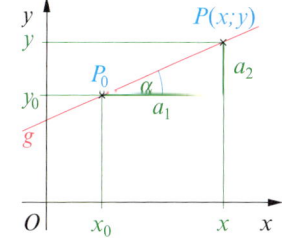
Normalform, Allgemeine Form (in der Ebene)	$y = mx + n$ für $m, n \in \mathbb{R}$; $m \neq O$ (↗ S. 18) Sind die Koordinaten von $\vec{p} = \overrightarrow{OP_0}$ und $\vec{a}$ gegeben, so gilt: $m = \tan \alpha = \dfrac{a_2}{a_1}$ und $m - \dfrac{y - y_0}{x - x_0}$ oder $y - y_0 = m \cdot (x - x_0)$ für $P_0(x_0; y_0)$; $\vec{a} = \begin{pmatrix} a_1 \\ a_2 \end{pmatrix}$; $a_1 \neq 0$ **Allgemeine Form der Geradengleichung** (in einer Ebene) $ax + by = c$ $(a, b, c \in \mathbb{R}; a^2 + b^2 \neq 0)$ 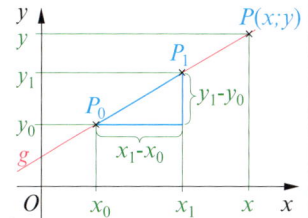
Gerade durch zwei Punkte (in der Ebene)	Sind die Koordinaten der Punkte $P_0(x_0; y_0)$ und $P_1(x_1; y_1)$ bekannt, so gilt für die Gerade durch P_0 und P_1 $\dfrac{y - y_0}{x - x_0} = \dfrac{y_1 - y_0}{x_1 - x_0}$ oder $(y - y_0)(x_1 - x_0) = (x - x_0)(y_1 - y_0)$
Achsenabschnittsform	Schneidet die Gerade g die x-Achse in $P_1(a; O)$ und die y-Achse in $P_2(O; b)$, so gilt: $\dfrac{x}{a} + \dfrac{y}{b} = 1$ für $a \neq 0; b \neq 0$ 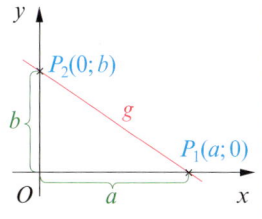

Ebenendarstellungen

Punktrichtungsgleichung	$\vec{x} = \vec{p} + r\,\vec{a} + s\,\vec{b};\ \ r \in \mathbb{R}, s \in \mathbb{R}$ r und s sind Parameter; P ist ein Punkt mit dem Ortsvektor $\vec{p}$; $\vec{a}, \vec{b}$ sind zwei linear unabhängige Vektoren.
Dreipunktegleichung	$\vec{x} = \vec{p} + r\,(\vec{q} - \vec{p}) + s\,(\vec{r} - \vec{p});\ \ r \in \mathbb{R}, s \in \mathbb{R}$ r und s sind Parameter; P, Q, R sind drei nicht kollineare Punkte mit den Ortsvektoren $\vec{p}, \vec{q}, \vec{r}$.
Allgemeine Form	$a\,x + b\,y + c\,z = d$ Es gilt: $a^2 + b^2 + c^2 \neq 0;\ \ a, b, c, d \in \mathbb{R}$.
Normalenform	**Vektorielle Darstellung in einer Ebene und im Raum** $(\vec{v} - \vec{v}_0) \cdot \vec{n} = 0$ Dabei gehört $\vec{v}$ zu einem beliebigen Punkt auf der Geraden bzw. Ebene, $\vec{v}_0$ zu einem bekannten, festen Punkt auf der Geraden bzw. Ebene und $\vec{n}$ ist ein Vektor, der auf der Geraden bzw. Ebene senkrecht steht. Die Koeffizienten der allgemeinen Form der Geradengleichung $a\,x + b\,y = c$ bzw. die Koeffizienten der Ebenengleichung $a\,x + b\,y + c\,z = d$ liefern die Koordinaten eines Normalenvektors $\vec{n}$ für eine Gerade in der Ebene: $\vec{n} = \begin{pmatrix} a \\ b \end{pmatrix}$, für eine Ebene: $\vec{n} = \begin{pmatrix} a \\ b \\ c \end{pmatrix}$ **Hesse'sche Normalenform** $(\vec{v} - \vec{v}_0) \cdot \vec{n}_0 = 0$ $\vec{n}_0$ ist der **Normaleneinheitsvektor** zu $\vec{n}$ mit $\vec{n}_0 = \dfrac{\vec{n}}{|\vec{n}|};\ \ |\vec{n}_0| = 1$ **Vektorfreie Darstellung einer Gerade in einer Ebene** $x \cdot \cos\varphi + y \cdot \sin\varphi - p = 0$ Dabei ist p der Abschnitt $\overline{OQ}$ des Lotes von O auf g und φ der Winkel zwischen dem positiven Teil der x-Achse und dem Lot.

Schnittwinkel

Winkel zwischen zwei Geraden	$\cos\alpha = \dfrac{\vec{a} \cdot \vec{b}}{|\vec{a}| \cdot |\vec{b}|} = \dfrac{a_x b_x + a_y b_y + a_z b_z}{\sqrt{a_x^2 + a_y^2 + a_z^2} \cdot \sqrt{b_x^2 + b_y^2 + b_z^2}}$	Dabei ist $\vec{a}$ ein Richtungsvektor der ersten und $\vec{b}$ ein Richtungsvektor der zweiten Geraden ($\nearrow$ S. 65).
Winkel zwischen Gerade und Ebene	$\sin\alpha = \dfrac{|\vec{n} \cdot \vec{a}|}{|\vec{n}| \cdot |\vec{a}|}$	Dabei ist $\vec{a}$ ein Richtungsvektor der Geraden und $\vec{n}$ der Normalenvektor der Ebene.
Winkel zwischen zwei Ebenen	$\cos\alpha = \dfrac{|\vec{n}_1 \cdot \vec{n}_2|}{|\vec{n}_1| \cdot |\vec{n}_2|}$	Dabei ist $\vec{n}_1$ der Normalenvektor der ersten Ebene und $\vec{n}_2$ der Normalenvektor der zweiten Ebene.

Lagebeziehungen

Zwei Geraden in einer Ebene	**Geraden in Normalform** Für g: $y = m_1 x + n_1$ und h: $y = m_2 x + n_2$ gilt: $g \parallel h$ genau dann, wenn $m_1 = m_2$, $g = h$ genau dann, wenn $m_1 = m_2$ und $n_1 = n_2$, $g \perp h$ genau dann, wenn $m_1 = -\dfrac{1}{m_2}$ mit $m_2 \neq 0$. Schnittpunkt $S(x_S; y_S)$, falls $g \nparallel h$: $x_S = \dfrac{n_1 - n_2}{m_2 - m_1}$; $y_S = \dfrac{m_2 n_1 - m_1 n_2}{m_2 - m_1}$ Schnittwinkel φ ($\varphi \neq 90°$): $\tan \varphi = \dfrac{m_2 - m_1}{1 + m_1 m_2}$ mit $m_1 m_2 \neq -1$ **Geraden mit Punktrichtungsgleichungen** Für g: $\vec{x} = \vec{p} + r\vec{a}$ ($r \in \mathbb{R}; \vec{a} \neq \vec{o}$) und h: $\vec{x} = \vec{q} + s\vec{b}$ ($s \in \mathbb{R}; \vec{b} \neq \vec{o}$) gilt: $g \parallel h$ genau dann, wenn $\vec{b} = r\vec{a}$ ($r \neq 0$), $g = h$ genau dann, wenn $\vec{b} = r \cdot \vec{a}$ ($r \neq 0$) und es ein $s \in \mathbb{R}$ gibt, sodass $\vec{p} = \vec{q} + s\vec{b}$, $g \perp h$ genau dann, wenn $\vec{a} \cdot \vec{b} = 0$. Schnittpunkt S mit $\vec{s} = \begin{pmatrix} p_1 \\ p_2 \end{pmatrix} + r\begin{pmatrix} a_x \\ a_y \end{pmatrix} = \begin{pmatrix} q_1 \\ q_2 \end{pmatrix} + s\begin{pmatrix} b_x \\ b_y \end{pmatrix}$, falls $g \nparallel h$.

Zwei Geraden im Raum	Für g: $\vec{x} = \vec{p} + r\vec{a}$ ($r \in \mathbb{R}; \vec{a} \neq \vec{o}$)
	und h: $\vec{x} = \vec{q} + s\vec{b}$ ($s \in \mathbb{R}; \vec{b} \neq \vec{o}$) gilt:
	$g \parallel h$, $g = h$ genau dann, wenn $\vec{b} = r\vec{a}$ ($r \neq 0$)
	   und $\vec{p} = \vec{q} + s\vec{b}$ für ein $s \in \mathbb{R}$ ist.
	$g \parallel h$, $g \neq h$ genau dann, wenn $\vec{b} = r\vec{a}$ ($r \neq 0$)
	   und wenn es kein $s \in \mathbb{R}$ gibt, sodass
	   $\vec{p} = \vec{q} + s\vec{b}$ ist.
	Die Geraden schneiden einander, wenn es
	reelle Zahlen r, s gibt, sodass $\vec{p} + r\vec{a} = \vec{q} + s\vec{b}$.
	
	Für den Schnittpunkt S gilt: $\vec{s} = \begin{pmatrix} p_1 \\ p_2 \\ p_3 \end{pmatrix} + r\begin{pmatrix} a_x \\ a_y \\ a_z \end{pmatrix} = \begin{pmatrix} q_1 \\ q_2 \\ q_3 \end{pmatrix} + s\begin{pmatrix} b_x \\ b_y \\ b_z \end{pmatrix}$
	
	Trifft keiner dieser drei Fälle zu, so sind die Geraden windschief.

Abstände

Koordinatenursprung und Gerade (in der Ebene) bzw. Ebene (im Raum)	$p = \lvert \vec{v}_0 \cdot \vec{n}_0 \rvert$	Dabei ist $\vec{v}_0$ der Ortsvektor eines festen Punktes auf der Gerade bzw. Ebene und $\vec{n}_0$ der Normaleneinheitsvektor der Gerade bzw. Ebene.
Punkt R und Gerade (in der Ebene) bzw. Ebene (im Raum)	$d = \lvert (\vec{v}_R - \vec{v}_0) \cdot \vec{n}_0 \rvert$	Dabei ist $\vec{v}_R$ der Ortsvektor des Punktes R, $\vec{v}_0$ der Ortsvektor eines festen Punktes auf der Gerade bzw. Ebene und $\vec{n}_0$ der Normaleneinheitsvektor der Gerade bzw. Ebene.
Zwei windschiefe Geraden	$d(g, h) = \lvert (\vec{q}_0 - \vec{p}_0) \cdot \vec{n}_0 \rvert$ mit $\vec{n}_0 = \dfrac{\vec{a} \times \vec{b}}{\lvert \vec{a} \times \vec{b} \rvert}$	Dabei ist $\vec{q}_0$ der Ortsvektor eines festen Punktes auf der ersten Geraden und $\vec{p}_0$ der Ortsvektor eines festen Punktes auf der zweiten Geraden, $\vec{n}_0$ ist der Normaleneinheitsvektor der beiden Geraden mit den Richtungsvektoren $\vec{a}$ und $\vec{b}$.

Kreis und Kugel

	Kreis	Kugel
Vektorielle Gleichung	$(\overrightarrow{OP_0} - \overrightarrow{OM})^2 = r^2$ mit $\overrightarrow{OP_0}$ Ortsvektor eines Punktes P_0 des Kreises, $\overrightarrow{OM}$ Ortsvektor des Mittelpunktes M und r Radius des Kreises Spezialfall $M(O;O)$: $\overrightarrow{OP_0} \cdot \overrightarrow{OP_0} = r^2$	$(\overrightarrow{OP_0} - \overrightarrow{OM})^2 = r^2$ mit $\overrightarrow{OP_0}$ Ortsvektor eines Punktes P_0 auf der Kugel, $\overrightarrow{OM}$ Ortsvektor des Mittelpunktes M und r Radius der Kugel Spezialfall $M(O;O;O)$: $\overrightarrow{OP_0} \cdot \overrightarrow{OP_0} = r^2$
Koordinatengleichung	$(x - c)^2 + (y - d)^2 = r^2$ mit $M(c;d)$ und $P(x;y)$ Spezialfall $M(O;O)$: $x^2 + y^2 = r^2$	$(x - c)^2 + (y - d)^2 + (z - e)^2 = r^2$ mit $M(c;d;e)$ und $P(x;y;z)$ Spezialfall $M(O;O;O)$: $x^2 + y^2 + z^2 = r^2$
Parametergleichung (Polarkoordinaten)	$\vec{x} = \overrightarrow{OM} + r \begin{pmatrix} \cos\varphi \\ \sin\varphi \end{pmatrix}$ mit $-180° < \varphi \leq 180°$ (r,φ) nennt man Polarkoordinaten ($\nearrow$ S. 35).	$\vec{x} = \overrightarrow{OM} + r \begin{pmatrix} \cos\lambda\cos\varphi \\ \sin\lambda\cos\varphi \\ \sin\varphi \end{pmatrix}$ mit $-180° < \lambda \leq 180°$; $-90 \leq \varphi < 90°$ (r,λ,φ) nennt man Kugelkoordinaten.
Gleichung einer Tangente bzw. Tangentialebene	im Punkt $P_0(x_0;y_0)$ $\overrightarrow{MP_0} \cdot \overrightarrow{MP} = r^2$ oder $(x - x_m)(x_0 - x_m) + (y - y_m)(y_0 - y_m) = r^2$ Spezialfall $M(O;O)$: $\overrightarrow{OP_0} \cdot \overrightarrow{OP} = r^2$ oder $x\,x_0 + y\,y_0 = r^2$	im Punkt $P_0(x_0;y_0;z_0)$ $\overrightarrow{MP_0} \cdot \overrightarrow{MP} = r^2$ oder $(x - x_m)(x_0 - x_m) + (y - y_m)(y_0 - y_m)$ $\qquad\qquad + (z - z_m)(z_0 - z_m) = r^2$ Spezialfall $M(O;O;O)$: $\overrightarrow{OP_0} \cdot \overrightarrow{OP} = r^2$ oder $x\,x_0 + y\,y_0 + z\,z_0 = r^2$
Lagebeziehung zweier Kreise bzw. Kugeln	• kein Schnittpunkt für $\quad |\overline{M_1M_2}| > r_1 + r_2$ oder $|\overline{M_1M_2}| < |r_1 - r_2|$ • genau ein Schnittpunkt für $\quad |\overline{M_1M_2}| = r_1 + r_2$ oder $|\overline{M_1M_2}| = |r_1 - r_2|$ • genau zwei Schnittpunkte für $\quad |r_1 - r_2| < |\overline{M_1M_2}| < r_1 + r_2$ • identisch für $|\overline{M_1M_2}| = 0$ und $r_1 = r_2$	• kein Schnittpunkt für $\quad |\overline{M_1M_2}| > r_1 + r_2$ oder $|\overline{M_1M_2}| < |r_1 - r_2|$ • genau ein Schnittpunkt für $\quad |\overline{M_1M_2}| = r_1 + r_2$ oder $|\overline{M_1M_2}| = |r_1 - r_2|$ • Schnittkreis für $\quad |r_1 - r_2| < |\overline{M_1M_2}| < r_1 + r_2$ • identisch für $|\overline{M_1M_2}| = 0$ und $r_1 = r_2$

Kegelschnitte

	Ellipse	Hyperbel	Parabel
Mittel- bzw. Scheitelpunktslage: $M(0;0)$ bzw. $S(0;0)$	*(Abbildung)* $$\frac{x^2}{a^2}+\frac{y^2}{b^2}=1$$	*(Abbildung)* $$\frac{x^2}{a^2}-\frac{y^2}{b^2}=1$$	*(Abbildung)* $$y^2=2px$$
Achsenparallele Lage: $M(c;d)$ bzw. $S(c;d)$	*(Abbildung)* $$\frac{(x-c)^2}{a^2}+\frac{(y-d)^2}{b^2}=1$$	*(Abbildung)* $$\frac{(x-c)^2}{a^2}-\frac{(y-d)^2}{b^2}=1$$	*(Abbildung)* $$(y-d)^2=2p(x-c)$$
Bezeichnungen	F_1, F_2 Brennpunkte $2a$ Hauptachse $2b$ Nebenachse e Lineare Exzentrizität	F_1, F_2 Brennpunkte $2a$ Hauptachse $2b$ Nebenachse e Lineare Exzentrizität	F Brennpunkt l Leitlinie $2p$ Parameter S Scheitelpunkt
Ortsdefinition	$\lvert\overline{F_1P}\rvert+\lvert\overline{F_2P}\rvert=2a>\lvert\overline{F_1F_2}\rvert$	$\lvert\overline{F_1P}\rvert-\lvert\overline{F_2P}\rvert=2a<\lvert\overline{F_1F_2}\rvert$	$\lvert\overline{PF}\rvert=d(P,l)$
Lineare Exzentrizität	$e^2=a^2-b^2$	$e^2=a^2+b^2$	/
Tangente im Punkt $P_0(x_0;y_0)$	bei Mittelpunktslage: $$\frac{xx_0}{a^2}+\frac{yy_0}{b^2}=1$$ bei achsenparalleler Lage: $$\frac{(x-c)(x_0-c)}{a^2}+\frac{(y-d)(y_0-d)}{b^2}=1$$	bei Mittelpunktslage: $$\frac{xx_0}{a^2}-\frac{yy_0}{b^2}=1$$ bei achsenparalleler Lage: $$\frac{(x-c)(x_0-c)}{a^2}-\frac{(y-d)(y_0-d)}{b^2}=1$$	bei Scheitelpunktslage: $$yy_0=p(x+x_0)$$ bei achsenparalleler Lage: $$(y-d)(y_0-d)=p((x-c)+(x_0-c))$$
Gemeinsame Scheitelgleichung	Mit $2p$ (Länge der Sehne senkrecht zur Hauptachse durch einen Brennpunkt) und $\varepsilon=\dfrac{e}{a}$ (numerische Exzentrizität) gilt für Kegelschnitte in Mittel- bzw. Scheitelpunktslage die Gleichung: $y^2=2px-(1-\varepsilon^2)x^2$ ($0<\varepsilon<1$ für eine Ellipse, $\varepsilon=1$ für eine Parabel, $\varepsilon>1$ für eine Hyperbel)		
Allgemeine Form der Kegelschnittgleichung	$Ax^2+2Bxy+Cy^2+2Dx+2Ey+F=0$ ($AC-B^2>0$ für eine Ellipse, $AC-B^2=0$ für eine Parabel, $AC-B^2<0$ für eine Hyperbel)		

Lineare Algebra

Matrizen

n-Tupel	Spalten (Zeilen) mit n Zahlen ($n = 2$: Paar; $n = 3$: Tripel; $n = 4$: Quadrupel) Beispiel: Der Vektor $(3; 7; -2; 1; 8; 9)$ ist ein 6-Tupel.
Matrix (m, n)-Matrix	Eine Matrix ist ein System von $m \cdot n$ Zahlen, die in einem rechteckigen Schema von m Zeilen und n Spalten angeordnet wurden. Matrizen finden zum Beispiel Verwendung als Koeffizientenschema für ein System von m linearen Gleichungen mit n Variablen x_i. $$\begin{aligned} a_{11}x_1 + a_{12}x_2 + a_{13}x_3 + \ldots + a_{1n}x_n &= b_1 \\ a_{21}x_1 + a_{22}x_2 + a_{23}x_3 + \ldots + a_{2n}x_n &= b_2 \\ \ldots \quad \ldots \quad \ldots \quad \quad \ldots \quad \ldots & \\ a_{m1}x_1 + a_{m2}x_2 + a_{m3}x_3 + \ldots + a_{mn}x_n &= b_m \end{aligned} \qquad \mathbf{A}_{(m,n)} = \begin{pmatrix} a_{11} & a_{12} & a_{13} & \ldots & a_{1n} \\ a_{21} & a_{22} & a_{23} & \ldots & a_{2n} \\ \ldots & \ldots & \ldots & \ldots & \ldots \\ a_{m1} & a_{m2} & a_{m3} & \ldots & a_{mn} \end{pmatrix}$$ Das Paar (m, n) gibt den Typ der Matrix an: m Zeilen und n Spalten. Für die Bezeichnung des allgemeinen Elements der Matrix wählt man oft: a_{ik} mit $i = 1, 2, \ldots, m$ und $k = 1, 2, \ldots, n$. Matrizen können auch verwendet werden, um Abbildungen wie beispielsweise Drehungen und Spiegelungen darzustellen. (↗ S. 76)
Vektoren	Eine Matrix $\mathbf{A}_{(m,n)}$ kann als Zusammenschluss von m Zeilenvektoren $\mathbf{a}_{(i)}$ oder aber von n Spaltenvektoren $\mathbf{a}_{(k)}$ angesehen werden. Ein **Spaltenvektor** ist danach eine einspaltige Matrix vom Typ $(m, 1)$ ein **Zeilenvektor** ist eine einzeilige Matrix vom Typ $(1, n)$.
Quadratische Matrix	In einer quadratischen Matrix ist die Anzahl der Zeilen gleich der Anzahl der Spalten: $m = n$ Die Elemente $a_{11}, a_{22}, a_{33}, \ldots, a_{nn}$ bilden die Hauptdiagonale; die Elemente $a_{1n}, a_{2n-1}, a_{3n-2}, \ldots, a_{n1}$ die Nebendiagonale. $\qquad \mathbf{A}_{(n,n)} = \begin{pmatrix} a_{11} & a_{12} & a_{13} & \ldots & a_{1n} \\ a_{21} & a_{22} & a_{23} & \ldots & a_{2n} \\ \ldots & \ldots & \ldots & \ldots & \ldots \\ a_{n1} & a_{n2} & a_{n3} & \ldots & a_{nn} \end{pmatrix}$
Diagonalmatrix Einheitsmatrix	Diagonalmatrix $$\mathbf{D} = \begin{pmatrix} d_{11} & 0 & \ldots & 0 \\ 0 & d_{22} & \ldots & 0 \\ \ldots & \ldots & \ldots & \ldots \\ 0 & 0 & \ldots & d_{nn} \end{pmatrix}$$ Eine Diagonalmatrix ist eine besondere quadratische Matrix. Alle Elemente außerhalb der Hauptdiagonalen sind gleich null.	Einheitsmatrix $$\mathbf{E} = \begin{pmatrix} 1 & 0 & \ldots & 0 \\ 0 & 1 & \ldots & 0 \\ \ldots & \ldots & \ldots & \ldots \\ 0 & 0 & \ldots & 1 \end{pmatrix}$$ Eine Einheitsmatrix ist eine besondere Diagonalmatrix. Alle Elemente in der Hauptdiagonalen sind gleich 1.
Dreiecksmatrix	obere Dreiecksmatrix $$\begin{pmatrix} a_{11} & a_{12} & \ldots & a_{1n} \\ 0 & a_{22} & \ldots & a_{2n} \\ \ldots & \ldots & \ldots & \ldots \\ 0 & 0 & \ldots & a_{nn} \end{pmatrix}$$ Alle Elemente unterhalb der Hauptdiagonalen einer quadratischen Matrix sind gleich null.	untere Dreiecksmatrix $$\begin{pmatrix} a_{11} & 0 & \ldots & 0 \\ a_{21} & a_{22} & \ldots & 0 \\ \ldots & \ldots & \ldots & \ldots \\ a_{n1} & a_{n2} & \ldots & a_{nn} \end{pmatrix}$$ Alle Elemente oberhalb der Hauptdiagonalen einer quadratischen Matrix sind gleich null.

Rechnen mit Matrizen

Gleichheit von Matrizen	Zwei Matrizen $\mathbf{A}_{(m,n)}$ und $\mathbf{B}_{(m,n)}$ sind dann und nur dann gleich, wenn sie im Typ übereinstimmen und wenn alle entsprechenden Elemente gleich sind, d. h. $a_{ij} = b_{ij}$ für $i = 1, \ldots, m$ und $j = 1, \ldots, n$.
Addition/ Subtraktion	Für (m, n)-Matrizen $\mathbf{A}$ und $\mathbf{B}$ vom gleichen Typ gilt: $$\mathbf{A} \pm \mathbf{B} = \begin{pmatrix} a_{11} \pm b_{11} & a_{12} \pm b_{12} & \ldots & a_{1n} \pm b_{1n} \\ a_{21} \pm b_{21} & a_{22} \pm b_{22} & \ldots & a_{2n} \pm b_{2n} \\ \ldots & \ldots & & \ldots \\ a_{m1} \pm b_{m1} & a_{m2} \pm b_{m2} & \ldots & a_{mn} \pm b_{mn} \end{pmatrix}$$ Rechenregeln: $\mathbf{A} + \mathbf{B} = \mathbf{B} + \mathbf{A}$ $(\mathbf{A} + \mathbf{B}) + \mathbf{C} = \mathbf{A} + (\mathbf{B} + \mathbf{C})$ $\mathbf{A} + 0 = \mathbf{A}$ $\mathbf{A} - \mathbf{A} = 0$
Multiplikation einer Matrix $\mathbf{A}_{(m,n)}$ mit einer reellen Zahl r	$$r\mathbf{A} = \begin{pmatrix} ra_{11} & ra_{12} & \ldots & ra_{1n} \\ ra_{21} & ra_{22} & \ldots & ra_{2n} \\ \ldots & \ldots & \ldots & \ldots \\ ra_{m1} & ra_{m2} & \ldots & ra_{mn} \end{pmatrix}$$ Rechenregeln: $(r + s)\,\mathbf{A} = r\mathbf{A} + s\mathbf{A}$ $r(\mathbf{A} + \mathbf{B}) = r\mathbf{A} + r\mathbf{B}$ $r(s\mathbf{A}) = (rs)\mathbf{A}$ $1 \cdot \mathbf{A} = \mathbf{A}$ $0 \cdot \mathbf{A} = 0$
Multiplikation von Matrizen	Die Multiplikation zweier Matrizen $\mathbf{A}$ und $\mathbf{B}$ ist möglich, wenn die Anzahl der Spalten von $\mathbf{A}$ gleich der Anzahl der Zeilen von $\mathbf{B}$ ist, wenn also $\mathbf{A}_{(m,n)}$ und $\mathbf{B}_{(n,q)}$ gilt. Die Ergebnismatrix $\mathbf{C}$ hat die Zeilenzahl von $\mathbf{A}$ und die Spaltenzahl von $\mathbf{B}$. Ihre Elemente c_{ik} werden durch das Skalarprodukt der i-ten Zeile von $\mathbf{A}$ mit der k-ten Spalte von $\mathbf{B}$ bestimmt: $$\mathbf{A}_{(m,n)} \cdot \mathbf{B}_{(n,q)} = \mathbf{C}_{(m,q)} \quad \text{mit} \quad c_{ik} = \sum_{j=1}^{n} a_{ij} b_{jk} \quad \text{und} \quad i = 1, 2, \ldots, m; \quad k = 1, 2, \ldots, q$$ **verkettbar** m **Zeilen,** n **Spalten** $\quad$ n **Zeilen,** q **Spalten** $\quad\quad$ m **Zeilen,** q **Spalten** $$\begin{pmatrix} a_{11} & a_{12} & \ldots & a_{1n} \\ \ldots & \ldots & \ldots & \ldots \\ a_{m1} & a_{m2} & \ldots & a_{mn} \end{pmatrix} \cdot \begin{pmatrix} b_{11} & b_{12} & \ldots & b_{1q} \\ \ldots & \ldots & \ldots & \ldots \\ b_{n1} & b_{n2} & \ldots & b_{nq} \end{pmatrix} = \begin{pmatrix} \sum_{j=1}^{n} a_{1j} b_{j1} & \sum_{j=1}^{n} a_{1j} b_{j2} & \ldots & \sum_{j=1}^{n} a_{1j} b_{jq} \\ \ldots & \ldots & \ldots & \ldots \\ \sum_{j=1}^{n} a_{mj} b_{j1} & \sum_{j=1}^{n} a_{mj} b_{j2} & \ldots & \sum_{j=1}^{n} a_{mj} b_{jq} \end{pmatrix}$$ Rechenregeln: $(\mathbf{A} + \mathbf{B}) \cdot \mathbf{C} = \mathbf{A} \cdot \mathbf{C} + \mathbf{B} \cdot \mathbf{C}$ $r(\mathbf{A} \cdot \mathbf{B}) = (r \cdot \mathbf{A}) \cdot \mathbf{B}$ Achtung: $\mathbf{A} \cdot \mathbf{B} \neq \mathbf{B} \cdot \mathbf{A}$ (nicht kommutativ)
Berechnungsschema für Matrizenmultiplikation (Falk'sches Schema)	Für die Berechnung der Elemente der Ergebnismatrix $\mathbf{C}$ bei der Multiplikation der Matrizen $\mathbf{A}$ und $\mathbf{B}$ hat sich folgendes Schema bewährt: $\mathbf{A}_{(m,n)}$ m Zeilen n Spalten $\quad$ $\mathbf{B}_{(n,q)}$ n Zeilen q Spalten $$\begin{matrix} b_{11} & b_{12} & \ldots & b_{1k} & & \ldots & b_{1q} \\ \ldots & \ldots & \ldots & \ldots & & \ldots & \ldots \\ b_{n1} & b_{n2} & \ldots & b_{nk} & & \ldots & b_{nq} \end{matrix}$$ $$\begin{matrix} a_{11} & a_{12} & \ldots & a_{1n} \\ \ldots & \ldots & \ldots & \ldots \\ a_{i1} & a_{i2} & \ldots & a_{in} \\ \ldots & \ldots & \ldots & \ldots \\ a_{m1} & a_{m2} & \ldots & a_{mn} \end{matrix}$$ $$\begin{matrix} c_{11} & c_{12} & \ldots & c_{1k} & & \ldots & c_{1q} \\ \ldots & \ldots & \ldots & \ldots & & \ldots & \ldots \\ c_{i1} & c_{i2} & \ldots & c_{ik} = \sum_{j=1}^{n} a_{ij} b_{jk} & \ldots & c_{iq} \\ \ldots & \ldots & \ldots & \ldots & & \ldots & \ldots \\ c_{m1} & c_{m2} & \ldots & c_{mk} & & \ldots & c_{mq} \end{matrix}$$ $\mathbf{A}_{(m,n)} \cdot \mathbf{B}_{(n,q)}$

Besondere Matrizen und Eigenschaften

Transponierte Matrix	Wenn in einer (m, n)-Matrix $\mathbf{A}$ die Zeilen mit den entsprechenden Spalten vertauscht werden, so entsteht eine Matrix $\mathbf{A}^{\mathbf{T}}$ vom Typ (n, m); die **transponierte Matrix**. $$\mathbf{A}_{(m,n)} = \begin{pmatrix} a_{11} & a_{12} & a_{13} & \ldots & a_{1n} \\ a_{21} & a_{22} & a_{23} & \ldots & a_{2n} \\ a_{31} & a_{32} & a_{33} & \ldots & a_{3n} \\ \ldots & \ldots & \ldots & \ldots & \ldots \\ a_{m1} & a_{m2} & a_{m3} & \ldots & a_{mn} \end{pmatrix} \qquad \mathbf{A}^{\mathbf{T}}_{(m,n)} = \begin{pmatrix} a_{11} & a_{21} & a_{31} & \ldots & a_{m1} \\ a_{12} & a_{22} & a_{32} & \ldots & a_{m2} \\ a_{13} & a_{23} & a_{33} & \ldots & a_{m3} \\ \ldots & \ldots & \ldots & \ldots & \ldots \\ a_{1n} & a_{2n} & a_{3n} & \ldots & a_{mn} \end{pmatrix}$$ Rechenregeln: $\quad (\mathbf{A}^{\mathbf{T}})^{\mathbf{T}} = \mathbf{A}$ $\qquad\qquad\qquad (r\,\mathbf{A})^{\mathbf{T}} = r\,\mathbf{A}^{\mathbf{T}}$ $\qquad\qquad\qquad (\mathbf{A} + \mathbf{B})^{\mathbf{T}} = \mathbf{A}^{\mathbf{T}} + \mathbf{B}^{\mathbf{T}}$
Symmetrische Matrix; schief-symmetrische Matrix	Für quadratische Matrizen $\mathbf{A}_{(n,n)}$ gilt: Die transponierte Matrix $\mathbf{A}^{\mathbf{T}}$ entsteht durch Spiegelung der Elemente an der Hauptdiagonalen der Matrix $\mathbf{A}$. Eine quadratische Matrix $\mathbf{A}_{(n,n)}$ heißt symmetrisch, wenn $\mathbf{A} = \mathbf{A}^{\mathbf{T}}$ gilt: $$\mathbf{A} = \begin{pmatrix} a & b & d & g \\ b & c & e & h \\ d & e & f & i \\ g & h & i & j \end{pmatrix}$$ Für ihre Elemente gilt: $a_{ik} = a_{ki}$ mit $i = 1, 2, 3, \ldots, n$ und $k = 1, 2, \ldots, n$. Eine quadratische Matrix $\mathbf{A}_{(n,n)}$ heißt schiefsymmetrisch, wenn $\mathbf{A} = -\mathbf{A}^{\mathbf{T}}$ gilt: $$\mathbf{A} = \begin{pmatrix} 0 & a & b & -d \\ -a & 0 & -c & e \\ -b & c & 0 & -f \\ d & -e & f & 0 \end{pmatrix}$$ Die Elemente der Hauptdiagonalen sind sämtlich null, also: $a_{ii} = 0$ für $i = 1, 2, \ldots, n$. Ferner gilt $a_{ik} = -a_{ki}$ mit $i = 1, 2, 3, \ldots, n$ und $k = 1, 2, \ldots, n$.
Untermatrix zum Element a_{ij}	Wird aus einer Matrix $\mathbf{A}_{(m,n)}$ die i-te Zeile sowie die j-te Spalte gestrichen, so entsteht die zu dem Element a_{ij} gehörende Untermatrix. Untermatrizen treten bei der Berechnung von Determinanten auf ($\nearrow$ S. 73). $$\begin{pmatrix} a_{11} & \ldots & a_{1,j-1} & a_{1j} & a_{1,j+1} & \ldots & a_{1n} \\ \ldots & & & & & & \ldots \\ a_{i-1,1} & \ldots & a_{i-1,j-1} & a_{i-1,j} & a_{i-1,j+1} & \ldots & a_{i-1,n} \\ a_{i1} & \ldots & a_{i,j-1} & a_{ij} & a_{i,j+1} & \ldots & a_{in} \\ a_{i+1,1} & \ldots & a_{i+1,j-1} & a_{i+1,j} & a_{i+1,j+1} & \ldots & a_{i+1,n} \\ \ldots & & & & & & \ldots \\ a_{m1} & \ldots & a_{m,j-1} & a_{mj} & a_{m,j+1} & \ldots & a_{mn} \end{pmatrix} = \begin{pmatrix} a_{11} & \ldots & a_{1,j-1} & a_{1,j+1} & \ldots & a_{1n} \\ \ldots & & & & & \\ a_{i-1,1} & \ldots & a_{i-1,j-1} & a_{i-1,j+1} & \ldots & a_{i-1,n} \\ a_{i+1,1} & \ldots & a_{i+1,j-1} & a_{i+1,j+1} & \ldots & a_{i+1,n} \\ \ldots & & & & & \\ a_{m1} & \ldots & a_{m,j-1} & a_{m,j+1} & \ldots & a_{mn} \end{pmatrix}$$
Inverse Matrix	Die Matrix $\mathbf{A}^{-1}$ ist inverse Matrix der quadratischen Matrix $\mathbf{A}_{(n,n)}$, wenn gilt: $\mathbf{A} \cdot \mathbf{A}^{-1} = \mathbf{A}^{-1} \cdot \mathbf{A} = \mathbf{E}$. Eine inverse Matrix von $\mathbf{A}_{(n,n)}$ existiert, wenn $\det \mathbf{A}_{(n,n)} \neq 0$ ($\nearrow$ S. 73). In diesem Fall besitzt das dazugehörige lineare Gleichungssystem eine eindeutige Lösung ($\nearrow$ S. 75). Für $\mathbf{A}_{(2,2)} = \begin{pmatrix} a_1 & b_1 \\ a_2 & b_2 \end{pmatrix}$ ist $\mathbf{A}^{-1} = \dfrac{1}{a_1 b_2 - a_2 b_1} \begin{pmatrix} b_2 & -b_1 \\ -a_2 & a_1 \end{pmatrix}$.
Rang einer Matrix	Der Rang einer Matrix ist die maximale Anzahl linear unabhängiger Zeilen- bzw. Spaltenvektoren. Beide maximalen Zahlen stimmen überein. Der Rang einer Matrix $\mathbf{A}_{(n,n)}$ vom Typ (n, n) ist kleiner oder gleich n. Für die Koeffizientenmatrix $\mathbf{A}$ eines linearen Gleichungssystems gilt: Ist der Rang von $\mathbf{A}$ kleiner als n, so gibt es unendlich viele oder gar keine Lösungen. Ist der Rang von $\mathbf{A}$ gleich n, so gibt es genau eine Lösung ($\nearrow$ S. 75).

Determinanten

Begriff der Determinante	Eine Determinante ist eine spezielle Funktion, die jeder quadratischen Matrix $\mathbf{A} = \mathbf{A}_{(n,n)}$ mit reellen Zahlen als Elemente eindeutig eine reelle Zahl zuordnet. $$\det \mathbf{A} = \begin{vmatrix} a_{11} & a_{12} & \dots & a_{1n} \\ a_{21} & a_{22} & \dots & a_{2n} \\ \dots & \dots & \dots & \dots \\ a_{n1} & a_{n2} & \dots & a_{nn} \end{vmatrix}$$ Dabei wird durch n die Ordnung der Determinante angezeigt, indem man auch schreibt: $D^{(n)} = \det \mathbf{A}$ *Beachte:* Eine Determinante ändert ihr Vorzeichen, wenn zwei Zeilen oder zwei Spalten miteinander vertauscht werden. Determinanten nutzt man beispielsweise bei der Lösung von linearen Gleichungssystemen mithilfe der Cramer'schen Regel ($\nearrow$ S. 74) oder auch zur Bestimmung des Ranges einer Matrix ($\nearrow$ S. 72).
Adjunkte des Elementes a_{ij}	Die **Adjunkte A_{ij}** des Elementes a_{ij} entsteht aus der Determinante der Untermatrix zum Element a_{ij} der Matrix $\mathbf{A}_{(n,n)}$ (entstanden durch Streichen der i-ten Zeile und der j-ten Spalte) durch Multiplikation mit dem Faktor $(-1)^{i+j}$. Für $\begin{vmatrix} a_{11} & a_{12} & a_{13} \\ a_{21} & a_{22} & a_{23} \\ a_{31} & a_{32} & a_{33} \end{vmatrix}$ ist $A_{12} = - \begin{vmatrix} a_{21} & a_{23} \\ a_{31} & a_{33} \end{vmatrix}$.
Determinanten zweiter Ordnung	$D^{(2)} \begin{vmatrix} a_{11} & a_{12} \\ a_{21} & a_{22} \end{vmatrix} = a_{11} \cdot a_{22} - a_{12} \cdot a_{21}$ Produkt der Elemente der Hauptdiagonale minus Produkt der Elemente der Nebendiagonale
Determinanten dritter Ordnung	$D^{(3)} = \begin{vmatrix} a_{11} & a_{12} & a_{13} \\ a_{21} & a_{22} & a_{23} \\ a_{31} & a_{32} & a_{33} \end{vmatrix} = a_{11}a_{22}a_{33} + a_{12}a_{23}a_{31} + a_{13}a_{21}a_{32} - a_{13}a_{22}a_{31} - a_{11}a_{23}a_{32} - a_{12}a_{21}a_{33}$ Für dreireihige (und nur für dreireihige) Determinanten können die Summanden mithilfe der **Regel von Sarrus** ermittelt werden: $$\begin{matrix} a_{11} & a_{12} & a_{13} & a_{11} & a_{12} \\ a_{21} & a_{22} & a_{23} & a_{21} & a_{22} \\ a_{31} & a_{32} & a_{33} & a_{31} & a_{32} \end{matrix}$$ Berechnung mithilfe von Unterdeterminanten: $$\begin{vmatrix} a_{11} & a_{12} & a_{13} \\ a_{21} & a_{22} & a_{23} \\ a_{31} & a_{32} & a_{33} \end{vmatrix} = a_{11}\begin{vmatrix} a_{22} & a_{23} \\ a_{32} & a_{33} \end{vmatrix} - a_{12}\begin{vmatrix} a_{21} & a_{23} \\ a_{31} & a_{33} \end{vmatrix} + a_{13}\begin{vmatrix} a_{21} & a_{22} \\ a_{31} & a_{32} \end{vmatrix}$$ weiter mit Determinanten zweiter Ordnung Man schreibt in diesem Fall unter Verwendung von **Adjunkten** auch $D^{(3)} = \det \mathbf{A}_{(3,3)} = a_{11}\mathbf{A}_{11} + a_{12}\mathbf{A}_{12} + a_{13}\mathbf{A}_{13}$
Determinanten vierter Ordnung	$$\begin{vmatrix} a_{11} & a_{12} & a_{13} & a_{14} \\ a_{21} & a_{22} & a_{23} & a_{24} \\ a_{31} & a_{32} & a_{33} & a_{34} \\ a_{41} & a_{42} & a_{43} & a_{44} \end{vmatrix} = a_{11}\mathbf{A}_{11} + a_{12}\mathbf{A}_{12} + a_{13}\mathbf{A}_{13} + a_{14}\mathbf{A}_{14}$$ Die Einführung der Unterdeterminanten führt dann auf: $$a_{11}\begin{vmatrix} a_{22} & a_{23} & a_{24} \\ a_{32} & a_{33} & a_{34} \\ a_{42} & a_{43} & a_{44} \end{vmatrix} - a_{12}\begin{vmatrix} a_{21} & a_{23} & a_{24} \\ a_{31} & a_{33} & a_{34} \\ a_{41} & a_{43} & a_{44} \end{vmatrix} + a_{13}\begin{vmatrix} a_{21} & a_{22} & a_{24} \\ a_{31} & a_{32} & a_{34} \\ a_{41} & a_{42} & a_{44} \end{vmatrix} - a_{14}\begin{vmatrix} a_{21} & a_{22} & a_{23} \\ a_{31} & a_{32} & a_{33} \\ a_{41} & a_{42} & a_{43} \end{vmatrix}$$ Auf die so entstandenen dreireihigen Determinanten kann dann die Regel von Sarrus angewendet werden.

Lösen linearer Gleichungssysteme mit der Cramer'schen Regel

Darstellung linearer Gleichungssysteme als Matrizen	Ein lineares Gleichungssystem mit m Gleichungen und n Variablen x_i besitzt die Koeffizientenmatrix $\mathbf{A}_{(m,\,n)}$. $$\begin{aligned} a_{11}x_1 + a_{12}x_2 + a_{13}x_3 + \ldots + a_{1n}x_n &= b_1 \\ a_{21}x_1 + a_{22}x_2 + a_{23}x_3 + \ldots + a_{2n}x_n &= b_2 \\ a_{31}x_1 + a_{32}x_2 + a_{33}x_3 + \ldots + a_{3n}x_n &= b_3 \\ \ldots \qquad\qquad\qquad\qquad \ldots \\ a_{m1}x_1 + a_{m2}x_2 + a_{m3}x_3 + \ldots + a_{mn}x_n &= b_m \end{aligned}$$ $$\mathbf{A}_{(m,\,n)} = \begin{pmatrix} a_{11} & a_{12} & a_{13} & \ldots & a_{1n} \\ a_{21} & a_{22} & a_{23} & \ldots & a_{2n} \\ \ldots & \ldots & \ldots & & \ldots \\ a_{m1} & a_{m2} & a_{m3} & \ldots & a_{mn} \end{pmatrix}$$ Die erweiterte Matrix des linearen Gleichungssystems lautet: $$\mathbf{B}_{(m,\,n+1)} = \left(\begin{array}{cccc|c} a_{11} & a_{12} & \ldots & a_{1n} & b_1 \\ a_{21} & a_{22} & \ldots & a_{2n} & b_2 \\ \ldots & \ldots & \ldots & \ldots & \ldots \\ a_{m1} & a_{m2} & \ldots & a_{mn} & b_m \end{array} \right)$$
Cramer'sche Regel	$$x_i = \frac{\mathbf{D}_i}{\mathbf{D}^{(n)}}$$ $\quad \mathbf{D}^{(n)}$ ist Koeffizientendeterminante, $\mathbf{D}^{(n)}$ darf nicht null sein. $\quad \mathbf{D}_i \;$ ist Zählerdeterminante. Die Zählerdeterminante $\mathbf{D}_i$ entsteht, indem man in der Koeffizientendeterminante die i-te Spalte durch die Spalte $(b_1;\,b_2\,;\ldots;\,b_n)$ ersetzt.
Systeme aus zwei linearen Gleichungen mit zwei Variablen	$$a_{11}x_1 + a_{12}x_2 = b_1$$ $$a_{21}x_1 + a_{22}x_2 = b_2$$ $$\mathbf{D}^{(n)} = \begin{vmatrix} a_{11} & a_{12} \\ a_{21} & a_{22} \end{vmatrix} = a_{11}a_{22} - a_{12}a_{21}; \quad \mathbf{D}_1 = \begin{vmatrix} b_1 & a_{12} \\ b_2 & a_{22} \end{vmatrix} = b_1 a_{22} - a_{12}b_2;$$ $$\mathbf{D}_2 = \begin{vmatrix} a_{11} & b_1 \\ a_{21} & b_2 \end{vmatrix} = a_{11}b_2 - b_1 a_{21}$$ Daraus folgt: $$x_1 = \frac{\mathbf{D}_1}{\mathbf{D}^{(n)}} = \frac{b_1 a_{22} - a_{12}b_2}{a_{11}a_{22} - a_{12}a_{21}}; \quad x_2 = \frac{\mathbf{D}_2}{\mathbf{D}^{(n)}} = \frac{a_{11}b_2 - b_1 a_{21}}{a_{11}a_{22} - a_{12}a_{21}}, \;\text{ falls } \mathbf{D}^{(n)} \neq 0$$
Systeme aus drei linearen Gleichungen mit drei Variablen	$$\begin{aligned} a_{11}x_1 + a_{12}x_2 + a_{13}x_3 &= b_1 \\ a_{21}x_1 + a_{22}x_2 + a_{23}x_3 &= b_2 \\ a_{31}x_1 + a_{32}x_2 + a_{33}x_3 &= b_3 \end{aligned}$$ Die Koeffizientendeterminante $\mathbf{D}^{(n)}$ wie auch die Zählerdeterminante $\mathbf{D}_i$ lassen sich als dreireihige Determinanten mithilfe der Regel von Sarrus berechnen (↗ Seite 73). $$\mathbf{D}^{(n)} = \begin{vmatrix} a_{11} & a_{12} & a_{13} \\ a_{21} & a_{22} & a_{23} \\ a_{31} & a_{32} & a_{33} \end{vmatrix} = a_{11}a_{22}a_{33} + a_{12}a_{23}a_{31} + a_{13}a_{21}a_{32} - a_{13}a_{22}a_{31} - a_{11}a_{23}a_{32} - a_{12}a_{21}a_{33}$$ $$\mathbf{D}_1 = \begin{vmatrix} b_1 & a_{12} & a_{13} \\ b_2 & a_{22} & a_{23} \\ b_3 & a_{32} & a_{33} \end{vmatrix} \qquad \mathbf{D}_2 = \begin{vmatrix} a_{11} & b_1 & a_{13} \\ a_{21} & b_2 & a_{23} \\ a_{31} & b_3 & a_{33} \end{vmatrix} \qquad \mathbf{D}_3 = \begin{vmatrix} a_{11} & a_{12} & b_1 \\ a_{21} & a_{22} & b_2 \\ a_{31} & a_{32} & b_3 \end{vmatrix}$$ Aus der Cramer'schen Regel folgt für $\mathbf{D}^{(n)} \neq 0$: $\quad x_1 = \dfrac{\mathbf{D}_1}{\mathbf{D}^{(n)}}; \qquad x_2 = \dfrac{\mathbf{D}_2}{\mathbf{D}^{(n)}}; \qquad x_3 = \dfrac{\mathbf{D}_3}{\mathbf{D}^{(n)}}$ *Hinweis:* Die Cramer'sche Regel wird im Allgemeinen nicht auf Systeme mit vier und mehr Gleichungen angewendet, weil die Berechnungen der Determinaten sehr aufwändig werden.

Lösen linearer Gleichungssysteme mit dem Gauß'schen Eliminationsverfahren

Gauß'sches Eliminationsverfahren	*Ziel:* Das Gleichungssystem wird auf **Dreiecksform** gebracht. Dann ermittelt man von unten nach oben die gesamte Lösungsmenge des Systems.

$$a_{11}x_1 + a_{12}x_2 + a_{13}x_3 + \ldots + a_{1n}x_n = b_1$$
$$a_{21}x_1 + a_{22}x_2 + a_{23}x_3 + \ldots + a_{2n}x_n = b_2$$
$$a_{31}x_1 + a_{32}x_2 + a_{33}x_3 + \ldots + a_{3n}x_n = b_3$$
$$\ldots$$
$$a_{n1}x_1 + a_{n2}x_2 + a_{n3}x_3 + \ldots + a_{nn}x_n = b_n$$

$$a_{11}x_1 + a_{12}x_2 + a_{13}x_3 + \ldots + a_{1n}x_n = b_1$$
$$a'_{22}x_2 + a'_{23}x_3 + \ldots + a'_{2n}x_n = b'_2$$
$$a'_{33}x_3 + \ldots + a'_{3n}x_n = b'_3$$
$$\ldots$$
$$a'_{nn}x_n = b'_n$$

Beispiel	Im Fall eines linearen Gleichungssystems mit drei Gleichungen und drei Variablen kann man die Dreiecksform beispielsweise folgendermaßen erreichen:

Im **ersten Schritt** wird eine Variable (z. B. x_1) in allen drei Gleichungen freigelegt, indem man durch den jeweiligen Koeffizienten von x_1 dividiert.

(1) $2x_1 + 3x_2 + 3x_3 = 3$ (1a) $x_1 + \dfrac{3}{2}x_2 + \dfrac{3}{2}x_3 = \dfrac{3}{2}$

(2) $3x_1 - 2x_2 - 9x_3 = 4$ (2a) $x_1 - \dfrac{2}{3}x_2 - 3x_3 = \dfrac{4}{3}$

(3) $5x_1 - x_2 - 18x_3 = -1$ (3a) $x_1 - \dfrac{1}{5}x_2 - \dfrac{18}{5}x_3 = -\dfrac{1}{5}$

Im **zweiten Schritt** wird durch die Subtraktion von $(2a) - (1a)$ wie auch von $(3a) - (1a)$ die Variable x_1 aus den Gleichungen $(2a)$ und $(3a)$ eliminiert.

(1a) $x_1 + \dfrac{3}{2}x_2 + \dfrac{3}{2}x_3 = \dfrac{3}{2}$

(2b) $-\dfrac{13}{6}x_2 - \dfrac{9}{2}x_3 = -\dfrac{1}{6}$

(3b) $-\dfrac{17}{10}x_2 - \dfrac{51}{10}x_3 = -\dfrac{17}{10}$

Im **dritten Schritt** wird in gleicher Weise fortgefahren: man dividiert $(2b)$ und $(3b)$ durch den jeweiligen Koeffizienten von x_2 und eliminiert aus der Gleichung $(3c)$ die Variable x_2. Aus der Gleichung $(3d)$ lässt sich danach der Wert von x_3 ermitteln und über $(2c)$ und $(1a)$ erhält man dann auch die Werte von x_2 und x_1.

(1a) $x_1 + \dfrac{3}{2}x_2 + \dfrac{3}{2}x_3 = \dfrac{3}{2}$ (1a) $x_1 + \dfrac{3}{2}x_2 + \dfrac{3}{2}x_3 = \dfrac{3}{2}$

(2c) $x_2 + \dfrac{27}{13}x_3 = \dfrac{1}{13}$ (2c) $x_2 + \dfrac{27}{13}x_3 = \dfrac{1}{13}$ $\left.\right\}$ Dreiecksform

(3c) $x_2 + 3x_3 = 1$ (3d) $\dfrac{12}{13}x_3 = \dfrac{12}{13}$

Aus $(3d)$ folgt, dass $x_3 = 1$.

Eingesetzt in $(2c)$ ergibt sich $x_2 + \dfrac{27}{13} = \dfrac{1}{13}$, also $x_2 = -2$.

Beides in $(1a)$ eingesetzt, führt zu $x_1 - 3 + \dfrac{3}{2} = \dfrac{3}{2}$, also $x_1 = 3$.

Man erhält in diesem Fall also genau eine Lösung: $(3; -2; 1)$.

mögliche Lösungen	Führt das Verfahren auf einen Widerspruch, z. B. $7 = 3$, besitzt das Gleichungssystem **keine Lösung**. Führt das Verfahren zu einer Dreiecksform, so besitzt das Gleichungssystem **genau eine Lösung**. In diesem Fall ergibt sich ein Lösungsvektor (siehe Beispiel). Führt das Verfahren auf eine Trapezform bzw. sind mindestens zwei Gleichungen identisch, so hat das Gleichungssystem **unendlich viele Lösungen**. Die Lösungsmenge wird dann mithilfe eines oder mehrerer Parameter dargestellt.

Lineare Abbildungen

Definition	Eine Abbildung $f: \mathbb{R}^2 \to \mathbb{R}^2$ heißt genau dann linear, wenn – für alle $\vec{a}, \vec{b} \in \mathbb{R}^2$ gilt: $f(\vec{a} + \vec{b}) = f(\vec{a}) + f(\vec{b})$ (Additivität) und – für alle $\vec{a} \in \mathbb{R}^2$ und $r \in \mathbb{R}$ gilt: $f(r \cdot \vec{a}) = r \cdot f(\vec{a})$ (Homogenität).
Abbildungsgleichung/ Abbildungsmatrix	Jede lineare Abbildung $f: \mathbb{R}^2 \to \mathbb{R}^2$ lässt sich durch eine Abbildungsmatrix beschreiben: $f(\vec{x}) = \vec{x}' = \begin{pmatrix} a_{11} & a_{12} \\ a_{21} & a_{22} \end{pmatrix} \cdot \vec{x}$ bzw. $f\begin{pmatrix} x_1 \\ x_2 \end{pmatrix} = \begin{pmatrix} x_1' \\ x_2' \end{pmatrix} = \begin{pmatrix} a_{11} & a_{12} \\ a_{21} & a_{22} \end{pmatrix} \cdot \begin{pmatrix} x_1 \\ x_2 \end{pmatrix}$ also: $x_1' = a_{11} \cdot x_1 + a_{12} \cdot x_2$ und $x_2' = a_{21} \cdot x_1 + a_{22} \cdot x_2$ Dabei gilt: $\begin{pmatrix} a_{11} \\ a_{21} \end{pmatrix} = f\begin{pmatrix} 1 \\ 0 \end{pmatrix}$ und $\begin{pmatrix} a_{12} \\ a_{22} \end{pmatrix} = f\begin{pmatrix} 0 \\ 1 \end{pmatrix}$
Eigenschaften	Für jede lineare Abbildung $f: \mathbb{R}^2 \to \mathbb{R}^2$ gilt: – $f(\vec{0}) = \vec{0}$ (Nullvektor wird auf Nullvektor abgebildet.) – $f(-\vec{x}) = -f(\vec{x})$ für alle $\vec{x} \in \mathbb{R}^2$ Die zu einer Abbildungsmatrix F gehörende lineare Abbildung f ist umkehrbar, wenn die Spaltenvektoren von F linear unabhängig sind.
Beispiele	– Spiegelung an einer Geraden durch den Koordinatenursprung – Punktspiegelung am Koordinatenursprung – Zentrische Streckung mit dem Koordinatenursprung als Streckungszentrum
Beispiel für eine Abbildungsgleichung	Drehung um den Koordinatenursprung $\begin{pmatrix} a' \\ b' \end{pmatrix} = \begin{pmatrix} \cos\alpha & -\sin\alpha \\ \sin\alpha & \cos\alpha \end{pmatrix} \cdot \begin{pmatrix} a \\ b \end{pmatrix}$ $= \begin{pmatrix} a \cdot \cos\alpha - b \cdot \sin\alpha \\ a \cdot \sin\alpha + b \cdot \cos\alpha \end{pmatrix}$

Affine Abbildungen

Definition	Eine affine Abbildung setzt sich zusammen aus einer linearen Abbildung und einer Verschiebung.
Abbildungsgleichung	Jede affine Abbildung $f: \mathbb{R}^2 \to \mathbb{R}^2$ lässt sich durch eine Abbildungsmatrix und einen Verschiebungsvektor beschreiben: $f(\vec{x}) = \vec{x}' = \begin{pmatrix} a_{11} & a_{12} \\ a_{21} & a_{22} \end{pmatrix} \cdot \vec{x} + \vec{c}$ bzw. $f\begin{pmatrix} x_1 \\ x_2 \end{pmatrix} = \begin{pmatrix} x_1' \\ x_2' \end{pmatrix} = \begin{pmatrix} a_{11} & a_{12} \\ a_{21} & a_{22} \end{pmatrix} \cdot \begin{pmatrix} x_1 \\ x_2 \end{pmatrix} + \begin{pmatrix} c_1 \\ c_2 \end{pmatrix}$ also: $x_1' = a_{11} \cdot x_1 + a_{12} \cdot x_2 + c_1$ und $x_2' = a_{21} \cdot x_1 + a_{22} \cdot x_2 + c_2$
Eigenschaften	Für jede affine Abbildung $f: \mathbb{R}^2 \to \mathbb{R}^2$ gilt: – Geraden werden auf Geraden abgebildet. Parallelität bleibt erhalten. – Das Teilverhältnis dreier kollinearer Punkte bleibt erhalten. Die zu einer Abbildungsmatrix F und einem Vektor $\vec{c}$ gehörende affine Abbildung f ist genau dann umkehrbar, wenn die Spaltenvektoren von F linear unabhängig sind.
Beispiele	– Zentrische Streckung mit dem Streckungszentrum Z und dem Streckungsfaktor k – Verknüpfung von Drehungen, Spiegelungen, Streckungen, Verschiebungen und Projektionen, z. B. Schubspiegelung, Drehspiegelung, Drehstreckung

Informatik

Datendarstellung

Einheiten

Bit	Das Bit ist die Einheit für die Datendarstellung im Computer. Zustand: 0 oder 1 (in der Technik: 0 – kein Strom = Low [L]; 1 – Strom = High [H])
Byte	Ein Byte ist die Zusammenfassung von 8 Bit zur Darstellung eines Zeichens im Computer. Aus den 8-Bitstellen ergeben sich 256 Kombinationsmöglichkeiten der Zeichendarstellung. weitere Einheiten: 1 KByte $= 2^{10}$ Byte $= 1\,024$ Byte (1 024 Computerzeichen) 1 MByte $= 2^{20}$ Byte $= 1\,048\,576$ Byte (1 048 576 Computerzeichen) 1 GByte $= 2^{30}$ Byte $= 1\,073\,741\,824$ Byte (1 073 741 824 Computerzeichen)
Baud	Ein Baud ist die Einheit der Signalrate, mit der Daten übertragen werden. Sie gibt die Anzahl der Pegelwechsel pro Zeiteinheit an. 1 Baud = Modulationsrate/Sekunde; $1\ \mathrm{Bd} = \mathrm{s}^{-1}$
bps	bps ist die Einheit für die Übertragungsgeschwindigkeit von Daten. Sie wird in Bit pro Zeiteinheit gemessen. Einheit: Bit/s (Bit pro Sekunde) oder Byte/s (Byte pro Sekunde)

Datentypen (Auswahl)

Datentyp	Beschreibung	Wertebereich (Visual-BASIC 6.0)
Boolean (Logik)	speichert logische Werte	true or false (wahr oder falsch)
Char (Zeichen)	speichert einzelne Zeichen (Ziffern, Buchstaben, …)	Zeichen des ASCII- oder Ansi-Codes
Currency (Währung)	speichert Festkommazahlen mit hoher Rundungsgenauigkeit (15 Vorkommastellen und 4 Nachkommastellen)	− 922 337 203 685 477, 5808 bis 922 337 203 685 477, 5807
Date (Datum, Zeit)	speichert eine Kombination von Datums- und Zeitinformationen als Fließkommazahl	Datum: 01.01.100 bis 31.12.9999 Zeit: 00:00:00 bis 23:59:59
Double (doppelt)	speichert eine Zahl mit Fließkomma und doppelter Genauigkeit	für negative Werte: $-1,8 \cdot 10^{308}$ bis $-4,9 \cdot 10^{-324}$ für positive Werte: $4,9 \cdot 10^{-324}$ bis $1,8 \cdot 10^{308}$
Integer (ganz)	speichert ganze Zahlen	ganze Zahlen von $-32\,768$ bis $32\,767$
String (Zeichenfolge)	speichert eine endliche Aneinanderreihung von Zeichen (Zeichenfolge)	0 bis 2 Milliarden Zeichen

Algorithmik

Algorithmusbegriff

Ein Algorithmus ist ein eindeutiges Verfahren zur Lösung von gleichen Problemen einer Klasse. Er wird durch einen aus elementaren Anweisungen bestehenden Text beschrieben.	
Eigenschaft	**Erläuterung**
Allgemeingültigkeit	Die Anweisungen besitzen Gültigkeit für die Lösung einer ganzen Problemklasse, nicht nur für ein Einzelproblem.
Ausführbarkeit	Die Anweisungen müssen verständlich formuliert und ausführbar sein.
Endlichkeit	Die Beschreibung der Anweisungsfolge muss in einem endlichen Text möglich sein.
Eindeutigkeit	An jeder Stelle muss der Ablauf der Anweisungen eindeutig sein.
Terminiertheit	Nach endlich vielen Schritten liefert die Anweisungsfolge eine Lösung des Problems.

Strukturelemente der Algorithmierung in verschiedenen Darstellungsformen

Name	Verbal formuliert	Grafisch (Strukturprogramm)	Programmiersprache (PASCAL)
Sequenz (Verbundanweisung)			

Folge	Anweisung 1
	Anweisung 2
	…
	Anweisung n
		Anweisung 1 / Anweisung 2 / … / Anweisung n	BEGIN
			  Anweisung 1;
			  Anweisung 2; } Verbund
			  …
			  Anweisung n; }
			END.

Selektion (Alternativen)			
Einseitige Auswahl	WENN Bedingung DANN Anweisung	B / ja — nein / A — –	IF Bedingung THEN Anweisung;
Zweiseitige Auswahl	WENN Bedingung DANN Anweisung 1 SONST Anweisung 2	B / ja — nein / A1 — A2	IF Bedingung THEN Anweisung 1 ELSE Anweisung 2;

A = Anweisung; B = Bedingung; I = Variable; aw = Anfangswert; ew = Endwert; s = Schrittweise

Name	Verbal formuliert	Grafisch (Strukturprogramm)	Programmiersprache (PASCAL)
Repetition (Schleifen)			
Wiederholschleife (mit nachgestellter Bedingung)	WIEDERHOLE Anweisung 1 … Anweisung n BIS Bedingung	Wiederhole · A / bis B	REPEAT Anweisung 1; … Anweisung n; UNTIL Bedingung;
Solangeschleife (mit vorangestellter Bedingung)	SOLANGE Bedingung TUE Anweisung	Solange B / tue · A	WHILE Bedingung DO Anweisung oder Verbund;
Zählschleife (gezählte Wiederholungen in Abhängigkeit einer Schrittweite)	FÜR I = aw BIS ew SCHRITT s TUE Anweisung	Für I = aw bis ew Schritt s / tue · A	FOR I: = Anfangswert TO Endwert STEP s DO Anweisung oder Verbund;
Unteralgorithmus (Prozedur)			
Vereinbarung	(UNTERALGO Name) (DEKLARATIONEN) BEGINN Anweisungen ENDE	(UA Name) / (Vereinbarungen) / Beginn / Anweisungen / Ende	PROCEDURE Bezeichner Deklarationsteil; BEGIN Anweisungen END.
Aufruf	RUFE	Rufe UA Name	Prozedurbezeichner

Programmiermethodik (-technik)

Strukturiertes Programmieren	Modulares Programmieren	Objektorientiertes Programmieren
Blockkonzept, mit dessen Hilfe eine Hierarchie von Algorithmen (Prozeduren oder Funktionen) aufgebaut wird. Jeder Teilalgorithmus enthält wiederum eigene Hilfsalgorithmen, bei denen alle Kontrollstrukturen (Sequenz, Alternativen, …) nur mit einem Eingang und einem Ausgang versehen werden. Auf dieser Basis ergibt sich eine strukturierte Programmiertechnik, die keine unübersichtlichen Programmverzweigungen, durch zusätzliche Sprünge, enthält.	Zerlegungskonzept, mit dessen Hilfe große (Programmier-)Projekte in sinnvolle Teile (Module oder units) zerlegt werden, die dann unabhängig voneinander programmiert und getestet werden können.	Modellierungskonzept, mit dessen Hilfe die reale Welt über Objekte beschrieben wird. Auf der programmtechnischen Ebene umfassen Objekte einen Zustand (Daten) und eine Menge von Operationen (Methoden). Der Zustand eines Objektes wird durch eine Datenstruktur beschrieben, die gekapselt ist und durch die Ausführung einer Methode verändert werden kann. Die Kapselung bezeichnet die Zusammenfassung von Daten und Unterprogrammen.

Programmiersprachen (nach Programmierparadigmen)

Paradigma (lat.-gr. Denkmuster oder Herangehensweise)	Programmiersprache (Beispiel)	Jahr
prozedural (auch imperativ, algorithmisch)		
Die Abläufe zur Problemlösung werden mit Unteralgorithmen (Prozeduren) beschrieben, die vom Hauptprogramm aufgerufen werden. Es entsteht damit ein Algorithmus, der das WIE der Problemlösung formuliert.	Algol (ALGOrithmic Language) Basic (Beginners all-purpose Symbolic Instraction Code) Fortran Pascal C	1960 1962 1966 1971 1974
objektorientiert		
Ein Programm wird als Sammlung von Objekten angesehen, die miteinander in Verbindung stehen. Ein Objekt besitzt Eigenschaften und Methoden. Die Kommunikation zwischen Objekten erfolgt über Botschaften, die beim Empfänger die Ausführung einer Methode (Ereignis, engl. event) auslösen. Gleichartige Objekte (in Struktur und Semantik) werden zu Klassen zusammengefasst. Ein weiteres Merkmal objektorientierter Paradigmen ist die Vererbung von Klassen und Objekten.	Smalltalk C++ (Weiterentwicklung von C) Visual Basic (nur bedingt, da keine Vererbung) Java Delphi (Weiterentwicklung von Turbo-Pascal)	1979 1986 1992 1995 1996
deklarativ (auch deduktiv)		
Das deklarative Paradigma stellt das WAS und nicht wie bei dem prozeduralen das WIE in den Vordergrund. Es werden nicht die Abläufe zur Problemlösung beschrieben, sondern nur die Eigenschaften des Problems.	Eine rein deklarative Programmiersprache gibt es nicht. Für funktionale und logische Programmiersprachen wird oft deklarativ als Oberbegriff genutzt.	
funktional (auch applikativ)		
Probleme werden wie mathematische Funktionen beschrieben. Das gesamte Programm wird dann als komplexe Funktion definiert.	Lisp (List Processing Language) Logo	1960 1968
logisch (auch regelbasiert bzw. prädikativ)		
Die Programmierung wird als Beweisen in einem System von Tatsachen und Schlussfolgerungen aufgefasst. Über Regeln lassen sich dann auch Aktionen veranlassen. Die Grundform einer Regel lautet: Wenn A dann B. A steht für eine wahre Aussage. B ist entweder auch eine wahre Aussage, die aus A gefolgert wird, oder eine Aktion, die durch A initiiert wird.	Prolog 1 und 2 (Programming logic)	1972/ 1980

Web-Seitengestaltung

HTML-Befehle (Auswahl)

Tag	Beschreibung
Grundlagen	
`<html>...</html>`	Jedes HTML-Dokument beginnt mit dem tag `<html>` und schließt mit dem tag `</html>`. Es gliedert sich in die Teile head und body.
`<head>...</head>`	Enthält Informationen über die Seite und deren Verwaltung, die aber nicht auf der Seite ausgedruckt werden.
`<title>`*Text*`</title>`	Können innerhalb von head benutzt werden. *Text* gibt den Titel der Seite an, dieser erscheint in der Fensterleiste.
`<body>...</body>`	Der sichtbare Inhalt einer HTML-Seite (Text und Bilder) wird zwischen `<body>` und `</body>` eingegeben.
Textgestaltung	
` `	Einfügen eines Zeilenumbruchs.
`<hr size="n">`	Erzeugen einer horizontalen Linie. Mit size „n" kann die Höhe der Linie in Pixel eingestellt werden.
`<h1>`*Text*`</h1>` bis `<h6>`*Text*`</h6>`	Der *Text* wird als Überschrift dargestellt. Die Größe ist zwischen 1 und 6 wählbar.
`<b>`*Text*`</b>`	Der *Text* wird halbfett dargestellt.
`<p>`*Text*`</p>`	Der *Text* gehört zu einem Absatz.
Tabellen	
`<table>`*Tabelle*`</table>`	Definieren Anfang und Ende einer Tabelle.
`<tr>`*Zeile der Tabelle*`</tr>`	Es wird eine Tabellenzeile erzeugt.
`<td>`*Zelleninhalt*`</td>`	Damit werden innerhalb einer Tabellenzeile die Daten aufgeführt.
`<th>`*Überschrift*`</th>`	Damit wird eine Kopfzeile in die Tabelle eingefügt.
`<table border=n>`*Tabelle*`</table>`	Es wird ein Rahmen um die *Tabelle* mit der Linienstärke n gezogen.
Links	
`<a href="Ziel">`*Text*`</a>`	*Text* wird andersfarbig oder unterstrichen dargestellt, das Ziel ist die Sprungadresse.
Grafiken	
`<img src="Dateiname">`	Das Bild „*Dateiname*" wird eingefügt.

HTML (engl. Hypertext Markup Language)

Cascading Style Sheet (CSS)

Allgemeine Syntax: Selektor {Eigenschaft : Wert;}   Beispiel: h1 {color : red;}

Selektoren kennzeichnen die jeweilige Anweisung. Sie können als *HTML*-Selektor (z. B. h1), als *Klassenselektor* (.Klassenname) oder als *ID-Selektor* (#IDName) angegeben werden.
Eigenschaften geben an, was definiert werden soll. Werte werden den Eigenschaften zugewiesen.
Eigenschaften und Werte werden zusammen als **Deklaration** bezeichnet. Diese wird in "{...}" gesetzt und durch ein " ; " abgeschlossen.

Einbindung von CSS-Anweisungen

Extern	Formate können in einer separaten Textdatei (formate.css) definiert werden, diese gelten dann für alle HTML-Dateien, die auf diese CSS-Datei verweisen. Änderungen in der CSS-Datei wirken sich auf alle eingebundenen HTML-Dateien aus.	```<html>\n<head><title>...</title>\n<link rel="stylesheet" type="text/css" href="formate.css">\n</head>\n<body>\n</body>\n</html>```
Head	Formate werden im Abschnitt head definiert. Diese Formate sind nur für diese eine HTML-Datei gültig.	```<html>\n<head><title>...</title>\n<style> h1 {font-size: 12 pt; color: blue; font-family: arial;}\n</style>\n</head>\n<body>\n</body>\n</html>```
Inline	Format wird nur für ein einzelnes HTML-tag definiert. Es gilt damit für das betreffende tag an dieser Position.	```<h1 style="text-indent: 12pt;"```

CSS-Referenzen (Auswahl)

	Eigenschaft	Wert (Beispiel)	Beschreibung
Schrift/Text	font-family	Arial	Legt die Schriftart fest.
	font-style	italic	Legt den Schriftstil fest.
	font-size	44pt	Legt die Schriftgröße fest.
	text-align	right	Legt die Ausrichtung des Textes fest.
Farben	color	red	Legt die Vordergrundfarbe fest.
	background-color	blue	Legt die Hintergrundfarbe fest.
Abstand/ Rand	margin	12pt	Legt Abstand für alle Seiten eines Elements fest.
	margin-left	10pt	Legt Abstand nach links fest.
	margin-top	20pt	Legt Abstand nach oben fest.
Rahmen	border	thin	Legt Aussehen eines Rahmens fest.
	border-style	outset	Legt den Rahmenstyp fest.
Sound	cue	url(audio.wav)	Legt Sound vor und nach einem Element fest.
	play-during	url(audio.wav)	Legt Hintergrund-Sound fest.
	voice-family	child	Legt Sprachausgabe (female, male und child) fest.

Astronomie

Konstanten, Einheiten und Werte

Konstanten

Größe	Formelzeichen	Wert
Gravitationskonstante	γ, G, f	$6,673 \cdot 10^{-11}$ m^3/(kg · s^2)
Solarkonstante	S	$1,368$ kW/m^2
Hubble-Konstante	H	$50 \ldots 100$ km/(s · Mpc)
Masseverhältnis Erde – Mond	$m_\mathrm{E}/m_\mathrm{M}$	$81,2$
Masseverhältnis Sonne – Erde	$m_\mathrm{S}/m_\mathrm{E}$	$332\,964,0$
Schiefe der Ekliptik (für das Jahr 2000)	ε	$23° \, 26' \, 21,488''$
Nutationskonstante (für das Jahr 2000)	N	$9,205\,5''$
Sonnenparallaxe	p_S	$8,794\,148''$
Aberrationskonstante (für das Jahr 2000)	$\bar{k}$	$20,495\,52''$

Einheiten der Länge

Name der Einheit	Einheitenzeichen	Beziehungen
Astronomische Einheit	AE	$1\,\mathrm{AE} = 149,6 \cdot 10^9\,\mathrm{m} = 4,85 \cdot 10^{-6}\,\mathrm{pc} = 15,8 \cdot 10^{-6}\,\mathrm{Lj}$
Parsec	pc	$1\,\mathrm{pc} = 30,857 \cdot 10^{15}\,\mathrm{m} = 0,206 \cdot 10^6\,\mathrm{AE} = 3,26\,\mathrm{Lj}$
Lichtjahr	Lj, ly	$1\,\mathrm{Lj} = 9,460\,5 \cdot 10^{15}\,\mathrm{m} = 63,239 \cdot 10^3\,\mathrm{AE} = 0,306\,6\,\mathrm{pc}$

Einheiten der Zeit

Tropisches Jahr	365 d 5 h 48 min 46 s
Siderisches Jahr	365 d 6 h 9 min 9 s
Siderischer Monat	27,322 d (27 d 7 h 43 min 12 s)
Synodischer Monat	29,53 d (29 d 12 h 44 min 3 s)
Sterntag	23 h 56 min 4,091 s = 86 164,091 s = 0,997 27 d
Sonnentag	1 d = 24 h = 86 400 s

Ausgewählte Zeitzonen

Zeitzone	Vergleich zur MGZ
Mittlere Greenwicher Zeit (MGZ)	= Westeuropäische Zeit (WEZ)
Mitteleuropäische Zeit	MGZ + 1 Stunde
Osteuropäische Zeit	MGZ + 2 Stunden
Atlantic Standard Time	MGZ – 4 Stunden
Pacific Standard Time	MGZ – 8 Stunden

Erde

Größe	Formelzeichen	Wert
Radius am Äquator Radius am Pol	$r_{\text{Ä}}$ r_{P}	6 378 km 6 357 km
Abplattung Volumen Masse	$(r_{\text{Ä}} - r_{\text{P}}) : r_{\text{Ä}}$ V_{E} m_{E}	0,003 3 $1,083 \cdot 10^{12}$ km³ $5,976 \cdot 10^{24}$ kg
Mittlere Dichte Normfallbeschleunigung Luftdruck in Meereshöhe (Normdruck)	ϱ_{E} g_{n} p_{n}	5,52 g/cm³ 9,806 65 m/s² 101,3 kPa = 1 013 hPa
Mittlere Entfernung von der Sonne Mittlere Bahngeschwindigkeit Siderische Umlaufzeit um die Sonne	r, S_{S} v_{E} T_{sid}	$149,6 \cdot 10^6$ km = 1 AE 29,79 km/s 365,26 d

Mond

Größe	Formelzeichen	Wert
Mittlere Entfernung von der Erde Mittlerer scheinbarer Radius Radius	s_{M} R'_{M} R_{M}	384 400 km ≈ 60,3 Erdradien $15' 32,6'' = 0,259°$ 1 738 km ≈ 0,272 5 Erdradien
Volumen Masse Mittlere Dichte	V_{M} m_{M} ϱ_{M}	$2,192 \cdot 10^{10}$ km³ ≈ $0,02\ V_{\text{E}}$ $7,35 \cdot 10^{22}$ kg = $0,012\ 3\ m_{\text{E}}$ 3,34 g/cm³ = $0,61\ \varrho_{\text{E}}$
Fallbeschleunigung an der Oberfläche Mittlere Bahngeschwindigkeit Bahnneigung gegen die Erdbahn Siderische Umlaufzeit um die Erde	g_{M} v_{M} T_{sid}	1,62 m/s² = $0,165\ g_{\text{n}}$ 1,02 km/s $5° 8' 43''$ 27,322 d

Planeten des Sonnensystems

Planet	Symbol	Mittlere Bahn-geschwindigkeit in km · s⁻¹	Mittlere Entfernung von der Sonne in 10⁶ km	Äquator-durchmesser in km	Masse in Erdmassen $(5,976 \cdot 10^{24}$ kg)	Mittlere Dichte in g · cm⁻³
Merkur	☿	47,8	57,9	4 878	0,06	5,43
Venus	♀	35,03	108,2	12 104	0,82	5,24
Erde	♁, ⊕	29,79	149,6	12 756	1	5,52
Mars	♂	24,13	227,9	6 794	0,11	3,93
Jupiter	♃	13,06	778,3	143 600	317,9	1,31
Saturn	♄	9,64	1 427	120 000	95,15	0,69
Uranus	♅	6,81	2 869,6	50 800	14,54	1,3
Neptun	♆	5,43	4 496,7	49 500	17,20	1,71
Pluto*	♇	4,74	5 900	2 200	0,001 7	um 2

* Seit der Neufassung des Begriffs „Planet" durch die Internationale Astronomische Union am 24.08.2006 gilt Pluto nicht mehr als Planet, sondern als Zwergplanet.

Sonne

Größe	Formelzeichen	Wert
Mittlere Entfernung zwischen Sonne und Erde	S_S	$149{,}6 \cdot 10^6$ km $= 1$ AE
Mittlerer scheinbarer Radius	R'_S	$16'\,1{,}2'' = 0{,}267°$
Radius	R_S	$700\,000$ km $= 109$ Erdradien
Volumen	V_S	$1{,}414 \cdot 10^{18}$ km$^3 = 1{,}3 \cdot 10^6\,V_E$
Masse	m_S	$2 \cdot 10^{30}$ kg $= 3{,}35 \cdot 10^5\,m_E$
Mittlere Dichte	ϱ_S	$1{,}41$ g/cm$^3 = 0{,}26\,\varrho_E$
Fallbeschleunigung an der Oberfläche	g_S	274 m/s$^2 = 27,94\,g_n$
Oberflächentemperatur	T	$\approx 6\,000$ K

Einige Daten unseres Milchstraßensystems (Galaxis)

Durchmesser der diskusähnlichen Scheibe	$30\,000$ pc
Dicke – in den Randgebieten – im zentralen Kern	$1\,000$ pc $5\,000$ pc
Mittlere Dichte	$\approx 10^{-23}$ g/cm^3
Abstand der Sonne vom Zentrum der „Scheibe" Zeit für einen vollen Umlauf der Sonne um das Zentrum Umlaufgeschwindigkeit der Sonne um das Zentrum	$\approx 10\,000$ pc $\approx 32\,600$ Lj ≈ 250 Mio. Jahre ≈ 250 km /s
Mit bloßem Auge sichtbare Sterne Gesamtanzahl der Sterne	$\approx 6\,000$ ≈ 100 Mrd.

Scheinbare Helligkeiten einiger Sterne

Stern (Sternbild)	Scheinbare Helligkeit	Farbe	Entfernung
Sirius (Großer Hund)	$-1{,}46^m$	weiß	8,8 Lj
Wega (Leier)	$0{,}04^m$	weiß	26 Lj
Rigel (Orion)	$0{,}12^m$	weiß	880 Lj
Atair (Adler)	$0{,}77^m$	gelblich	16,1 Lj
Aldebaran (Stier)	$0{,}85^m$	orange	68 Lj
Spica (Jungfrau)	$0{,}97^m$	bläulich	274 Lj
Pollux (Zwillinge)	$1{,}21^m$	orange	36 Lj

Radien und mittlere Dichten von Sternen

Stern	Radius in Sonnenradien	Mittlere Dichte in g/cm^3
Überriesen	20 bis 750	10^{-7}
Riesen	3 bis 40	10^{-5} bis 10^{-2}
Massereiche Hauptreihensterne	1 bis 8	10^{-2}
Massearme Hauptreihensterne	0,2 bis 1	1 bis 3
Weiße Zwerge	$\approx 0{,}01$	10^5

Formeln

Grundlegende Größen

Fluchtgeschwindigkeit v eines Sternsystems (Gesetz von Hubble)	$v = H \cdot r$	H r	Hubble-Konstante Entfernung des Sternsystems
Zusammenhang zwischen scheinbarer Helligkeit, absoluter Helligkeit und Entfernung eines Sterns	$m - M = 5 \cdot \lg r - 5$	m M r	scheinbare Helligkeit absolute Helligkeit Entfernung des Sterns in pc
Leuchtkraft L	$L = \dfrac{E}{t}$	E t	ausgestrahlte Energie Zeit
Zusammenhang zwischen Parallaxe und Entfernung eines Sterns	$r = \dfrac{1}{p}$	r p	Entfernung des Sterns in pc Parallaxe in Bogensekunden

Die Kepler'schen Gesetze

Erstes Kepler'sches Gesetz	Alle Planeten bewegen sich auf Ellipsenbahnen, in deren einem Brennpunkt die Sonne steht.	A t	vom Leitstrahl überstrichene Fläche erforderliche Zeit
Zweites Kepler'sches Gesetz	$\dfrac{\Delta A}{\Delta t} = \text{konst.};\qquad \dfrac{\Delta A_1}{\Delta t_1} = \dfrac{\Delta A_2}{\Delta t_2}$		
Drittes Kepler'sches Gesetz	$\dfrac{T_1^2}{T_2^2} = \dfrac{a_1^3}{a_2^3}$	T a	Umlaufzeit große Halbachse der Planetenbahn
Numerische Exzentrizität ε (für Ellipse)	$\varepsilon = \dfrac{e}{a}$	e	lineare Exzentrizität

Das Gravitationsgesetz

Gravitationsgesetz, Gravitationskraft F	$F = \gamma \cdot \dfrac{m_1 \cdot m_2}{r^2}$	γ m_1, m_2 r	Gravitationskonstante Massen der Körper Abstand der beiden Massenmittelpunkte

Kosmische Geschwindigkeiten

1. kosmische Geschwindigkeit (Kreisbahn an der Erdoberfläche)	$v_K = \sqrt{\gamma \dfrac{m_E}{r_E}} = 7,9 \text{ km/s}$	γ m_E r_E v_{P1}	Gravitationskonstante Masse der Erde Radius der Erde Parabelgeschwindigkeit für die Erde 11,2 km/s
2. kosmische Geschwindigkeit (Fluchtgeschwindigkeit aus dem Gravitationsfeld der Erde)	$v_P = \sqrt{2\gamma \dfrac{m_E}{r_E}} = 11,2 \text{ km/s}$	v_{P2}	12,4 km/s
3. kosmische Geschwindigkeit (Hyperbel, Fluchtgeschwindigkeit aus dem Gravitationsfeld der Sonne)	$v_H = \sqrt{v_{P1}^2 + v_{P2}^2} = 16,7 \text{ km/s}$		

Physik

Basiseinheiten des Internationalen Einheitensystems (SI)

Name	Zeichen	Definition
Meter	m	**Das Meter** ist die Länge der Strecke, die Licht im Vakuum während der Dauer von $^1/_{299\,792\,458}$ Sekunde durchläuft.
Kilogramm	kg	**Das Kilogramm** ist die Masse des internationalen Kilogrammprototyps.
Sekunde	s	**Die Sekunde** ist die Dauer von 9 192 631 770 Perioden der Strahlung, die dem Übergang zwischen den beiden Hyperfeinstrukturniveaus des Grundzustandes des Atoms Caesium 133 entspricht.
Ampere	A	**Das Ampere** ist die Stärke des zeitlich unveränderten elektrischen Stromes durch zwei geradlinige, parallele, unendlich lange Leiter von vernachlässigbarem Querschnitt, die den Abstand 1 m haben und zwischen denen die durch den Strom elektrodynamisch hervorgerufene Kraft im leeren Raum je 1 m Länge der Doppelleitung $2 \cdot 10^{-7}$ N beträgt.
Kelvin	K	**Das Kelvin** ist der 273,16te Teil der thermodynamischen Temperatur des Tripelpunktes von Wasser.
Mol	mol	**Das Mol** ist die Stoffmenge eines Systems, das aus ebenso vielen Einzelteilchen besteht, wie Atome in 0,012 kg des Kohlenstoffnuklids ^{12}C enthalten sind.
Candela	cd	**Die Candela** ist die Lichtstärke in einer bestimmten Richtung einer Strahlungsquelle, die monochromatische Strahlung der Frequenz $540 \cdot 10^{12}$ Hertz aussendet und deren Strahlstärke in dieser Richtung $^1/_{683}$ Watt durch Steradiant beträgt.

Mechanik

Größen und Einheiten der Mechanik

Größe	Formelzeichen	Name der Einheit	Einheitenzeichen	Beziehungen zwischen den Einheiten
Arbeit, Energie	W, E	Joule	J	$1\,\mathrm{J} = 1\,\mathrm{N \cdot m} = 1\,\dfrac{\mathrm{kg \cdot m^2}}{\mathrm{s^2}}$
		Newtonmeter	N · m	$1\,\mathrm{N \cdot m} = 1\,\mathrm{J}$
		Wattsekunde	W · s	$1\,\mathrm{W \cdot s} = 1\,\mathrm{J}$
		Kilowattstunde	kW · h	$1\,\mathrm{kW \cdot h} = 3{,}6 \cdot 10^6\,\mathrm{W \cdot s}$

Größe	Formelzeichen	Name der Einheit	Einheitenzeichen	Beziehungen zwischen den Einheiten
Beschleunigung	a	Meter durch Quadratsekunde	$\dfrac{m}{s^2}$	
Dichte	ϱ	Kilogramm durch Kubikmeter Gramm durch Kubikzentimeter	$\dfrac{kg}{m^3}$ $\dfrac{g}{cm^3}$	$1\dfrac{kg}{m^3}=0{,}001\dfrac{g}{cm^3}$ $1\dfrac{g}{cm^3}=1\dfrac{kg}{dm^3}=1\dfrac{t}{m^3}$
Drehimpuls	L	Newtonmetersekunde	$N\cdot m\cdot s$	$1\,N\cdot m\cdot s=1\dfrac{kg\cdot m^2}{s}$
Drehmoment	M	Newtonmeter	$N\cdot m$	$1\,N\cdot m=1\dfrac{kg\cdot m^2}{s^2}$
Druck	p	Pascal Bar	Pa bar	$1\,Pa=1\dfrac{N}{m^2}=1\dfrac{kg}{m\cdot s^2}$ $1\,bar=100\,000\,Pa=10^5\,Pa$
Drehzahl	n	durch Sekunde	$\dfrac{1}{s}$	$\dfrac{1}{s}=60\dfrac{1}{min}$
Federkonstante	D, k	Newton durch Meter	$\dfrac{N}{m}$	$1\dfrac{N}{m}=1\dfrac{kg}{s^2}$
Fläche, Flächeninhalt	A	Quadratmeter	m^2	$1\,m^2=1\,m\cdot 1\,m$
Frequenz	f, v	Hertz	Hz	$1\,Hz=\dfrac{1}{s}$
Geschwindigkeit	v	Meter durch Sekunde Kilometer durch Stunde	$\dfrac{m}{s}$ $\dfrac{km}{h}$	$1\dfrac{km}{h}=\dfrac{1}{3{,}6}\dfrac{m}{s}$
Impuls	p	Kilogrammmeter durch Sekunde	$\dfrac{kg\cdot m}{s}$	$1\dfrac{kg\cdot m}{s}=1\,N\cdot s$
Kraft	F	Newton	N	$1\,N=1\dfrac{kg\cdot m}{s^2}$
Länge	l	**Meter**	**m**	**Basiseinheit**
Leistung, Energiestrom	P	Watt	W	$1\,W=1\dfrac{J}{s}=1\dfrac{N\cdot m}{s}=1\dfrac{kg\cdot m^2}{s^3}$
Masse	m	**Kilogramm** Tonne Karat	**kg** t Kt	**Basiseinheit** $1\,t\;=10^3\,kg$ $1\,Kt=0{,}2\,g$
Schwingungsdauer, Periodendauer	T	Sekunde	s	

Größe	Formel-zeichen	Name der Einheit	Einheiten-zeichen	Beziehungen zwischen den Einheiten
Trägheitsmoment	J	Kilogramm mal Quadratmeter	$\mathrm{kg \cdot m^2}$	
Volumen	V	Kubikmeter Liter	$\mathrm{m^3}$ l	$1\,\mathrm{m^3} = 1\,\mathrm{m} \cdot 1\,\mathrm{m} \cdot 1\,\mathrm{m}$ $1\,\mathrm{l} = 0{,}001\,\mathrm{m^3} = 10^{-3}\,\mathrm{m^3} = 1\,\mathrm{dm^3}$
Wellenlänge	λ	Meter	m	
Winkel-beschleunigung	α	Radiant durch Quadratsekunde	$\dfrac{\mathrm{rad}}{\mathrm{s^2}}$	$1\,\dfrac{\mathrm{rad}}{\mathrm{s^2}} = \dfrac{1}{\mathrm{s^2}}$
Winkel-geschwindigkeit	ω	Radiant durch Sekunde	$\dfrac{\mathrm{rad}}{\mathrm{s}}$	$1\,\dfrac{\mathrm{rad}}{\mathrm{s}} = \dfrac{1}{\mathrm{s}}$
Kreisfrequenz		Eins durch Sekunde	$\dfrac{1}{\mathrm{s}}$	
Zeit	t	**Sekunde** Minute Stunde Tag Jahr	**s** min h d a	**Basiseinheit** $1\,\mathrm{min} = 60\,\mathrm{s}$ $1\,\mathrm{h} = 60\,\mathrm{min} = 3\,600\,\mathrm{s}$ $1\,\mathrm{d} = 24\,\mathrm{h} = 1\,440\,\mathrm{min} = 86\,400\,\mathrm{s}$ $1\,\mathrm{a} = 365{,}242\,\mathrm{d} = 31\,556\,926\,\mathrm{s}$

Größen und Einheiten der Akustik

Größe	Formel-zeichen	Name der Einheit	Einheiten-zeichen	Beziehungen zwischen den Einheiten
Lautstärkepegel	$L_\mathrm{N}, L_\mathrm{S}$	Phon	phon	
Schalldruckpegel	L_P	Dezibel	dB	
Schallintensität	I	Watt durch Quadratmeter	$\dfrac{\mathrm{W}}{\mathrm{m^2}}$	$1\,\dfrac{\mathrm{W}}{\mathrm{m^2}} = 1\,\dfrac{\mathrm{kg}}{\mathrm{s^3}}$

Kraft, Geschwindigkeit, Beschleunigung

Zusammensetzung von zwei Kräften $\vec{F}_1$ und $\vec{F}_2$			
$\vec{F}_1$ und $\vec{F}_2$ sind gleich gerichtet.	$\vec{F}_1$ und $\vec{F}_2$ sind entgegengesetzt gerichtet.	$\vec{F}_1$ und $\vec{F}_2$ stehen senkrecht aufeinander.	$\vec{F}_1$ und $\vec{F}_2$ bilden einen beliebigen Winkel α miteinander.
$F_\mathrm{R} = F_1 + F_2$	$F_\mathrm{R} = F_1 - F_2$	$F_\mathrm{R} = \sqrt{F_1^2 + F_2^2}$	$F_\mathrm{R} = \sqrt{F_1^2 + F_2^2 + 2F_1 \cdot F_2 \cdot \cos\alpha}$
F_R Betrag der resultierenden Kraft			

Gleichgewichtsbedingung	
für einen Massenpunkt $\sum\limits_{i=1}^{n} \vec{F}_i = 0$ $\vec{F}_i$ Kräfte	für einen drehbaren starren Körper $\sum\limits_{i=1}^{n} \vec{M}_i = 0$ und $\sum\limits_{i=1}^{n} \vec{F}_i = 0$ $\vec{M}_i$ Drehmomente

Grundgesetze der Dynamik

Für die Translation	Für die Rotation
$\vec{F} = m \cdot \vec{a}$ F Kraft m Masse a Beschleunigung	$\vec{M} = J \cdot \vec{\alpha}$ M Drehmoment J Trägheitsmoment α Winkelbeschleunigung

Rotation eines starren Körpers

Drehmoment M	Trägheitsmoment J	Drehimpuls L
$\vec{M} = \vec{r} \times \vec{F}$ F Kraft r Radius Unter der Bedingung $\vec{r} \perp \vec{F}$ gilt: $M = F \cdot r$	$J = \int r^2 \, dm$ r Radius m Masse	$\vec{L} = J \cdot \vec{\omega}$ J Trägheitsmoment ω Winkelgeschwindigkeit

Körper	Trägheitsmoment	Körper	Trägheitsmoment
Massenpunkt	$J = m \cdot r^2$	Hohlzylinder	$J = \frac{1}{2} m \cdot (r_a^2 + r_i^2)$
Dünner Kreisring	$J = m \cdot r^2$	Kugel	$J = \frac{2}{5} m \cdot r^2$
Vollzylinder	$J = \frac{1}{2} m \cdot r^2$	Langer dünner Stab	$J = \frac{1}{12} m \cdot l^2$

Bewegungsgesetze der Translation

Gleichförmige geradlinige Bewegung	$s = v \cdot t + s_0; \quad v = \dfrac{\Delta s}{\Delta t}; \quad a = 0$	s Weg v Geschwindigkeit t Zeit s_0 Anfangsweg bei $t = 0$ a Beschleunigung v_0 Anfangsgeschwindigkeit bei $t = 0$
Gleichmäßig beschleunigte geradlinige Bewegung	$s = \dfrac{a}{2} \cdot t^2 + v_0 \cdot t + s_0$ $v = a \cdot t + v_0; \quad a = \dfrac{\Delta v}{\Delta t} = \text{konst.}$ Bei der Bedingung $s_0 = 0$ und $v_0 = 0$ gilt: $s = \dfrac{a}{2} \cdot t^2; \quad v = a \cdot t; \quad v = \sqrt{2a \cdot s}; a = \dfrac{v}{t}$ Für den freien Fall gilt: $s = \dfrac{g}{2} \cdot t^2; \quad v = g \cdot t; \quad v = \sqrt{2g \cdot s}$	$s \sim t^2 \qquad v \sim t \qquad a = \text{konst.}$

Ungleichmäßig beschleunigte geradlinige Bewegung		
Momentangeschwindigkeit	$v = \dfrac{ds}{dt} = \dot{s}$	$s = s(t)$ Weg-Zeit-Funktion
Momentanbeschleunigung	$a = \dfrac{dv}{dt} = \dot{v} = \dfrac{d^2 s}{dt^2} = \ddot{s}$	$v = v(t)$ Geschwindigkeit-Zeit-Funktion
Weg-Zeit-Gesetz	$s = s_0 + \displaystyle\int_{t_0}^{t} v \, dt$	
Geschwindigkeit-Zeit-Gesetz	$v = v_0 + \displaystyle\int_{t_0}^{t} a \, dt$	

Bewegungsgesetze der Rotation

Größen	Gleichförmige Rotation	Gleichmäßig beschleunigte Rotation
Drehwinkel δ	$\delta = \omega \cdot t + \delta_0$	$\delta = \dfrac{\alpha}{2} \cdot t^2 + \omega_0 \cdot t + \delta_0$ $\delta = \dfrac{\alpha}{2} \cdot t^2 = \dfrac{\omega \cdot t}{2}$ $(\omega_0 = 0; \delta_0 = 0)$
Winkelgeschwindigkeit ω	$\omega = \text{konst.}$ $\omega = \dfrac{\Delta \delta}{\Delta t} = \dfrac{2\pi}{T} = 2\pi \cdot n;$ $\omega = \dfrac{v}{r}$	$\omega = \alpha \cdot t + \omega_0$ $\omega = \alpha \cdot t$ $(\omega_0 = 0)$
Winkelbeschleunigung α	$\alpha = 0$	$\alpha = \text{konst.}$ $\alpha = \dfrac{\Delta \omega}{\Delta t};$ $\alpha = \dfrac{a}{r}$

Gleichförmige Kreisbewegung

Geschwindigkeit	$v = \dfrac{2\pi \cdot r}{T} = 2\pi \cdot r \cdot n = \omega \cdot r$	r Kreisradius T Umlaufzeit n Drehzahl ω Winkelgeschwindigkeit
Radialbeschleunigung (Zentripetalbeschleunigung)	$\alpha_r = \dfrac{v^2}{r} = \omega^2 \cdot r$	

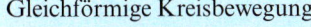

Wurfbewegungen

Wurfart	Gesetze und Gleichungen		
Senkrechter Wurf		*Wurfrichtung nach oben*	*Wurfrichtung nach unten*
	Ort-Zeit-Gesetz	$y = v_0 \cdot t - \dfrac{g}{2} \cdot t^2$	$y = -v_0 \cdot t - \dfrac{g}{2} \cdot t^2$
	Geschwindigkeit-Zeit-Gesetz	$v = v_0 - g \cdot t$	$v = -v_0 - g \cdot t$
	Steigzeit t_h	$t_h = \dfrac{v_0}{g}$	
	Steighöhe s_h	$s_h = \dfrac{v_0^2}{2g}$	
Waagerechter Wurf	Ort-Zeit-Gesetz	$x = v_0 \cdot t; \quad y = -\dfrac{g}{2} \cdot t^2$	
	Geschwindigkeit-Zeit-Gesetz	$v = \sqrt{v_0^2 + g^2 \cdot t^2}$	
	Wurfparabel	$y = -\dfrac{g}{2v_0^2} \cdot x^2$	v_F Geschwindigkeit im freien Fall
Schräger Wurf	Ort-Zeit-Gesetz	$x = v_0 \cdot t \cdot \cos\alpha; \quad y = -\dfrac{g}{2} \cdot t^2 + v_0 \cdot t \cdot \sin\alpha$	
	Geschwindigkeit-Zeit-Gesetz	$v = \sqrt{v_0^2 + g^2 \cdot t^2 - 2v_0 \cdot g \cdot t \cdot \sin\alpha}$	
	Wurfparabel	$y = -\dfrac{g}{2} \cdot \dfrac{x^2}{v_0^2 \cdot \cos^2\alpha} + x \cdot \tan\alpha$	
	Wurfweite s_w	$s_w = \dfrac{v_0^2 \cdot \sin 2\alpha}{g}$	
	Wurfhöhe s_h	$s_h = \dfrac{v_0^2 \cdot \sin^2\alpha}{2g}$	
	Steigzeit t_h	$t_h = \dfrac{v_0 \cdot \sin\alpha}{g}$	v_0 Anfangsgeschwindigkeit

Kräfte in der Mechanik

Gewichtskraft F_G	$F_G = m \cdot g$	m	Masse
		g	Fallbeschleunigung
Reibungskraft F_R		F_N	Normalkraft
Gleitreibungskraft F_{GR}	$F_{GR} = \mu_{GR} \cdot F_N$	μ_{GR}	Gleitreibungszahl
Haftreibungskraft F_{HR}	$F_{HR} = \mu_{HR} \cdot F_N$	μ_{HR}	Haftreibungszahl
	$F_{RR} = \mu_{RR} \cdot \dfrac{F_N}{r}$	μ_{RR}	Rollreibungszahl
Rollreibungskraft F_{RR}		r	Radius des rollenden Körpers

Radialkraft F_r Zentripetalkraft F_Z	$F_r = \dfrac{m \cdot v^2}{r} = m \cdot a_r$ $F_r = \dfrac{4\pi^2 \cdot m \cdot r}{T^2} = m \cdot \omega^2 \cdot r$	m	Masse
		v	Geschwindigkeit
		r	Radius
		a_r	Radialbeschleunigung (Zentripetalbeschleunigung)
		T	Umlaufzeit
		ω	Winkelgeschwindigkeit
		D	Federkonstante
		s	Verlängerung
		ϱ	Dichte der Flüssigkeit/des Gases
		V	Volumen des Körpers
		g	Fallbeschleunigung
Federspannkraft F_S (Hooke'sches Gesetz)	$F_S = D \cdot s$		
Auftriebskraft F_A	$F_A = \varrho \cdot V \cdot g$		

Reibungszahlen (Richtwerte)

Werkstoffe	Haftreibungszahl μ_{HR}	Gleitreibungszahl μ_{GR}
Stahl auf Stahl	0,15	0,03 … 0,09
Stahl auf Gusseisen	0,18	0,16
Stahl auf Eis	0,03	0,01
Gummireifen auf Asphalt, trocken	< 0,9	< 0,3
Gummireifen auf Asphalt, nass	< 0,5	< 0,15
Gummireifen auf Beton, trocken	< 1,0	< 0,5
Gummireifen auf Beton, nass	< 0,6	< 0,3
Holz auf Holz	0,5 … 0,65	0,2 … 0,4
Metall auf Holz	0,5 … 0,6	0,2 … 0,5
Leder auf Metall (Dichtungen)	0,6	0,25

Werkstoffe	Rollreibungszahl μ_{RR} in cm	Werkstoffe	Rollreibungszahl μ_{RR} in cm
Gummireifen auf Asphalt	0,002	Eisenreifen auf Schotter	0,04
Gummireifen auf Pflaster	0,05	Eisenreifen auf Pflaster	0,02
Eisenreifen auf Asphalt	0,01	Stahlreifen auf Schienen	0,006

Arbeit, Energie, Leistung

Mechanische Arbeit W	$W = \int_{s_1}^{s_2} F(s)\,\mathrm{d}s$ wenn $F \neq$ konst.; $\sphericalangle\,(\vec{F}; \vec{s}) = 0$ $W = F \cdot s$ wenn $F =$ konst.; $\sphericalangle\,(\vec{F}; \vec{s}) = 0$ $W = F \cdot s \cdot \cos\alpha$ wenn $F =$ konst.; $\sphericalangle\,(\vec{F}; \vec{s}) = \alpha$	F	Kraft
		s	Weg
		F_G	Gewichtskraft
		m	Masse
		g	Fallbeschleunigung
Hubarbeit W_{Hub}	$W_{Hub} = F_G \cdot s$; $W_{Hub} = m \cdot g \cdot h$	h	Höhe
		F_R	Reibungskraft
Reibungsarbeit W_R	$W_R = F_R \cdot s$; $W_{GR} = \mu_{GR} \cdot F_N \cdot s$ $W_{RR} = \dfrac{\mu_{RR}}{r} \cdot F_N \cdot s$	F_N	Normalkraft
		μ_{GR}	Gleitreibungszahl
		μ_{RR}	Rollreibungszahl

Volumenarbeit W_V	$W_V = -\int\limits_{V_1}^{V_2} p(V)\,\mathrm{d}V$	p Druck
		V Volumen
		F_B beschleunigende Kraft
Beschleunigungs-arbeit W_B	$W_B = F_B \cdot s; \quad W_B = m \cdot a \cdot s$	a Beschleunigung
		F_e Kraft am Ende des Spannvorgangs
Federspannarbeit W_F	$W_F = \dfrac{1}{2} F_e \cdot s; \quad W_F = \dfrac{1}{2} D \cdot s^2$	D Federkonstante
	(Bedingung: Es gilt das Hooke'sche Gesetz.)	

Mechanische Energie

Potenzielle Energie E_{pot}		Kinetische Energie E_{kin}	
im erdnahen Gravitationsfeld	einer gespannten Feder	Translation	Rotation
$E_{pot} = F_G \cdot h$ $E_{pot} = m \cdot g \cdot h$	$E_{pot} = \dfrac{1}{2} F_E \cdot s$ $E_{pot} = \dfrac{1}{2} D \cdot s^2$	$E_{kin} = \dfrac{1}{2} m \cdot v^2$	$E_{kin} = \dfrac{1}{2} J \cdot \omega^2$

Gesetz von der Erhaltung der mechanischen Energie

In einem abgeschlossenen reibungsfreien „mechanischen" System gilt: $E_{ges} = E_{pot} + E_{kin} = \text{konst.};$ $E_{pot,a} + E_{kin,a} = E_{pot,e} + E_{kin,e}$	$E_{pot,a}; E_{kin,a}$ potenzielle bzw. kinetische Energie am Anfang der Energieumwandlung $E_{pot,e}; E_{kin,e}$ potenzielle bzw. kinetische Energie am Ende der Energieumwandlung

Mechanische Leistung, Wirkungsgrad

Leistung P, Energiestrom	$P = \dfrac{\mathrm{d}W}{\mathrm{d}t}; \quad P = \dfrac{W}{t}; \quad P = \dfrac{\mathrm{d}E}{\mathrm{d}t}$ $P = \dfrac{F \cdot s}{t} = F \cdot v \quad (v \text{ und } F \text{ konst.})$	W verrichtete Arbeit
		E übertragene oder umgewandelte Energie
		t Zeit
		F Kraft
		s Weg
		v Geschwindigkeit
Wirkungsgrad η	$\eta = \dfrac{E_{ab}}{E_{zu}}; \quad \eta = \dfrac{W_{ab}}{W_{zu}}; \quad \eta = \dfrac{P_{ab}}{P_{zu}}$	E_{ab}, W_{ab}, P_{ab} Beträge der abgegebenen, nutzbaren Energie, Arbeit, Leistung
		E_{zu}, W_{zu}, P_{zu} zugeführte, aufgewandte Energie, Arbeit, Leistung

Impuls, Drehimpuls

Impuls $\vec{p}$ Gesamtimpuls eines Systems	$\vec{p} = m \cdot \vec{v}; \quad \vec{p} = \vec{F} \cdot \Delta t; \quad \vec{p} = \int\limits_{t_1}^{t_2} \vec{F}(t)\,\mathrm{d}t$ $\vec{p}_{ges} = \sum\limits_{i=1}^{n} m_i \cdot \vec{v}_i; \quad \vec{p}_{ges} = \sum\limits_{i=1}^{n} \vec{p}_i$	F konstante Kraft
		Δt Zeitdauer
		$F(t)$ zeitabhängige Kraft
		m Masse
		v Geschwindigkeit
		J_A Trägheitsmoment (für eine feste Achse)
Drehimpuls $\vec{L}$ Drehmoment und Drehimpulsänderung	$\vec{L} = J_A \cdot \vec{\omega}$ $\Delta\vec{L} = \vec{M} \cdot \Delta t$	ω Winkelgeschwindigkeit
		M Drehmoment

Gesetz von der Erhaltung des Drehimpulses	Zusammenhang zwischen Kraft $\vec{F}$ und Impuls $\vec{p}$
$\vec{L} = \sum\limits_{i=1}^{n} \vec{L}_i = \text{konst.}$	$\vec{F} = \dfrac{\mathrm{d}\vec{p}}{\mathrm{d}t}$
Gesetz von der Erhaltung des Impulses	
für ein abgeschlossenes mechanisches System: $\sum\limits_{k=1}^{n} \vec{p}_k = \text{konst.}$	

Stoßarten

Elastischer Stoß (vollkommen, gerade, zentral)		
Impuls	$m_1 \cdot \vec{v}_1 + m_2 \cdot \vec{v}_2 = m_1 \cdot \vec{u}_1 + m_2 \cdot \vec{u}_2$	m_1, m_2 Massen der Körper v_1, v_2 Geschwindigkeiten der Körper vor dem Stoß
Energie	$E_{\text{kin,a}} = E_{\text{kin,e}}; \quad \Delta E_{\text{kin}} = 0$	
Geschwindigkeiten nach dem Stoß	$u_1 = \dfrac{(m_1 - m_2)\, v_1 + 2\, m_2 \cdot v_2}{m_1 + m_2}$ $u_2 = \dfrac{(m_2 - m_1)\, v_2 + 2\, m_1 \cdot v_1}{m_1 + m_2}$ $v_1 + u_1 = v_2 + u_2$	u_1, u_2 Geschwindigkeiten der Körper nach dem Stoß $E_{\text{kin,a}}$ Energie vor dem Stoß $E_{\text{kin,e}}$ Energie nach dem Stoß

Unelastischer Stoß (vollkommen, gerade, zentral)		
Impuls	$m_1 \cdot \vec{v}_1 + m_2 \cdot \vec{v}_2 = (m_1 + m_2)\, \vec{u}$	m_1, m_2 Massen der Körper v_1, v_2 Geschwindigkeiten der Körper vor dem Stoß
Energie	$E_{\text{kin,a}} > E_{\text{kin,e}}$ $\Delta E_{\text{kin}} = \dfrac{1}{2}\left(m_1 \cdot v_1^2 + m_2 \cdot v_2^2\right) - \dfrac{1}{2}\, u^2 (m_1 + m_2)$ $\Delta E_{\text{kin}} = \dfrac{m_1 \cdot m_2}{2(m_1 + m_2)} \cdot (v_1 - v_2)^2$	u Geschwindigkeiten der Körper nach dem Stoß $E_{\text{kin,a}}, E_{\text{kin,e}}$ Energie vor bzw. nach dem Stoß
Geschwindigkeit nach dem Stoß	$u = \dfrac{m_1 \cdot v_1 + m_2 \cdot v_2}{m_1 + m_2}$	

Gravitation

Gravitationskraft F (Gravitationsgesetz)	$F = \gamma \cdot \dfrac{m_1 \cdot m_2}{r^2}$	$\gamma\,(G)$ Gravitationskonstante m_1, m_2 Massen der Körper r Abstand der beiden Massenmittelpunkte
Arbeit W_{G} im Gravitationsfeld	$W_{\text{G}} = \gamma \cdot m_1 \cdot m_2 \left(\dfrac{1}{r_1} - \dfrac{1}{r_2} \right)$	r_1, r_2 Abstände $\gamma = 6{,}673 \cdot 10^{-11}\,\mathrm{m}^3/(\mathrm{kg} \cdot \mathrm{s}^2)$

m_2 m_1

$\vec{F}_2$ $\vec{F}_1$

Energie E_{pot} eines Körpers im Gravitationsfeld der Erde	$E_{pot} = -\gamma \cdot \dfrac{m_E \cdot m}{r}$ (für $r > r_E$)	m_E	Masse der Erde
		m	Masse des Körpers
		r	Abstand zwischen Erdmittelpunkt und Körper
		r_E	Radius der Erde
Gravitationsfeldstärke g der Erde	$g = \dfrac{\gamma \cdot m_E}{r^2}$ (für $r > r_E$)	m_E	Masse der Erde
		r	Abstand vom Erdmittelpunkt
		r_E	Radius der Erde

Mechanische Schwingungen

Periodendauer T Schwingungsdauer T	$T = \dfrac{t}{n}$; $T = \dfrac{1}{f}$	n	Anzahl der Schwingungen
		t	Zeit
Frequenz f	$f = \dfrac{n}{t}$; $f = \dfrac{1}{T}$		
Kreisfrequenz ω	$\omega = 2\pi \cdot f$; $\omega = \dfrac{2\pi}{T}$		
Weg-Zeit-Gesetz einer harmonischen Schwingung	$y = y_{max} \cdot \sin(\omega \cdot t + \varphi_0)$	y	Auslenkung
		y_{max}	Amplitude
		ω	Kreisfrequenz
Geschwindigkeit-Zeit-Gesetz einer harmonischen Schwingung	$v = \dfrac{dy}{dt} = \dot{y}$ $v = y_{max} \cdot \omega \cdot \cos(\omega \cdot t + \varphi_0)$	t	Zeit
		φ_0	Phasenwinkel
		v	Geschwindigkeit
Beschleunigung-Zeit-Gesetz einer harmonischen Schwingung	$a = \dfrac{dv}{dt} = \dfrac{d^2y}{dt^2} = \ddot{y}$ $a = -y_{max} \cdot \omega^2 \cdot \sin(\omega \cdot t + \varphi_0)$	ω	Kreisfrequenz
		a	Beschleunigung
		v	Geschwindigkeit
		t	Zeit
		y	Auslenkung
		y_{max}	Amplitude
		δ	Abklingkoeffizient
Weg-Zeit-Gesetz einer gedämpften Schwingung	$y = -y_{max} \cdot e^{-\delta t} \cdot \sin(\omega \cdot t + \varphi_0)$		
Schwingungsdauer T eines Fadenpendels	Für kleinen Ausschlag gilt: $T = 2\pi\sqrt{\dfrac{l}{g}}$	l	Länge
		g	Fallbeschleunigung
		$g = 9{,}80665\,\text{m/s}^2$	
Schwingungsdauer T eines Federpendels	$T = 2\pi\sqrt{\dfrac{m}{D}}$	m	Masse des Körpers
		D	Federkonstante

Mechanische Wellen

Ausbreitungs-geschwindigkeit c	$c = \lambda \cdot f$	λ	Wellenlänge
		f	Frequenz
		y	Auslenkung
Wellengleichung	$y = y_{max} \cdot \sin 2\pi \left(\dfrac{t}{T} - \dfrac{x}{\lambda} \right)$	y_{max}	Amplitude
		t	Zeit
		x	Ort
		T	Periodendauer, Schwingungsdauer

Doppler-Effekt			
Ruhender Sender, bewegter Empfänger	$f' = f \left(1 \pm \dfrac{v_E}{c} \right)$	f'	vom Empfänger aufgenommene Frequenz
		f	Frequenz des Senders
Ruhender Empfänger, bewegter Sender	$f' = f \dfrac{1}{1 \mp \dfrac{v_S}{c}}$	c	Schallgeschwindigkeit
		v_S	Geschwindigkeit des Senders
		v_E	Geschwindigkeit des Empfängers
Bewegter Sender, bewegter Empfänger	$f' = f \dfrac{c \pm v_E}{c \mp v_S}$	\multicolumn{2}{l}{oberes Zeichen gilt für Annäherung, unteres Zeichen gilt für Entfernungszunahme}

Schallgeschwindigkeiten (Richtwerte für 20 °C und 101,3 kPa)

Feste Stoffe	v in $\dfrac{m}{s}$	Flüssigkeiten und Gase	v in $\dfrac{m}{s}$
Aluminium	5 100	Benzin	1 160
Beton	3 800	Leinöl	1 770
Blei	1 300	Methylalkohol	1 150
Eichenholz	4 100	Paraffinöl	1 420
Eis bei -4 °C	3 230	Petroleum	1 290
Glas	4 000 … 5 000	Quecksilber	1 460
Granit	3 950	Wasser bei 4 °C	1 400
Gummi	40	Wasser bei 20 °C	1 484
Kork	500	Ammoniak	428
Kupfer	3 900	Chlor bei 0 °C	206
Marmor	3 800	Helium	1 020
Messing	3 400	Kohlenstoffdioxid	260
PVC, weich	80	Luft bei 0 °C	331
PVC, hart	1 700	Luft bei 10 °C	337
Silber	3 650	Luft bei 20 °C	343
Stahl	5 100	Stickstoff	348
Ziegel	3 600	Wasserstoff	1 280

Mechanik der Flüssigkeiten und Gase

Druck	Dichte	Schweredruck
$p = \dfrac{F}{A}$ Bedingung: Die Kraft ist senkrecht zur Fläche gerichtet.	$\varrho = \dfrac{m}{V}$	$p = \varrho \cdot g \cdot h = \dfrac{F_G}{A}$

Barometrische Höhenformel

$$p = p_0 \cdot e^{-\varrho_0 \cdot g \cdot \frac{h}{p_0}}$$

ϱ_0 Dichte der Luft bei 0 °C und 101,325 kPa

p_0 Luftdruck in 0 m Höhe

Hydraulische Anlagen

$$\frac{F_P}{F_A} = \frac{A_P}{A_A}$$

F_P Kraft am Pumpenkolben
A_P Fläche des Pumpenkolbens
F_A Kraft am Arbeitskolben
A_A Fläche des Arbeitskolbens

Bedingung:

Vernachlässigung der Reibung

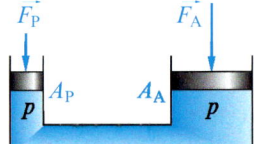

Auftrieb

Auftriebskraft

$$F_A = \varrho \cdot V \cdot g$$
(Archimedisches
Prinzip)

V Volumen der verdrängten Flüssigkeit/des verdrängten Gases
ϱ Dichte der Flüssigkeit/des Gases
g Fallbeschleunigung

Sinken	Schweben	Steigen	Schwimmen
$F_G > F_A$	$F_G = F_A$	$F_G < F_A$	$F_G = F_A$

Stationäre Strömung

$$\frac{A_1}{A_2} = \frac{v_2}{v_1}$$

A_1, A_2 Querschnittsflächen
v_1, v_2 Geschwindigkeiten der Strömung

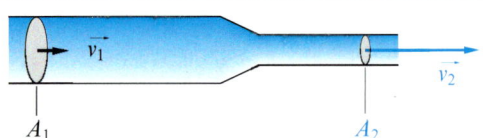

Strömungswiderstand

$$F_w = \frac{1}{2} c_w \cdot \varrho \cdot v^2 \cdot A$$

c_w Widerstandsbeiwert
ϱ Dichte des strömenden Stoffes
v Strömungsgeschwindigkeit ($\bar{v}$ senkrecht zur durchströmten Fläche A)
A Querschnittsfläche des umströmten Körpers

Dichten (↗ Chemie)

Flüssigkeiten (bei 25 °C)			
Stoff	Dichte ϱ in $\frac{g}{cm^3}$	Stoff	Dichte ϱ in $\frac{g}{cm^3}$
Aceton	0,79	Petroleum	0,76
Benzin	0,68…0,72	Quecksilber	13,53
Dieselkraftstoff	0,84	Spiritus	0,83
Erdöl	0,7…0,9	Wasser (destilliert)	0,99
Glycerin	1,26	Wasser (Meerwasser)	1,02

Gase (bei 101,325 kPa und 0 °C)			
Stoff	Dichte ϱ in $\frac{kg}{m^3}$	Stoff	Dichte ϱ in $\frac{kg}{m^3}$
Ammoniak	0,77	Luft	1,29
Chlor	3,214	Propan	2,01
Erdgas	0,73…0,83	Sauerstoff	1,429
Helium	0,179	Stickstoff	1,251
Kohlenstoffdioxid	1,977	Wasserstoff	0,0899

Feste Stoffe (bei 25 °C)			
Stoff	Dichte ϱ in $\frac{g}{cm^3}$	Stoff	Dichte ϱ in $\frac{g}{cm^3}$
Aluminium	2,70	Holz (Kiefer)	0,3…0,7
Beton	2,3	Konstantan	8,8
Blei	11,34	Kork	0,2…0,35
Diamant	3,51	Kupfer	8,96
Eis (bei 0 °C)	0,917	Lehm	1,5…1,8
Eisen	7,86	Magnesium	1,74
Glas (Fensterglas)	2,4…2,6	Papier	0,7…1,2
Glas (Quarzglas)	2,20	Porzellan	2,2…2,4
Gold	19,3	Silber	10,50
Graphit	2,26	Stahl	7,8
Hartgummi	1,2…1,8	Zink	7,14
Holz (Eiche)	0,5…1,3	Zinn	7,28

Widerstandsbeiwerte c_w einiger Körper (Kreisscheibe: $c_w = 1$)

Körper	c_w	Körper	c_w
Hohlhalbkugel (Strömung zur Höhlung)	1,4	Kugel	0,45
Hohlhalbkugel (Strömung zur Wölbung)	0,3…0,4	Pkw (geschlossen)	$\approx 0,3$
Stromlinienkörper (Strömung zur Spitze)	0,2	Rennwagen	0,15…0,2
Stromlinienkörper (Strömung zur Wölbung)	< 0,1	Fallschirm	1,4

Thermodynamik

Größen und Einheiten der Thermodynamik

Größe	Formel-zeichen	Name der Einheit	Einheiten-zeichen	Beziehungen zwischen den Einheiten
Enthalpie	H	Joule	J	$1\,J = 1\,N \cdot m = 1\,\dfrac{kg \cdot m^2}{s^2}$
Entropie	S	Joule durch Kelvin	$\dfrac{J}{K}$	$1\,\dfrac{J}{K} = 1\,\dfrac{kg \cdot m^2}{s^2 \cdot K}$

Größe	Formel-zeichen	Name der Einheit	Einheiten-zeichen	Beziehungen zwischen den Einheiten
Innere Energie	U	Joule	J	$1\,\text{J} = 1\,\text{W} \cdot \text{s} = 1\,\text{N} \cdot \text{m}$
Molare Masse	M	Kilogramm durch Mol	$\dfrac{\text{kg}}{\text{mol}}$	
Molares Volumen	V_M	Kubikmeter durch Mol	$\dfrac{\text{m}^3}{\text{mol}}$	
Spezifische Wärmekapazität	c	Joule durch Kilogramm und Kelvin	$\dfrac{\text{J}}{\text{kg} \cdot \text{K}}$	$1\,\dfrac{\text{J}}{\text{kg} \cdot \text{K}} = 1\,\dfrac{\text{W} \cdot \text{s}}{\text{kg} \cdot \text{K}}$
Stoffmenge	n	**Mol**	**mol**	**Basiseinheit**
Temperatur	T ϑ, t	**Kelvin** Grad Celsius	**K** °C	**Basiseinheit** $0\,°\text{C} = 273{,}15\,\text{K}$
Wärme	Q	Joule	J	$1\,\text{J} = 1\,\text{W} \cdot \text{s} = 1\,\text{N} \cdot \text{m}$
Wärmekapazität	C	Joule durch Kelvin	$\dfrac{\text{J}}{\text{K}}$	$1\,\dfrac{\text{J}}{\text{K}} = 1\,\dfrac{\text{W} \cdot \text{s}}{\text{K}}$

Wärme, Wärmeübertragung

Berechnung der Wärme Q Grundgleichung der Wärmelehre	$Q = m \cdot c \cdot \Delta T = C \cdot \Delta T$ (Bedingung: keine Änderung des Aggregatzustandes)	c spezifische Wärmekapazität m Masse ΔT Temperaturänderung C Wärmekapazität

Feste Stoffe und Flüssigkeiten

Spezifische Schmelzwärme q_S	$q_S = \dfrac{Q_S}{m}$	Q_S Schmelzwärme m Masse
Spezifische Verdampfungswärme q_V	$q_V = \dfrac{Q_V}{m}$	Q_V Verdampfungswärme m Masse
Längenänderung Δl	$\Delta l = \alpha \cdot l_0 \cdot \Delta T$ $l = l_0 (1 + \alpha \cdot \Delta T)$	α linearer Ausdehnungskoeffizient (Längenausdehnungskoeffizient) ΔT Temperaturänderung l_0 Anfangslänge
Volumenänderung ΔV	$\Delta V = \gamma \cdot V_0 \cdot \Delta T$ $V = V_0 (1 + \gamma \cdot \Delta T)$	γ kubischer Ausdehnungskoeffizient (Volumenausdehnungskoeffizient) V_0 Anfangsvolumen $\gamma \approx 3\,\alpha$

Eigenschaften von festen Stoffen ($\nearrow$ Chemie)

Stoff	Linearer Ausdehnungs- koeffizient α in $\frac{1}{K}$	Schmelz- temperatur ϑ_S in °C (bei 101,325 kPa)	Siede- temperatur ϑ_V in °C (bei 101,325 kPa)	Spezifische Wärme- kapazität c in $\frac{kJ}{kg \cdot K}$	Spezifische Schmelz- wärme q_S in $\frac{kJ}{kg}$
Aluminium	0,000 023	660	2 450	0,90	397
Beton	0,000 012			0,92	
Bismut	0,000 014	271	1 560	0,12	52,2
Blei	0,000 029	327	1 740	0,13	26
Diamant	0,000 001	ab 3 550	4 830	0,50	
Fensterglas	0,000 010			0,17	
Gold	0,000 014	1 063	2 970	0,13	65
Graphit	0,000 002	3 730	4 830	0,71	
Holz (Eiche)	0,000 008			2,39	
Konstantan	0,000 015			0,41	
Kupfer	0,000 016	1 083	2 600	0,39	205
Magnesium	0,000 026	650	1 110	1,02	382
Mauerwerk	0,000 005			0,86	
Platin	0,000 009	1 770	3 825	0,13	113
Porzellan	0,000 004			$\approx 0,84$	
Quarzglas	< 0,000 001	1 700		0,73	
Silber	0,000 020	961	2 212	0,23	104
Stahl	0,000 013	$\approx 1 500$		$\approx 0,47$	
Wolfram	0,000 004	3 350	5 700	0,13	192
Zink	0,000 036	419	906	0,39	111
Zinn	0,000 027	232	2 350	0,23	59

Eigenschaften von Flüssigkeiten ($\nearrow$ Chemie)

Stoff	Kubischer Ausdehnungs- koeffizient γ in $\frac{1}{K}$ (bei 18 °C)	Schmelz- temperatur ϑ_S in °C (bei 101,3 kPa)	Siede- temperatur ϑ_V in °C (bei 101,3 kPa)	Spezifische Wärme- kapazität c in $\frac{kJ}{kg \cdot K}$	Spezifische Schmelz- wärme q_S in $\frac{kJ}{kg}$	Spezifische Verdampfungs- wärme q_V in $\frac{kJ}{kg}$ (bei 101,3 kPa)
Benzol	0,001 1	5,49	80,1	1,70	127	394
Diethyl- ether	0,001 6	−116,3	34,5	2,35	98	384
Ethanol	0,001 1	−114,2	78,4	2,42	108	842
Glycerin	0,000 5	18	290	2,39	188	853
Methanol	0,001 2	−97,7	64,7	2,49	69	1 102
Petroleum	0,000 9			2,00		
Queck- silber	0,000 18	−39	357	0,14	11	285
Trichlor- methan	0,001 28	−63,5	61,2	0,95	75	245
Wasser	0,000 207	0	100	4,186	334	2 260

Eigenschaften von Gasen (↗ Chemie)

Stoff	Schmelz-temperatur ϑ_S in °C (bei 101,3 kPa) (* bei 2,6 MPa)	Siede-temperatur ϑ_V in °C (bei 101,3 kPa)	Spezifische Wärme-kapazität c_V bei konstantem Volumen in $\frac{kJ}{kg \cdot K}$	Spezifische Wärme-kapazität c_p bei konstantem Druck in $\frac{kJ}{kg \cdot K}$	Spezifische Verdampfungs-wärme q_V in $\frac{kJ}{kg}$
Ammoniak	−78	−33	1,56	2,05	1 370
Helium	−270*	−269	3,22	5,23	25
Kohlenstoffdioxid	−57	−79	0,65	0,85	574
Luft	−213	−193	0,72	1,01	190
Propan	−187,7	−42	1,36	1,55	427
Sauerstoff	−219	−183	0,65	0,92	213
Stickstoff	−210	−195,8	0,75	1,04	198
Wasserstoff	−259,3	−252,8	10,13	14,28	455

Heizwerte

Feste Brennstoffe	Heizwert in $\frac{MJ}{kg}$	Flüssige Brennstoffe	Heizwert in $\frac{MJ}{l}$	Heizwert in $\frac{MJ}{kg}$	Gasförmige Brennstoffe	Heizwert in $\frac{MJ}{m^3}$
Anthrazit	32	Benzol	35	40	Butan	134
Rohbraunkohle	8 … 12	Flugbenzin	45	59	Erdgas	19 … 54
Braunkohle-brikett	20	Erdöl	36 … 41	42 … 48	Kokereigas	20
		Dieselkraftstoff	35 … 38	41 … 44	Methan	36
Holz, trocken	15	Heizöl	42	43	Propan	102
Magerkohle	33	Methanol	16	20	Schwefelwasserstoff	24
Steinkohle	30	Petroleum	41	50	Stadtgas	18
Steinkohlenteer	36	Spiritus	32	39	Steinkohlengas	23
Torf, trocken	15	Vergaserkraftstoff	32 … 38	44 … 53	Wasserstoff	11
Zechenkoks	28 … 30					

Druckabhängigkeit der Siedetemperatur des Wassers

Druck in kPa	Siedetemperatur in °C	Druck in kPa	Siedetemperatur in °C	Druck in kPa	Siedetemperatur in °C
50	81,34	94	97,91	105	101,00
55	83,78	95	98,20	106	101,27
60	85,95	96	98,49	107	101,53
65	88,02	97	98,78	200	120,2
70	89,96	98	99,07	300	133,5
75	91,78	99	99,35	400	143,6
80	93,51	100	99,63	500	151,8
85	95,15	101	99,91	600	158,8
90	96,71	101,325	100,00	700	164,9
91	97,01	102	100,18	800	170,4
92	97,32	103	100,46	900	175,4
93	97,62	104	100,73	1 000	180,0

Ideales Gas

Normzustand	$T_n = 273{,}15\,\text{K}$ $p_n = 1{,}01325 \cdot 10^5\,\text{Pa}$ $\quad = 1{,}01325\,\text{bar}$ $V_{m,0} = 22{,}414\,\text{l/mol}$	T_p Normtemperatur p_n Normdruck $V_{m,0}$ molares Normvolumen des idealen Gases
Allgemeine Zustandsgleichung	$\dfrac{p_1 \cdot V_1}{T_1} = \dfrac{p_2 \cdot V_2}{T_2} = \dfrac{p \cdot V}{T} = \text{konst.}$	V Volumen p Druck T Temperatur
Universelle Gasgleichung	$p \cdot V = n \cdot R \cdot T \quad (n = \text{konst.})$ $R = \dfrac{p_n \cdot V_{m,0}}{T_n}$	n Stoffmenge m Masse R universelle Gaskonstante $R = 8{,}314472\,\text{J/(K} \cdot \text{mol)}$
Isotherme Zustandsänderung (Gesetz von Boyle und Mariotte)	$p_1 \cdot V_1 = p_2 \cdot V_2$ $p \cdot V = \text{konst.}$ (Bedingung: $T = \text{konst.}$)	V Volumen p Druck T Temperatur
Isochore Zustandsänderung (Gesetz von Amontons)	$\dfrac{p_1}{T_1} = \dfrac{p_2}{T_2} \quad \dfrac{p}{T} = \text{konst.}$ (Bedingung: $V = \text{konst.}$)	
Isobare Zustandsänderung (Gesetz von Gay-Lussac)	$\dfrac{V_1}{T_1} = \dfrac{V_2}{T_2} \quad \dfrac{V}{T} = \text{konst.}$ (Bedingung: $p = \text{konst.}$)	

Adiabatische Zustandsänderung
 (Gesetz von Poisson)
	$p_1 \cdot V_1^{\varkappa} = p_2 \cdot V_2^{\varkappa}$
	 $p \cdot V^{\varkappa} = \text{konst.}$
	 (Bedingung: $Q = 0$)
	
	 $\varkappa = \dfrac{c_p}{c_V}$
		$\varkappa$ Adiabatenexponent
		 $\varkappa \approx 1{,}67$ (einatomiges Gas)
		 $\varkappa = 1{,}40$ (zweiatomiges Gas)
		 c_p spezifische Wärmekapazität
		      bei konstantem Druck
		 c_V spezifische Wärmekapazität
		      bei konstantem Volumen

Reales Gas

van-der-Waals'sche Zustandsgleichung	$\left(p + a\,\dfrac{n^2}{V^2}\right)(V - nb) = nRT$	p Druck a, b van-der-Waals'sche Konstanten n Stoffmenge V Volumen R (universelle) Gaskonstante T Temperatur

Energie, Enthalpie, Entropieänderung

Erster Hauptsatz der Wärmelehre	$\Delta U = Q + W$	ΔU Änderung der inneren Energie (des Systems) Q Wärme W Arbeit
Enthalpie H (Wärmeinhalt)	$H = U + p \cdot V$	p Druck V Volumen

Volumenarbeit W_V		p Druck
– bei konstantem Druck	$W_V = -p \cdot \Delta V$	V Volumen
– bei veränderlichem Druck	$W_V = -\int_{V_1}^{V_2} p(V)\,\mathrm{d}V$	
Wärmekapazität C eines Körpers – bei konstantem Volumen	$C_V = \dfrac{\Delta U}{\Delta T}$ für $V = $ konst.	ΔU Änderung der inneren Energie ΔT Temperaturänderung W_V Volumenarbeit V Volumen
– bei konstantem Druck	$C_p = \dfrac{\Delta U - W_V}{\Delta T}$ für $p = $ konst.	p Druck
Spezifische Wärmekapazität c – einatomiger Gase – zweiatomiger Gase	$c_V = 3/2\,R/M \quad c_p = 5/2\,R/M$ $c_V = 5/2\,R/M \quad c_p = 7/2\,R/M$	c_p für $p = $ konst. c_V für $V = $ konst. R (universelle) Gaskonstante M molare Masse
Wirkungsgrad η – von Wärmekraftmaschinen	$\eta = \dfrac{|W_{ab}|}{Q_{zu}}$	W_{ab} abgegebene Arbeit Q_{zu} zugeführte Wärme Q_{ab} abgegebene Wärme T_{ab} Temperatur, bei der die Wärme abgegeben wird
– für Carnot-Prozesse	$\eta = \dfrac{Q_{zu} + Q_{ab}}{Q_{zu}}$ $= \dfrac{T_{zu} - T_{ab}}{T_{zu}} = 1 - \dfrac{T_{ab}}{T_{zu}}$	T_{zu} Temperatur, bei der die Wärme zugeführt wird
Entropieänderung ΔS	$\Delta S = \dfrac{Q_{rev}}{T}$ $\Delta S = k \cdot \ln \dfrac{W_e}{W_a}$	Q_{rev} reversibel aufgenommene Wärme T Temperatur, bei der die Wärme zugeführt wird W_a Wahrscheinlichkeit für den Ausgangszustand W_e Wahrscheinlichkeit für den Endzustand k Boltzmann-Konstante
Zweiter Hauptsatz der Wärmelehre (für abgeschlossene Systeme)	$\Delta S \geq 0$	ΔS Entropieänderung für reversible Prozesse $\Delta S = 0$ für irreversible Prozesse $\Delta S > 0$

Kinetische Gastheorie

Anzahl N der Teilchen	$N = N_A \cdot n$	n Stoffmenge V Volumen m Masse N_A Avogadro-Konstante $N_A = 6{,}022\,141\,5 \cdot 10^{23}\ \mathrm{mol}^{-1}$
Molares Volumen V_m	$V_m = \dfrac{V}{n}$	
Molare Masse M	$M = \dfrac{m}{n}$	
Mittlere kinetische Energie $\bar{E}_{kin}$ der Teilchen des idealen Gases	$\bar{E}_{kin} = \dfrac{3}{2} k \cdot T$	k Boltzmann-Konstante T Temperatur
Innere Energie U des idealen Gases	$U = N \cdot \bar{E}_{kin}$	N Anzahl der Teilchen $\bar{E}_{kin}$ mittlere kin. Energie der Teilchen

Druck-Volumen-Gesetz	$p \cdot V = \dfrac{2}{3} N \cdot \bar{E}_{kin}$ $p \cdot V = \dfrac{1}{3} N \cdot m_T \cdot \overline{v^2}$	N Anzahl der Teilchen $\bar{E}_{kin}$ mittlere kin. Energie der Teilchen $\overline{v^2}$ mittlere quadrat. Geschwindigkeit m_T Masse eines Teilchens T Temperatur V Volumen des Gases ϱ Dichte des Gases
Quadratisch gemittelte Geschwindigkeit v_q der Teilchen	$v_q = \sqrt{\dfrac{3k \cdot T}{m_T}}$	
Grundgleichung der kinetischen Gastheorie	$p = \dfrac{1}{3} \dfrac{N}{V} \cdot m_T \, \overline{v^2} = \dfrac{1}{3} \cdot \varrho \, \overline{v^2}$	

Elektrizitätslehre

Größen und Einheiten der Elektrizitätslehre und des Magnetismus

Größe	Formel-zeichen	Name der Einheit	Einheiten-zeichen	Beziehungen zwischen den Einheiten
Elektrische Arbeit Elektrische Energie	$W(W_{el})$ $E(E_{el})$	Joule Wattsekunde Kilowattstunde	J W·s kW·h	$1\,J = 1\,W \cdot s = 1\,V \cdot A \cdot s$ $1\,kW \cdot h = 3{,}6\,MJ$
Elektrische Feldstärke	E	Volt durch Meter	$\dfrac{V}{m}$	$1\,\dfrac{V}{m} = 1\,\dfrac{N}{C} = 1\,\dfrac{kg \cdot m}{s^3 \cdot A}$
Elektrische Kapazität	C	Farad	F	$1\,F = 1\,\dfrac{C}{V} = 1\,\dfrac{A \cdot s}{V}$
Elektrische Ladung	Q	Coulomb	C	$1\,C = 1\,A \cdot s$
Elektrische Leistung	$P(P_{el})$	Watt	W	$1\,W = 1\,V \cdot A = 1\,\dfrac{J}{s}$
Elektrische Spannung Elektrisches Potenzial	U φ	Volt	V	$1\,V = 1\,\dfrac{W}{A} = 1\,\dfrac{kg \cdot m^2}{s^3 \cdot A}$
Elektrische Stromstärke	**I**	**Ampere**	**A**	**Basiseinheit**
Elektrischer Widerstand	R	Ohm	Ω	$1\,\Omega = 1\,\dfrac{V}{A}$
Induktivität	L	Henry	H	$1\,H = 1\,\dfrac{V \cdot s}{A} = 1\,\dfrac{Wb}{A}$
Magnetische Feldstärke	H	Ampere durch Meter	$\dfrac{A}{m}$	
Magnetische Flussdichte	B	Tesla	T	$1\,T = 1\,\dfrac{V \cdot s}{m^2} = 1\,\dfrac{Wb}{m^2}$
Magnetischer Fluss	Φ	Weber	Wb	$1\,Wb = 1\,V \cdot s = 1\,T \cdot m^2$

Größe	Formel-zeichen	Name der Einheit	Einheiten-zeichen	Beziehungen zwischen den Einheiten
Permeabilität	μ	Henry durch Meter	$\dfrac{\text{H}}{\text{m}}$	$1\,\dfrac{\text{H}}{\text{m}} = 1\,\dfrac{\text{V}\cdot\text{s}}{\text{A}\cdot\text{m}}$
Permittivität (früher Dielektrizitätskonstante)	ε	Farad durch Meter	$\dfrac{\text{F}}{\text{m}}$	$1\,\dfrac{\text{F}}{\text{m}} = 1\,\dfrac{\text{A}\cdot\text{s}}{\text{V}\cdot\text{m}}$
Spezifischer elektrischer Widerstand	ϱ	Ohm mal Quadratmillimeter durch Meter Ohmmeter	$\dfrac{\Omega\cdot\text{mm}^2}{\text{m}}$ $\Omega\cdot\text{m}$	$1\,\dfrac{\Omega\cdot\text{mm}^2}{\text{m}} = 10^{-6}\,\Omega\cdot\text{m}$

Spezifische elektrische Widerstände (bei 20 °C)

Metalle	ϱ in $\dfrac{\Omega\cdot\text{mm}^2}{\text{m}}$	Kohle und Widerstandslegierungen	ϱ in $\dfrac{\Omega\cdot\text{mm}^2}{\text{m}}$	Halbleiter und Isolierstoffe	ϱ in $\dfrac{\Omega\cdot\text{cm}^2}{\text{cm}}$
Aluminium	0,028	Bogenlampenkohle	60… 80	Bernstein	bis 10^{18}
Blei	0,21	Bürstenkohle	40…100	Holz, trocken	$10^{11}\ldots10^{15}$
Eisen	0,10	Chromnickel	1,1	Kupferoxid	$10^{3}\ \ldots10^{8}$
Gold	0,022	Eisen, legiert (4 Si)	0,5	Quarzglas	$10^{13}\ldots10^{15}$
Kupfer	0,0172	Konstantan	0,50	Polyethylen	$10^{12}\ldots10^{15}$
Quecksilber	0,96	Leitungskupfer	0,0178	Polyvinylchlorid	$10^{14}\ldots10^{15}$
Silber	0,016	Manganin	0,43	Porzellan	bis 10^{15}
Wolfram	0,055	Nickelin	0,43	Silicium	$10^{-1}\ldots10^{5}$
Zinn	0,11	Stahlguss	0,18	Transformatorenöl	$10^{12}\ldots10^{15}$

Gleichstrom

Elektrische Stromstärke I	$I = \dfrac{Q}{t}$	Q elektrische Ladung t Zeit W_{el} elektrische Arbeit P_{el} elektrische Leistung
Elektrische Spannung U	$U = \dfrac{W_{\text{el}}}{Q}$; $U = \dfrac{P_{\text{el}}}{I}$	
Elektrischer Widerstand R	$R = \dfrac{U}{I}$	
Ohm'sches Gesetz (bei konstanter Temperatur)	$U \sim I$ $U = R \cdot I$ $R = \text{konst.}$	
Widerstandsgesetz	$R = \dfrac{\varrho \cdot l}{A}$	ϱ spezifischer elektrischer Widerstand l Länge des Leiters A Querschnittsfläche
Elektrische Leistung P_{el}	$P_{\text{el}} = U \cdot I = \dfrac{W_{\text{el}}}{t}$	
Elektrische Arbeit W_{el} (Joule'sches Gesetz) übertragene elektrische Energie E_{el}	$W_{\text{el}} = U \cdot I \cdot t$	U elektrische Spannung I elektrische Stromstärke t Zeit

Gesetze im unverzweigten und verzweigten Stromkreis

Unverzweigter Stromkreis (Reihenschaltung)	Verzweigter Stromkreis (Parallelschaltung)
$I = I_1 = I_2$ $U = U_1 + U_2$ $R = R_1 + R_2$	$I = I_1 + I_2$ $U = U_1 = U_2$ $\dfrac{1}{R} = \dfrac{1}{R_1} + \dfrac{1}{R_2}; \quad R = \dfrac{R_1 \cdot R_2}{R_1 + R_2}$
  $R_1 \qquad R_2$ Spannungsteilerregel $\dfrac{U_1}{U_2} = \dfrac{R_1}{R_2}$	 R_1 R_2 Stromteilerregel $\dfrac{I_1}{I_2} = \dfrac{R_2}{R_1}$
Reihenschaltung von Kondensatoren	**Parallelschaltung von Kondensatoren**
$\dfrac{1}{C} = \dfrac{1}{C_1} + \dfrac{1}{C_2}$	$C = C_1 + C_2$
Reihenschaltung von Spannungsquellen	**Parallelschaltung von Spannungsquellen**
$U = U_1 + U_2 + \dots + U_n$	Für gleiche Spannungsquellen gilt: $U = U_1 = U_2 = \dots = U_n$

Elektrisches Feld

Elektrische Ladung Q – allgemein	$Q = \int\limits_{t_1}^{t_2} I \, \mathrm{d}t$	I t	elektrische Stromstärke Zeit
– für $I = $ konst.	$Q = I \cdot t$		
Coulomb'sches Gesetz (Kraft F zwischen zwei Ladungen im Vakuum)	$F = \dfrac{1}{4\pi \cdot \varepsilon_0 \cdot \varepsilon_\mathrm{r}} \cdot \dfrac{Q_1 \cdot Q_2}{r^2}$	Q_1, Q_2 ε_0 ε_r r	Punktladungen elektrische Feldkonstante relative Permittivität Abstand der Punktladungen voneinander
Permittivität ε	$\varepsilon = \varepsilon_0 \cdot \varepsilon_\mathrm{r}$		
Elektrische Feldstärke $\vec{E}$ – allgemein – im homogenen Feld eines Plattenkondensators – im Abstand r von einer Punktladung Q im Vakuum	$\vec{E} = \dfrac{\vec{F}}{Q_\mathrm{P}}$ $E = \dfrac{U}{s}$ $E = \dfrac{Q}{4\pi \cdot \varepsilon_0 \cdot r^2}$	F Q_P U s Q ε_0	Kraft elektrische Ladung des in das Feld gebrachten Probekörpers elektrische Spannung Abstand der Platten felderzeugende elektrische Ladung elektrische Feldkonstante
Elektrische Flussdichte $\vec{D}$	$\vec{D} = \varepsilon_0 \cdot \varepsilon_\mathrm{r} \cdot \vec{E}$	ε_0 ε_r E	elektrische Feldkonstante relative Permittivität elektrische Feldstärke

Elektrische Kapazität C – allgemein – für einen Plattenkondensator	$C = \dfrac{Q}{U}$ $C = \varepsilon_0 \cdot \varepsilon_r \cdot \dfrac{A}{s} = \varepsilon \cdot \dfrac{A}{s}$	Q elektrische Ladung U elektrische Spannung ε_0 elektrische Feldkonstante ε_r relative Permittivität des Stoffes im Plattenkondensator A Fläche der Platten s Abstand der Platten ε Permittivität
Kinetische Energie E_{kin} eines Ladungsträgers nach der Beschleunigung in einem elektrischen Feld	$E_{kin} = Q \cdot U$	U elektrische Spannung Q elektrische Ladung
Arbeit W_{el} im elektrischen Feld – allgemein – Beschleunigungsarbeit W beim Elektron	$W = Q \cdot U$ $W = e \cdot U$	Q elektrische Ladung U elektrische Spannung e Elementarladung $e = 1{,}602\,176\,462 \cdot 10^{-19}\ \text{C}$
Energie E_{el} des elektrischen Feldes im Plattenkondensator Energiedichte $w(\varrho_{el})$ eines elektrischen Feldes	$E_{el} = \dfrac{1}{2} C \cdot U^2$ $w = \dfrac{dE_{el}}{dV}; \quad w = \dfrac{E_{el}}{V}$ $w = \dfrac{1}{2}\,\varepsilon_0 \cdot \varepsilon_r \cdot E^2$	C Kapazität des Kondensators E_{el} elektrische Energie V Volumen ε_0 elektrische Feldkonstante ε_r relative Permittivität E elektrische Feldstärke

Magnetisches Feld

Magnetische Flussdichte B (Feldstärke B)*
 – allgemein
 	
 – außerhalb eines geraden
    stromdurchflossenen Leiters
 	
 – bei homogenem Feld
    im Inneren einer langen Spule
	$B = \dfrac{F}{I \cdot l}$ (für $\vec{B}$ senkrecht zur Stromrichtung)
	
	 $B = \dfrac{\mu_r \cdot \mu_0 \cdot I}{2\pi \cdot r}$
	
	 $B = \mu_r \cdot \mu_0 \cdot \dfrac{N \cdot I}{l}$
		F Kraft auf den stromdurchflossenen
		     Leiter im magnetischen Feld
		 I elektrische Stromstärke
		 r Abstand vom Leiter
		 l Länge des Leiters bzw. der Spule
		 N Windungszahl der Spule
		 μ_r relative Permeabilität
		 μ_0 magnetische Feldkonstante
		 $\mu_0 = 4\pi \cdot 10^{-7}\ \text{H/m}$

Permeabilität μ	$\mu = \mu_r \cdot \mu_0$	* Die magnetische Flussdichte B wird manchmal als magnetische Feldstärke B bezeichnet.
Magnetischer Fluss Φ	$\Phi = B \cdot A$ (für $\vec{B}$ = konst.) Für die Fläche A gilt: $A = A_0 \cdot \cos\alpha$	Leiterschleife — A_0 $\vec{B}$ α A

Kraft $\vec{F_L}$ auf einen bewegten Ladungsträger (Lorentzkraft)	$\vec{F_L} = Q \cdot \vec{v} \times \vec{B}$ $F_L = Q \cdot v \cdot B$ (für $\vec{v} \perp \vec{B}$)	Q	elektrische Ladung
		v	Geschwindigkeit
		B	magnetische Flussdichte
Kraft F auf einen strom-durchflossenen Leiter	$F = l \cdot I \cdot B$ (für $\vec{B}$ senk-recht zur Stromrichtung)	l	Länge des Leiters
		I	elektrische Stromstärke
		B	magnetische Flussdichte
Hall-Spannung U_H	$U_H = R_H \dfrac{I \cdot B}{d}$ $R_H = \dfrac{1}{n \cdot e}$	I	elektrische Stromstärke des Gleichstroms durch die Folie
		B	magnetische Flussdichte senkrecht zur Folienfläche
		R_H	Hall-Konstante
		d	Dicke des Leiterbandes
		n	Elektronendichte in der Folie
		e	Elementarladung

Hall-Konstanten R_H

Metall	R_H in $10^{-11} \frac{m^3}{C}$	Metall	R_H in $10^{-11} \frac{m^3}{C}$	Metall	R_H in $10^{-11} \frac{m^3}{C}$
Aluminium	$-3{,}5$	Gold	$-7{,}2$	Silber	$-8{,}9$
Bismut	$-(5{,}3 \dots 6{,}8) \cdot 10^4$	Kupfer	$-5{,}3$	Wolfram	$+1{,}15$
Blei	$+0{,}9$	Palladium	$-8{,}6$	Zink	$+6{,}4$
Cadmium	$+5{,}9$	Platin	$-2{,}0$	Zinn	$-0{,}3$

Relative Permittivitäten ε_r (Permittivitätszahlen)

Stoff	ε_r	Stoff	ε_r
Bernstein	2,8	Paraffin	2,3
Glas	5 … 16	Polystyrol	2,6
Hartpapier	3,5 … 5	Porzellan	4,5 … 6,5
Keramische Werkstoffe für Kondensatoren	100 … 10 000	Transformatorenöl	2,5
		Vakuum	1
Luft	1,000 6	Wasser	81

Relative Permeabilitäten μ_r (Permeabilitätszahlen) magnetischer Werkstoffe

Stoff	Anfangspermeabilität $\mu_{r,a}$	Maximalpermeabilität $\mu_{r,max}$
Elektrolyteisen	600	15 000
Ferrite	300 … 3 000	
Nickel-Eisen-Legierung	2 700	20 000
Sonderlegierungen	bis 100 000	bis 300 000
Technisches Eisen	250	7 000
Transformatorenblech	600	7 600

Elektromagnetische Induktion

Induktionsgesetz – für eine Leiterschleife – für eine Spule – für einen bewegten Leiter	$U_i = -\dfrac{\Delta\Phi}{\Delta t}; \quad U_i = -\dfrac{d\Phi}{dt}$ $U_i = -N\,\dfrac{d\Phi}{dt}$ $\lvert U_i\rvert = B\cdot l\cdot v \quad (\vec{v}\perp\vec{B})$	Φ magnetischer Fluss durch eine Leiterschleife U_i Induktionsspannung N Windungszahl der Spule B magnetische Flussdichte l Länge des Leiters v Geschwindigkeit des Leiters
Selbstinduktionsspannung U_i in einer Spule – allgemein – bei gleichmäßiger Änderung der Stromstärke	$U_i = -L\,\dfrac{dI}{dt}$ $U_i = -L\,\dfrac{\Delta I}{\Delta t}$	L Induktivität I elektrische Stromstärke t Zeit
Induktivität L für eine lange Spule	$L = \dfrac{\mu_0\cdot\mu_r\cdot N^2\cdot A}{l}$	μ_0 magnetische Feldkonstante μ_r relative Permeabilität N Windungszahl A Querschnittsfläche der Spule l Länge der Spule
Energie E_{mag} des magnetischen Feldes einer stromdurchflossenen Spule	$E_{mag} = \dfrac{1}{2}\cdot L\cdot I^2$	L Induktivität der Spule I elektrische Stromstärke

Wechselstrom

Momentanwert
– Wechselspannung u
 	
– Wechselstromstärke i
	$u = u_{max}\cdot\sin(\omega\cdot t + \varphi_1)$
	
	$i = i_{max}\cdot\sin(\omega\cdot t + \varphi_2)$
		u_{max}, i_{max} Scheitelwert (Amplitude)
		     der elektrischen Spannung
		     bzw. Stromstärke
		ω Kreisfrequenz
		φ_1, φ_2 Phasenwinkel
		t Zeit

Effektivwert – Wechselspannung U – Wechselstromstärke I	$U = \dfrac{u_{max}}{\sqrt{2}}$ $I = \dfrac{i_{max}}{\sqrt{2}}$	
Kreisfrequenz ω	$\omega = \dfrac{2\pi}{T}$	T Periodendauer

Leistungsfaktor $\cos\varphi$	$\cos\varphi = \dfrac{P_W}{P_S}$	φ Phasenverschiebung zwischen
		     Stromstärke und Spannung
		U, I Effektivwerte der elektrischen
		     Spannung bzw. Stromstärke
		t Zeit

Wirkleistung P_W	$P_W = U\cdot I\cdot\cos\varphi = P_S\cdot\cos\varphi$	
Scheinleistung P_S	$P_S = U\cdot I$	
Blindleistung P_B	$P_B = P_S\cdot\sin\varphi$	
Scheinarbeit W_S	$W_S = P_S\cdot t = U\cdot I\cdot t$	
Wirkarbeit W_W	$W_W = P_W\cdot t = U\cdot I\cdot t\cdot\cos\varphi$	

Widerstände im Wechselstromkreis

Ohmscher Widerstand R	Induktiver Widerstand X_L (R_L)	Kapazitiver Widerstand X_C (R_C)
$R = \dfrac{U}{I}$ bei $\vartheta = \text{konst.}$	$X_\mathrm{L} = \dfrac{U}{I}; \quad X_\mathrm{L} = \omega \cdot L$ $\varphi = \dfrac{\pi}{2}$	$X_\mathrm{C} = \dfrac{U}{I}; \quad X_\mathrm{C} = \dfrac{1}{\omega \cdot C}$ $\varphi = -\dfrac{\pi}{2}$

	Reihenschaltung von R, X_L und X_C	Parallelschaltung von R, X_L und X_C
Zeigerdiagramm		
Blindwiderstand X	$X = \omega \cdot L - \dfrac{1}{\omega \cdot C}$	$\dfrac{1}{X} = \omega \cdot C - \dfrac{1}{\omega \cdot L}$
Scheinwiderstand Z (Wechselstromwiderstand)	$Z = \sqrt{R^2 + X^2}$	$\dfrac{1}{Z} = \sqrt{\dfrac{1}{R^2} + \dfrac{1}{X^2}}$
Tangens der Phasenverschiebung φ	$\tan \varphi = \dfrac{X_\mathrm{L} - X_\mathrm{C}}{R}$	$\tan \varphi = R \left(\dfrac{1}{X_\mathrm{C}} - \dfrac{1}{X_\mathrm{L}} \right)$

Transformator

Spannungsverhältnis am unbelasteten (idealen) Transformator	$\dfrac{U_1}{U_2} = \dfrac{N_1}{N_2}$	U_1 Primärspannung U_2 Sekundärspannung N_1 Windungszahl der Primärspule N_2 Windungszahl der Sekundärspule I_1 Primärstromstärke I_2 Sekundärstromstärke
Stromstärkeverhältnis am stark belasteten Transformator	$\dfrac{I_1}{I_2} = \dfrac{N_2}{N_1}$	

Elektromagnetischer Schwingkreis

Thomson'sche Schwingungsgleichung	$T = 2\pi \cdot \sqrt{L \cdot C}$	T	Periodendauer
		L	Induktivität
		C	Kapazität
Eigenfrequenz f eines elektrischen Schwingkreises		R	ohmscher Widerstand
– ungedämpft ($R = 0$)	$f = \dfrac{1}{2\pi \cdot \sqrt{L \cdot C}}$	c	Ausbreitungsgeschwindigkeit
		l	Länge des Dipols
– gedämpft	$f = \dfrac{1}{2\pi} \cdot \sqrt{\dfrac{1}{L \cdot C} - \dfrac{R^2}{4L^2}}$		
Eigenfrequenz f eines Dipols	$f = \dfrac{c}{2l}$		

Elektromagnetische Wellen

Ausbreitungsgeschwindigkeit c (im Vakuum)	$c = \lambda \cdot f$	λ	Wellenlänge
	$c = \sqrt{\dfrac{1}{\varepsilon_0 \cdot \mu_0}}$	f	Frequenz
		ε_0	elektrische Feldkonstante
		μ_0	magnetische Feldkonstante

Elektromagnetisches Spektrum

Bezeichnung	Frequenz f in Hz	Wellenlänge λ
Hertz'sche Wellen	$10^4 \ldots 10^{13}$	30 km … 0,03 mm
Langwellen	$1{,}5 \cdot 10^5 \ldots 3 \cdot 10^5$	2 000 m … 1 000 m
Mittelwellen	$0{,}5 \cdot 10^6 \ldots 2 \cdot 10^6$	600 m … 150 m
Kurzwellen	$0{,}6 \cdot 10^7 \ldots 2 \cdot 10^7$	50 m … 15 m
Ultrakurzwellen	$10^8 \ldots 3 \cdot 10^8$	30 m … 1 m
Mikrowellen	$3 \cdot 10^8 \ldots 10^{13}$	1 m … 0,03 mm
Lichtwellen	$10^{12} \ldots 5 \cdot 10^{16}$	0,3 mm … 5 nm
infrarotes Licht	$10^{12} \ldots 3{,}9 \cdot 10^{14}$	0,3 mm … 770 nm
sichtbares Licht	$3{,}9 \cdot 10^{14} \ldots 7{,}7 \cdot 10^{14}$	770 nm … 390 nm
– Rot	$3{,}9 \cdot 10^{14} \ldots 4{,}7 \cdot 10^{14}$	770 nm … 640 nm
– Orange	$4{,}7 \cdot 10^{14} \ldots 5 \cdot 10^{14}$	640 nm … 600 nm
– Gelb	$5 \cdot 10^{14} \ldots 5{,}3 \cdot 10^{14}$	600 nm … 570 nm
– Grün	$5{,}3 \cdot 10^{14} \ldots 6{,}1 \cdot 10^{14}$	570 nm … 490 nm
– Blau	$6{,}1 \cdot 10^{14} \ldots 6{,}5 \cdot 10^{14}$	490 nm … 460 nm
– Violett	$6{,}5 \cdot 10^{14} \ldots 7{,}7 \cdot 10^{14}$	460 nm … 390 nm
ultraviolettes Licht	$7{,}7 \cdot 10^{14} \ldots 5 \cdot 10^{16}$	390 nm … 5 nm
Röntgenstrahlung	$3 \cdot 10^{16} \ldots 3 \cdot 10^{21}$	10 nm … 0,1 pm
Gammastrahlung	$10^{18} \ldots 10^{23}$	300 pm … 0,003 pm
Kosmische Strahlung	$10^{21} \ldots 10^{24}$	0,3 pm … 0,000 3 pm

Schaltzeichen

Symbol	Bedeutung	Symbol	Bedeutung	Symbol	Bedeutung
—	Leiter, Leitung, Stromweg		Relais mit Schließkontakt		Fotoelement, Fotozelle
	Abzweig von 2 Leitern		Widerstand, allgemein		Diode, lichtempfindlich Fotodiode
	Doppelabzweig von Leitern		Widerstand mit Schleifkontakt, Potenziometer		Leuchtdiode, allgemein
	Erde, allgemein Verbindung mit der Erde		Widerstand mit Schleifkontakt, einstellbar		Oszilloskop
	Masse, Gehäuse		Widerstand, veränderbar, allgemein		Glühlampe
∘	Anschluss (z. B. Buchse)		Fotowiderstand		Glimmlampe
•	Verbindung von Leitern		Heizelement		Lautsprecher, allgemein
	Buchse, Pol einer Steckdose		Kondensator, allgemein		Mikrofon, allgemein
	Stecker, Pol eines Steckers		Kondensator, gepolt		Hörer, allgemein
	Buchse und Stecker Steckverbindung		Spule, Wicklung		Summer
	elektrische Energiequelle, allgemein		Spule mit Eisenkern		Generator, nicht umlaufend
	Primärzelle, Akkumulator		Transformator mit zwei Wicklungen		Generator
	Batterie von Primärelementen, Akkumulatorenbatterie		Transformator, veränderbare Kopplung		Elektromotor
	Sicherung, allgemein		Transformator mit Mittelanzapfung an einer Wicklung		Gleichstrommotor
	Schließer, Schalter, allgemein		Antenne, allgemein		Thermoelement
	Öffner		Halbleiterdiode		Messgerät, anzeigend, allgemein, ohne Kennzeichnung der Messgröße
	Wechsler mit Unterbrechung		npn-Transistor, bei dem der Kollektor mit dem Gehäuse verbunden ist		Strommessgerät, anzeigend
	Zweiwegschließer mit Mittelstellung „Aus"				Spannungsmessgerät, anzeigend
					Leistungsmessgerät, anzeigend
					Galvanometer

Optik

Größen und Einheiten der Optik

Größe	Formelzeichen	Name der Einheit	Einheitenzeichen	Beziehungen zwischen den Einheiten
Brechwert	D	Dioptrie	dpt	$1\,\text{dpt} = \dfrac{1}{\text{m}}$
Brechzahl	n	Eins	–	
Brennweite Objektweite Bildweite	f g, a, s b, a', s'	Meter	m	
Lichtstärke	I	**Candela**	**cd**	**Basiseinheit**

Strahlenoptik

Brechzahl n	$n = \dfrac{c_{\text{Vakuum}}}{c_{\text{Medium}}}$	α Einfallswinkel β Brechungswinkel n_1, n_2 Brechzahlen der Medien 1 und 2 c_1, c_2 Lichtgeschwindigkeit im Medium 1 bzw. Medium 2
Brechungsgesetz	$\dfrac{\sin \alpha}{\sin \beta} = \dfrac{n_2}{n_1} = \dfrac{c_1}{c_2}$	einfallender Strahl n_1 $n_2 > n_1$ n_2 $\alpha > \beta$ β gebrochener Strahl
Grenzwinkel α_G der Totalreflexion	$\sin \alpha_G = \dfrac{n_2}{n_1}$	n_1 Brechzahl des optisch dichteren Mediums n_2 Brechzahl des optisch dünneren Mediums n_1 α_G n_2 β_G $n_1 > n_2$
Abbildungsgleichung (für dünne Linsen)	$\dfrac{1}{f} = \dfrac{1}{g} + \dfrac{1}{b}$	f Brennweite g Gegenstandsweite b Bildweite G Gegenstandsgröße B Bildgröße
Abbildungsmaßstab A	$A = \dfrac{B}{G} = \dfrac{b}{g}$	
Brechwert D einer Linse	$D = \dfrac{1}{f}$	G B g b

Wellenoptik

Ausbreitungsgeschwindigkeit einer Lichtwelle	$c = \lambda \cdot f$	λ Wellenlänge f Frequenz
Interferenz am Einzelspalt – für Maxima – für Minima	$\dfrac{2n+1}{2d}\,\lambda \approx \sin \alpha_n = \dfrac{s_n}{e_n}$ $\dfrac{n \cdot \lambda}{d} = \sin \alpha_n = \dfrac{s_n}{e_n}$	
Interferenz am Doppelspalt – für Maxima – für Minima	$\dfrac{n \cdot \lambda}{b} = \sin \alpha_n = \dfrac{s_n}{e_n}$ $\dfrac{2n+1}{2b} \cdot \lambda \approx \sin \alpha_n = \dfrac{s_n}{e_n}$	d Spaltbreite λ Wellenlänge s_n Abstand zwischen dem n-ten jeweiligen Maximum/Minimum und dem Maximum 0-ter Ordnung e_n Abstand zwischen dem n-ten Interferenzstreifen und dem Doppelspalt bzw. dem Gitter b Abstand der Spalte (Gitterkonstante) $(n = 1, 2, 3, \ldots)$ Einzelspalt $(n = 0, 1, 2, 3, \ldots)$ Doppelspalt
Interferenz am Gitter für Hauptmaxima	$\dfrac{n \cdot \lambda}{b} = \sin \alpha_n = \dfrac{s_n}{e_n}$	
Interferenz an dünnen Schichten (reflektiertes Licht)	$d_A = \dfrac{2m}{n} \cdot \dfrac{\lambda}{4}$ $d_V = \dfrac{2m+1}{n} \cdot \dfrac{\lambda}{4}$	d_A Schichtdicke bei Auslöschung d_V Schichtdicke bei Verstärkung n Brechzahl der Schicht λ Wellenlänge im Stoff $(m = 0, 1, 2, \ldots)$
Brewster'sches Gesetz (Lichtwellen)	$\tan \alpha_p = \dfrac{n_2}{n_1}$	α_p Polarisationswinkel n_1, n_2 Brechzahlen der Medien 1 und 2
Doppler-Effekt für Licht (bewegter Sender, ruhender Empfänger)	$f' = f \cdot \dfrac{\sqrt{1 \pm \dfrac{v}{c}}}{\sqrt{1 \mp \dfrac{v}{c}}}$	f' vom Empfänger gemessene Frequenz f Frequenz des Senders v Relativgeschwindigkeit zwischen Sender und Empfänger c Lichtgeschwindigkeit

Lichtgeschwindigkeiten in Stoffen und im Vakuum

Stoff	c in $10^8 \frac{m}{s}$	Stoff	c in $10^8 \frac{m}{s}$
Diamant	1,22	Kohlenstoffdisulfid	1,84
Flintglas	1,86	Wasser	2,24
Kronglas	1,97	Luft	2,99711
Polystyrol	1,89	Vakuum	2,99792458

Brechzahlen n

für den Übergang des Lichtes aus dem Vakuum in den betreffenden Stoff
für die gelbe Natriumlinie ($\lambda = 589{,}3$ nm)

Stoff	Brechzahl n	Stoff	Brechzahl n
Diamant	2,417	Kronglas, leicht	1,515
Eis	1,31	Kronglas, schwer	1,615
Flintglas, leicht	1,608	Quarzglas	1,459
Flintglas, schwer	1,754	Steinsalz	1,544
Glycerin	1,469	Luft	1,0003
Kohlenstoffdisulfid	1,629	Wasser	1,333

Spezielle Relativitätstheorie

Galilei-transformation	$x = x' + v \cdot t$ $t = t'$		x	Koordinate in einem Inertialsystem S
			x'	Koordinate in einem zweiten Inertialsystem S'
			v	Relativgeschwindigkeit
			t, t'	Zeiten in den jeweiligen Systemen
			c	Lichtgeschwindigkeit
Lorentz-transformation	$x = \dfrac{x' + v \cdot t'}{\sqrt{1 - \dfrac{v^2}{c^2}}}$	$t = \dfrac{t' + x' \cdot \dfrac{v}{c^2}}{\sqrt{1 - \dfrac{v^2}{c^2}}}$		
Relativistisches Additionsgesetz für Geschwindigkeiten	$u = \dfrac{u' + v}{1 + \dfrac{u' \cdot v}{c^2}}$		u, u'	Geschwindigkeit des Körpers von S bzw. von S' aus gemessen
			v	Relativgeschwindigkeit zwischen S und S'
Zeitdilatation	$t = \dfrac{t'}{\sqrt{1 - \dfrac{v^2}{c^2}}}$		c	Lichtgeschwindigkeit
			t, t'	Zeiten in den jeweiligen Systemen
			l, l'	Längen in den jeweiligen Systemen
Längen-kontraktion	$l = l' \cdot \sqrt{1 - \dfrac{v^2}{c^2}}$			

Relativistische Masse	$m = \dfrac{m_0}{\sqrt{1 - \dfrac{v^2}{c^2}}}$	m_0 c v	Ruhmasse Lichtgeschwindigkeit Geschwindigkeit
Relativistische Energie	$E_{\text{kin}} = \dfrac{m_0 \cdot c^2}{\sqrt{1 - \dfrac{v^2}{c^2}}} - m_0\, c^2$		
Masse-Energie-Beziehung	$E = m \cdot c^2; \quad E_0 = m_0 \cdot c^2; \quad E_{\text{kin}} = E - E_0$	E m_0 E_0 c	Gesamtenergie Ruhmasse Ruhenergie Lichtgeschwindigkeit

Temperaturstrahlung

Kirchhoff'sches Strahlungsgesetz	$\varepsilon(\lambda, T) = \alpha(\lambda, T)$	$\varepsilon(\lambda, T)$ $\alpha(\lambda, T)$	Emissionsgrad eines nichtschwarzen Körpers Absorptionsgrad eines nichtschwarzen Körpers
Stefan-Boltzmann'sches Strahlungsgesetz (für den schwarzen Strahler)	$\Phi = \sigma \cdot A \cdot T^4$	Φ σ T A	Strahlungsfluss (Energiestrom P) Stefan-Boltzmann-Konstante Temperatur des Strahlers Senderfläche

Quantenphysik

Energie E eines Lichtquants	$E = h \cdot f$	h f E_{kin} f_g c λ	Planck'sches Wirkungsquantum Frequenz kinetische Energie Grenzfrequenz Lichtgeschwindigkeit Wellenlänge
Energiebilanz beim Fotoeffekt	$h \cdot f = E_{\text{kin}} + W_A$		
Austrittsarbeit W_A (Auslöseenergie E_A)	$W_A = h \cdot f_g$		
Masse m eines Lichtquants	$m = \dfrac{h \cdot f}{c^2}$	$h = 6{,}626\,068\,76 \cdot 10^{-34}\ \text{J} \cdot \text{s}$	
Impuls p eines Lichtquants	$p = \dfrac{h}{\lambda}$		
Compton-Effekt – Energiebilanz – Wellenlängenänderung	$h \cdot f_0 = E_{\text{kin}} + h \cdot f$ $\Delta\lambda = \lambda c\,(1 - \cos\vartheta)$ mit $\lambda_C = \dfrac{h}{m_e \cdot c}$	f_0 f E_{kin} λ_C m_e ϑ	Frequenz des auftreffenden Quants Frequenz des gestreuten Quants kinetische Energie des Elektrons Compton-Wellenlänge Ruhmasse des Elektrons Streuwinkel
		$\lambda_C = 2{,}426\,310\,215 \cdot 10^{-12}\ \text{m}$	

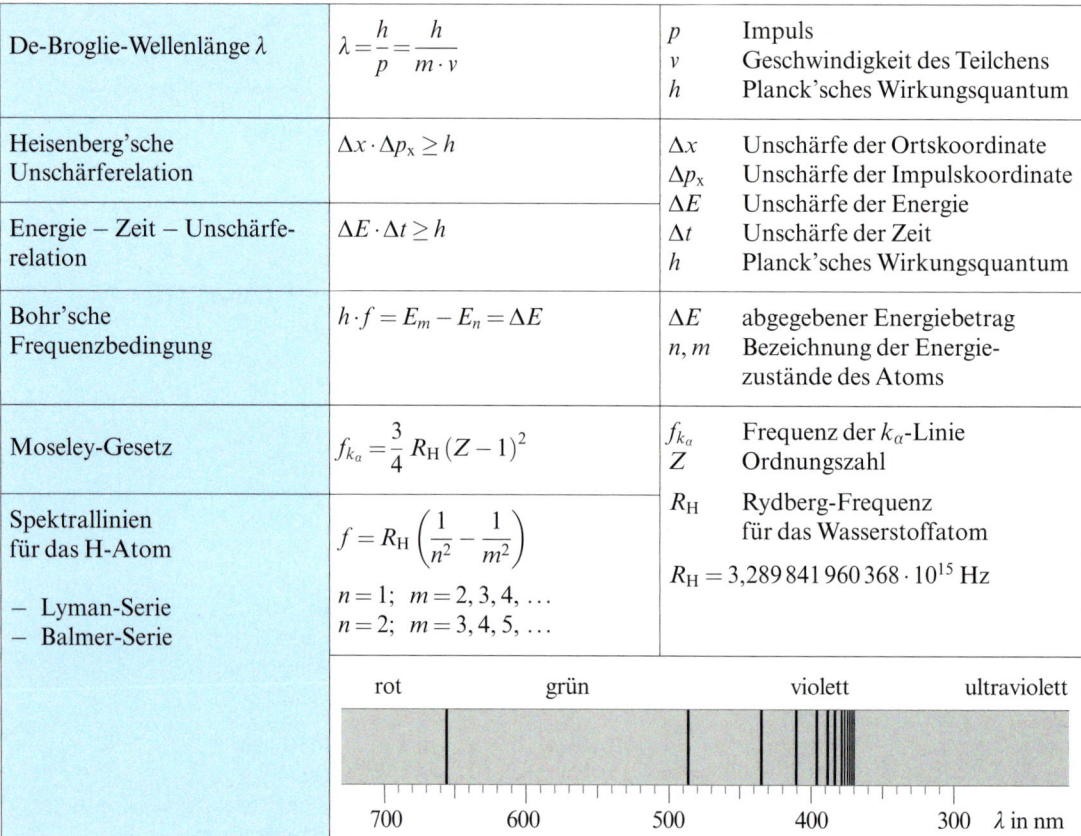

De-Broglie-Wellenlänge λ	$\lambda = \dfrac{h}{p} = \dfrac{h}{m \cdot v}$	p	Impuls
		v	Geschwindigkeit des Teilchens
		h	Planck'sches Wirkungsquantum
Heisenberg'sche Unschärferelation	$\Delta x \cdot \Delta p_x \geq h$	Δx	Unschärfe der Ortskoordinate
		Δp_x	Unschärfe der Impulskoordinate
		ΔE	Unschärfe der Energie
Energie – Zeit – Unschärferelation	$\Delta E \cdot \Delta t \geq h$	Δt	Unschärfe der Zeit
		h	Planck'sches Wirkungsquantum
Bohr'sche Frequenzbedingung	$h \cdot f = E_m - E_n = \Delta E$	ΔE	abgegebener Energiebetrag
		n, m	Bezeichnung der Energiezustände des Atoms
Moseley-Gesetz	$f_{k_a} = \dfrac{3}{4} R_H (Z-1)^2$	f_{k_a}	Frequenz der k_α-Linie
		Z	Ordnungszahl
Spektrallinien für das H-Atom – Lyman-Serie – Balmer-Serie	$f = R_H \left(\dfrac{1}{n^2} - \dfrac{1}{m^2} \right)$ $n = 1; \ m = 2, 3, 4, \ldots$ $n = 2; \ m = 3, 4, 5, \ldots$	R_H	Rydberg-Frequenz für das Wasserstoffatom $R_H = 3{,}289\,841\,960\,368 \cdot 10^{15}$ Hz

Austrittsarbeiten W_A (Auslöseenergie E_A) der Elektronen aus reinen Metalloberflächen

Metall	W_A in eV	Metall	W_A in eV	Metall	W_A in eV
Aluminium	4,20	Calcium	3,20	Platin	5,36
Barium	2,52	Gold	4,71	Wolfram	4,53
Cadmium	4,04	Eisen	4,63	Zink	3,95
Caesium	1,94	Magnesium	3,70	Zinn	4,39

Kernphysik

Beispiele für Halbwertszeiten $T_{1/2}$

Element	Radionuklid	Halbwertszeit	Element	Radionuklid	Halbwertszeit
Natrium	Na-22	2,6 Jahre	Iridium	Ir-192	73,8 Tage
Phosphor	P-29	4,1 Sekunden		Ir-195	2,5 Stunden
	P-32	14,5 Tage	Blei	Pb-210	22,5 Jahre
Cobalt	Co-60	5,3 Jahre	Radium	Ra-226	1 600 Jahre
Krypton	Kr-85	10,7 Jahre			
Caesium	Cs-137	30,3 Jahre			

Größen und Einheiten der Kernphysik und im Strahlenschutz

Größe	Formel-zeichen	Name der Einheit	Einheiten-zeichen	Beziehungen zwischen den Einheiten
Aktivität	A	Becquerel	Bq	$1\ \text{Bq} = \dfrac{1}{\text{s}}$
Äquivalentdosis	H	Sievert	Sv	$1\ \text{Sv} = 1\dfrac{\text{J}}{\text{kg}}$
		rem	rem	$1\ \text{rem} = 10^{-2}\ \text{Sv}$
Energiedosis	D	Gray	Gy	$1\ \text{Gy} = 1\dfrac{\text{J}}{\text{kg}}$
Ionendosis	J	Coulomb durch Kilogramm	$\dfrac{\text{C}}{\text{kg}}$	

Atomkerne und Strahlenschutz

Atomare Masseneinheit u	$1\ \text{u} = \dfrac{1}{12}\, m_\text{a}\,({}^{12}_{6}\text{C})$	m_a	Atommasse
Relative Atommasse A_r	$A_\text{r} = \dfrac{m_\text{a}}{\text{u}}$	m_a u	Atommasse atomare Masseneinheit
Massenzahl A	$A = Z + N$	Z N	Protonenanzahl Neutronenanzahl
Massendefekt	$\Delta m = (Z \cdot m_\text{p} + N \cdot m_\text{n}) - m_\text{k}$	m_p m_n m_k	Masse eines Protons Masse eines Neutrons Gesamtmasse des Kerns
Kernbindungsenergie E_B	$E_\text{B} = \Delta m \cdot c^2$	c	Lichtgeschwindigkeit
Halbwertszeit $T_{1/2}\,(t_\text{H})$	$T_{1/2} = \dfrac{\ln 2}{\lambda}$	λ N_0	Zerfallskonstante Anzahl der Kerne zum Zeitpunkt $t = 0$
Zerfallsgesetz	$N = N_0 \cdot e^{-\lambda \cdot t}$ $N = N_0 \cdot \left(\dfrac{1}{2}\right)^{\frac{t}{T_{1/2}}}$	N t	Anzahl der Kerne zum Zeitpunkt t Zeit
Aktivität A eines Radionuklids	$A = \dfrac{\Delta N}{\Delta t};\ \ A = \lambda \cdot N$	ΔN	Anzahl der zerfallenen Kerne in der Zeitdauer Δt
Energiedosis D	$D = \dfrac{E}{m}$	E m	aufgen. Strahlungsenergie Masse des bestrahlten Körpers
Äquivalentdosis H	$H = D \cdot q$	D q	Energiedosis Bewertungsfaktor
Ionendosis	$J = \dfrac{Q}{m}$	Q m	Betrag der von ionisierender Strahlung in Luft gebildeten elektrischen Ladung Masse der Luft

Auszug aus der Nuklidkarte (vereinfacht)

Legende:

a	Jahr	ms	Millisekunde
d	Tag	µs	Mikrosekunde
h	Stunde		
m	Minute		
s	Sekunde		

Ausschnitt aus der Nuklidkarte im Bereich der leichten Elemente

Element	Nuklide (Massenzahl: Halbwertszeit / Häufigkeit)
Si (28,0855)	Si 22 – 6 ms; Si 23 – 103 ms; Si 24 – 218 ms; Si 25 – 2,21 s
Al (26,981539)	Al 22 – 70 ms; Al 23 – 470 ms; Al 24 – 2,07 s; Al 25 – 7,18 s
Mg (24,3050)	Mg 20 – 95 ms; Mg 21 – 122,5 ms; Mg 22 – 3,86 s; Mg 23 – 11,3 s; Mg 24 – 78,99
Na (22,989768)	Na 19; Na 20 – 446 ms; Na 21 – 22,48 s; Na 22 – 2,603 a; Na 23 – 100
Ne (20,1797)	Ne 16; Ne 17 – 109,2 ms; Ne 18 – 1,67 s; Ne 19 – 17,22 s; Ne 20 – 90,48; Ne 21 – 0,27; Ne 22 – 9,25
F (18,998403)	F 15; F 16; F 17 – 64,8 s; F 18 – 109,7 m; F 19 – 100; F 20 – 11,0 s; F 21 – 4,16 s
O (15,9994)	O 12; O 13 – 8,58 ms; O 14 – 70,59 s; O 15 – 2,03 m; O 16 – 99,762; O 17 – 0,038; O 18 – 0,200; O 19 – 27,1 s; O 20 – 13,5 s
N (14,00674)	N 11; N 12 – 11,0 ms; N 13 – 9,96 m; N 14 – 99,634; N 15 – 0,366; N 16 – 7,13 s; N 17 – 4,17 s; N 18 – 0,63 s
C (12,011)	C 9 – 126,5 ms; C 10 – 19,3 s; C 11 – 20,38 m; C 12 – 98,90; C 13 – 1,10; C 14 – 5730 a; C 15 – 2,45 s; C 16 – 0,747 s; C 17 – 193 ms
B (10,811)	B 8 – 770 ms; B 9; B 10 – 19,9; B 11 – 80,1; B 12 – 20,20 ms; B 13 – 17,33 ms; B 14 – 13,8 ms; B 15 – 10,4 ms
Be (9,012182)	Be 6; Be 7 – 53,29 d; Be 8; Be 9 – 100; Be 10 – $1,6 \cdot 10^6$ a; Be 11 – 13,8 s; Be 12 – 23,6 ms
Li (6,941)	Li 5; Li 6 – 7,5; Li 7 – 92,5; Li 8 – 840,3 ms; Li 9 – 178,3 ms; Li 10; Li 11 – 8,5 ms
He (4,002602)	He 3 – 0,000137; He 4 – 99,999863; He 5; He 6 – 806,7 ms; He 7; He 8 – 119 ms
H (1,00794)	H 1 – 99,985; H 2 – 0,015; H 3 – 12,323 a
n	n 1 – 10,25 m

(Neutronenzahl-Markierungen am unteren Rand: 1, 2, 4, 6, 8, 10, 12; linke Ordnungszahlen: 1, 2, 4, 6, 8, 10, 12, 14)

Ausschnitt aus der Nuklidkarte im Bereich der natürlichen Zerfallsreihen

Element	Nuklide (Massenzahl: Halbwertszeit / Häufigkeit)
U (238,0289)	U 218 – 1,5 ms; U 219 – ~42 µs
Pa (231,03588)	Pa 213 – 5,3 s; Pa 214 – 17 ms; Pa 215 – 14 ms; Pa 216 – 0,2 s; Pa 217 – 4,9 ms; Pa 218 – 0,12 ms; Pa 219 – 53 s
Th (232,0381)	Th 210 – 9 ms; Th 211 – 37 ms; Th 212 – 30 ms; Th 213 – 0,14 s; Th 214 – 0,10 s; Th 215 – 1,2 s; Th 216 – 28 ms; Th 217 – 252 µs; Th 218 – 0,1 µs
Ac (227,0278)	Ac 207 – 22 ms; Ac 208 – 95 ms; Ac 209 – 90 ms; Ac 210 – 0,35 s; Ac 211 – 0,25 s; Ac 212 – 0,93 s; Ac 213 – 0,80 s; Ac 214 – 8,2 s; Ac 215 – 0,17 s; Ac 216 – ~0,33 ms; Ac 217 – 69 ns
Ra (226,0254)	Ra 204 – 45 ms; Ra 205 – 0,22 s; Ra 206 – 0,24 s; Ra 207 – 1,3 s; Ra 208 – 1,3 s; Ra 209 – 4,6 s; Ra 210 – 3,7 s; Ra 211 – 13 s; Ra 212 – 13 s; Ra 213 – 2,74 m; Ra 214 – 2,46 s; Ra 215 – 1,6 s; Ra 216 – 0,18 µs
Fr	Fr 200 – 0,57 s; Fr 201 – 48 ms; Fr 202 – 0,34 s; Fr 203 – 0,55 s; Fr 204 – 1,7 s; Fr 205 – 3,9 s; Fr 206 – 15,9 s; Fr 207 – 14,8 s; Fr 208 – 58,6 s; Fr 209 – 50,0 s; Fr 210 – 3,18 m; Fr 211 – 3,10 m; Fr 212 – 20,0 m; Fr 213 – 34,6 s; Fr 214 – 5,0 ms; Fr 215 – 0,09 µs
Rn	Rn 197 – 51 ms; Rn 198 – 64 ms; Rn 199 – 0,62 s; Rn 200 – 1,06 s; Rn 201 – 7,0 s; Rn 202 – 9,85 s; Rn 203 – 45 s; Rn 204 – 1,24 m; Rn 205 – 2,83 m; Rn 206 – 5,67 m; Rn 207 – 9,3 m; Rn 208 – 24,4 m; Rn 209 – 28,5 m; Rn 210 – 2,4 h; Rn 211 – 14,6 h; Rn 212 – 24 m; Rn 213 – 25 m; Rn 214 – 0,27 µs
At	At 197 – 0,35 s; At 198 – 4,2 s; At 199 – 7,2 m; At 200 – 43 s; At 201 – 1,5 m; At 202 – 184 s; At 203 – 7,4 m; At 204 – 9,2 m; At 205 – 26,2 m; At 206 – 29,4 m; At 207 – 1,8 h; At 208 – 1,63 h; At 209 – 5,4 h; At 210 – 8,3 h; At 211 – 7,22 h; At 212 – 314 ms; At 213 – 0,11 µs
Po	Po 196 – 5,8 s; Po 197 – 56 s; Po 198 – 1,76 m; Po 199 – 5,2 m; Po 200 – 11,5 m; Po 201 – 15,3 m; Po 202 – 44,7 m; Po 203 – 36 m; Po 204 – 3,53 h; Po 205 – 1,66 h; Po 206 – 8,8 d; Po 207 – 5,84 h; Po 208 – 2,898 a; Po 209 – 102 a; Po 210 – 138,38 d; Po 211 – 0,516 s; Po 212 – 0,3 µs
Bi (208,98037)	Bi 195 – 3,0 m; Bi 196 – 5,1 m; Bi 197 – 9,3 m; Bi 198 – 10,3 m; Bi 199 – 27 m; Bi 200 – 36,4 m; Bi 201 – 1,8 h; Bi 202 – 1,72 h; Bi 203 – 11,76 h; Bi 204 – 11,22 h; Bi 205 – 15,31 d; Bi 206 – 6,24 d; Bi 207 – 31,55 a; Bi 208 – $3,68 \cdot 10^5$ a; Bi 209 – 100; Bi 210 – 5,013 d; Bi 211 – 2,17 m
Pb (207,2)	Pb 194 – 12,0 m; Pb 195 – ~15 m; Pb 196 – 36,4 m; Pb 197 – 8 m; Pb 198 – 2,40 h; Pb 199 – 1,5 h; Pb 200 – 21,5 h; Pb 201 – 9,4 h; Pb 202 – $5,25 \cdot 10^4$ a; Pb 203 – 51,9 h; Pb 204 – 1,4; Pb 205 – $1,5 \cdot 10^7$ a; Pb 206 – 24,1; Pb 207 – 22,1; Pb 208 – 52,4; Pb 209 – 3,253 h; Pb 210 – 22,3 a
Tl (204,3833)	Tl 193 – 22,6 m; Tl 194 – 33 m; Tl 195 – 1,13 h; Tl 196 – 1,8 h; Tl 197 – 2,84 h; Tl 198 – 5,3 h; Tl 199 – 7,42 h; Tl 200 – 26,1 h; Tl 201 – 73,1 h; Tl 202 – 12,23 d; Tl 203 – 29,524; Tl 204 – 3,78 a; Tl 205 – 70,476; Tl 206 – 4,20 m; Tl 207 – 4,77 m; Tl 208 – 3,053 m; Tl 209 – 2,16 m
Hg (200,59)	Hg 192 – 4,9 h; Hg 193 – 3,5 h; Hg 194 – 520 a; Hg 195 – 9,5 h; Hg 196 – 0,15; Hg 197 – 64,1 h; Hg 198 – 9,97; Hg 199 – 16,87; Hg 200 – 23,10; Hg 201 – 13,18; Hg 202 – 29,86; Hg 203 – 46,59 d; Hg 204 – 6,87; Hg 205 – 5,2 m; Hg 206 – 8,15 m; Hg 207 – 2,9 m; Hg 208 – ~42 m

(Neutronenzahl-Markierungen am unteren Rand: 110, 112, 114, 116, 118, 120, 122, 124, 126, 128; linke Ordnungszahlen: 80, 82, 84, 86, 88, 90, 92)

Si: Si 27 (4,16 s) · Si 28 (92,23) · Si 29 (4,67) · Si 30 (3,10) · Si 31 (2,62 h) · Si 32 (172 a) · Si 33 (6,18 s) · Si 34 (2,77 s) · Si 35 (0,78 s) · Si 36 (0,45 s) · Si 37 · Si 38 · Si 39 · Si 40 · Si 41 · Si 42 — 14

Al: Al 26 ($7,16 \cdot 10^5$ a) · Al 27 (100) · Al 28 (2,246 m) · Al 29 (6,6 m) · Al 30 (3,60 s) · Al 31 (644 ms) · Al 32 (33 ms) · Al 33 (54 ms) · Al 34 (60 ms) · Al 35 (~150 ms) · Al 36 · Al 37 · Al 38 · Al 39 — 28

Mg: Mg 25 (10,00) · Mg 26 (11,01) · Mg 27 (9,46 m) · Mg 28 (20,9 h) · Mg 29 (1,30 s) · Mg 30 (335 ms) · Mg 31 (230 ms) · Mg 32 (120 ms) · Mg 33 (90 ms) · Mg 34 (20 ms) · Mg 35 · Mg 36 — 12

Na: Na 24 (14,96 h) · Na 25 (59,6 s) · Na 26 (1,07 s) · Na 27 (304 ms) · Na 28 (30,5 ms) · Na 29 (44,9 ms) · Na 30 (48 ms) · Na 31 (17,0 ms) · Na 32 (13,5 ms) · Na 33 (8,2 ms) · Na 34 (5,5 ms) · Na 35 (1,5 ms) — 24

Ne: Ne 23 (37,2 s) · Ne 24 (3,38 m) · Ne 25 (602 ms) · Ne 26 (197 ms) · Ne 27 (32 ms) · Ne 28 (17 ms) · Ne 29 (~200 ms) · Ne 30 · Ne 32 — 10

F: F 22 (4,23 s) · F 23 (2,23 s) · F 24 (0,34 s) · F 25 (59 ms) · F 26 · F 27 · F 29 — 22

O: O 21 (3,4 s) · O 22 (2,25 s) · O 23 (82 ms) · O 24 (61 ms) — 8

Neutronenzahlen: 14 · 16 · 18 · 20

Am: Am · Am 232 (1,31 m) · Am 234 (2,32 m) · Am 236 (3,7 m) · Am 237 (73,0 m) · Am 238 (1,63 h) · Am 239 (11,9 h) · Am 240 (50,8 h) · Am 241 (432,2 a) · Am 242 (16 h) · Am 243 (7370 a)

Pu: (94) Pu · Pu 228 (?) · Pu 229 (?) · Pu 230 (?) · Pu 232 (34,1 m) · Pu 233 (20,9 m) · Pu 234 (8,8 h) · Pu 235 (25,3 m) · Pu 236 (2,858 a) · Pu 237 (45,2 d) · Pu 238 (87,74 a) · Pu 239 ($2,411 \cdot 10^4$ a) · Pu 240 (6563 a) · Pu 241 (14,35 a) · Pu 242 ($3,750 \cdot 10^5$ a)

Np: Np · Np 225 (?) · Np 226 (31 ms) · Np 227 (0,51 s) · Np 228 (61,4 s) · Np 229 (4,0 m) · Np 230 (4,6 m) · Np 231 (48,8 m) · Np 232 (14,7 m) · Np 233 (36,2 m) · Np 234 (4,4 d) · Np 235 (396,1 d) · Np 236 ($1,54 \cdot 10^5$ a / 10^6 a) · Np 237 (2,117 d) · Np 238 (2,355 d) · Np 239 (65 m) · Np 241 (13,9 m)

U: U 222 (1 µs) · U 223 (18 µs) · U 224 (0,7 ms) · U 225 (95 ms) · U 226 (0,2 s) · U 227 (1,1 m) · U 228 (9,1 m) · U 229 (58 m) · U 230 (20,8 d) · U 231 (4,2 d) · U 232 (68,9 a) · U 233 ($1,592 \cdot 10^5$ a) · U 234 (0,0055 / $2,455 \cdot 10^5$ a) · U 235 (0,7200 / $7,038 \cdot 10^8$ a) · U 236 ($2,342 \cdot 10^7$ a) · U 237 (6,75 d) · U 238 (99,2745 / $4,468 \cdot 10^9$ a) · U 239 (23,5 m) · U 240 (14,1 h)

Pa: Pa 220 (0,78 µs) · Pa 221 (5,9 µs) · Pa 222 (4,3 ms) · Pa 223 (6,5 ms) · Pa 224 (0,95 s) · Pa 225 (1,8 s) · Pa 226 (1,8 m) · Pa 227 (38,3 m) · Pa 228 (22 h) · Pa 229 (1,50 d) · Pa 230 (17,4 d) · Pa 231 ($3,276 \cdot 10^4$ a) · Pa 232 (1,31 d) · Pa 233 (27,0 d) · Pa 234 (1,17 m) · Pa 235 (24,2 m) · Pa 236 (9,1 m) · Pa 237 (8,7 m) · Pa 238 (2,3 m) — 148

Th: Th 219 (1,05 µs) · Th 220 (9,7 µs) · Th 221 (1,68 ms) · Th 222 (2,2 ms) · Th 223 (0,66 s) · Th 224 (1,04 s) · Th 225 (8,72 m) · Th 226 (31 m) · Th 227 (18,72 d) · Th 228 (1,913 a) · Th 229 (7880 a) · Th 230 ($7,54 \cdot 10^4$ a) · Th 231 (25,5 h) · Th 232 (100 / $1,405 \cdot 10^{10}$ a) · Th 233 (22,3 m) · Th 234 (24,10 d) · Th 235 (7,1 m) · Th 236 (37,5 m) · Th 237 (5,0 m) — 90

Ac: Ac 218 (1,1 µs) · Ac 219 (11,8 µs) · Ac 220 (26 ms) · Ac 221 (52 ms) · Ac 222 (5,0 s) · Ac 223 (2,10 m) · Ac 224 (2,9 h) · Ac 225 (10,0 d) · Ac 226 (29 h) · Ac 227 (21,773 a) · Ac 228 (6,13 h) · Ac 229 (62,7 m) · Ac 230 (122 s) · Ac 231 (7,5 m) · Ac 232 (119 s) — 144 · 146

Ra: Ra 217 (1,6 µs) · Ra 218 (25,6 µs) · Ra 219 (10 ms) · Ra 220 (23 ms) · Ra 221 (28 s) · Ra 222 (38 s) · Ra 223 (11,43 d) · Ra 224 (3,66 d) · Ra 225 (14,8 d) · Ra 226 (1600 a) · Ra 227 (42,2 m) · Ra 228 (5,75 a) · Ra 229 (4,0 m) · Ra 230 (93 m) — 88

Fr: Fr 216 (0,70 µs) · Fr 217 (16 µs) · Fr 218 (1,0 ms) · Fr 219 (21 ms) · Fr 220 (27,4 s) · Fr 221 (4,9 m) · Fr 222 (14,2 m) · Fr 223 (21,8 m) · Fr 224 (3,3 m) · Fr 225 (4,0 m) · Fr 226 (48 s) · Fr 227 (2,47 m) — 142

Rn: Rn 215 (2,3 µs) · Rn 216 (45 µs) · Rn 217 (0,54 ms) · Rn 218 (35 ms) · Rn 219 (3,96 s) · Rn 220 (55,6 s) · Rn 221 (25 m) · Rn 222 (3,825 d) · Rn 223 (23,2 m) · Rn 224 (1,78 h) — 140 · 86

At: At 214 (0,56 µs) · At 215 (0,1 ms) · At 216 (0,3 ms) · At 217 (32,3 ms) · At 218 (~2 s) · At 219 (0,9 s) · At 220 (3,71 m) · At 221 (2,3 s) — 138

Po: Po 213 (4,2 µs) · Po 214 (164 µs) · Po 215 (1,78 ms) · Po 216 (0,15 s) · Po 217 (<10 s) · Po 218 (3,05 m) — 136 · 84

Bi: Bi 212 (60,60 m) · Bi 213 (45,59 m) · Bi 214 (19,9 m) · Bi 215 (7,6 m) · Bi 216 (3,6 m) — 134

Pb: Pb 211 (36,1 m) · Pb 212 (10,64 h) · Pb 213 (10,2 m) · Pb 214 (26,8 m) — 82

Tl: Tl 210 (1,30 m) — 130 · 132

Zahl der Protonen · Zahl der Neutronen

Legende:

Instabile (radioaktive) Nuklide — Elementsymbol — Ac 230 / 122 s ← Massenzahl, ← Halbwertszeit, β^--Zerfall

Elektroneneinfang oder β^+-Zerfall

α-Zerfall

Zerfallszweig mit geringer Häufigkeit

Zerfallszweig über Spontanspaltung mit geringer Häufigkeit

Elemente — Elementsymbol — Ra 226,0254 ← relative Atommasse (Mittelwert entsprechend Isotopenhäufigkeit)

Stabile Nuklide — Elementsymbol — Si 30 / 3,10 ← Massenzahl, ← Isotopenhäufigkeit in Prozent

Nuklide, die bei der Bildung der irdischen Materie entstanden — Th 232 / 100

Nach: G. Pfennig, H. Klewe-Nebenius, W. Seelmann-Eggebert: Karlsruher Nuklidkarte. 6. Aufl. 1995, Copyright by Forschungszentrum Karlsruhe GmbH

Alpha-, Beta- und Gammastrahlung

Name	Art	Symbol	Elektrische Ladung	Massenzahl
α	Heliumkern	^4_2He	$+2e$	4
β^-	Elektron	$^0_{-1}\text{e}$	$-1e$	0
β^+	Positron	$^0_{+1}\text{e}$	$+1e$	0
γ	elektromagnetische Strahlung	$^0_0\gamma$	ungeladen	0

Naturkonstanten

Konstante	Formelzeichen	Betrag
Atomare Masseneinheit	u	$1{,}660\,538\,73 \cdot 10^{-27}$ kg
Avogadro-Konstante	N_A	$6{,}022\,141\,5 \cdot 10^{23}$ mol^{-1}
Boltzmann-Konstante	k	$1{,}380\,650\,3 \cdot 10^{-23}$ J $\cdot$ K^{-1}
Compton-Wellenlänge	λ_C	$2{,}426\,310\,215 \cdot 10^{-12}$ m
Elektrische Feldkonstante	ε_0	$8{,}854\,187\,817 \cdot 10^{-12}$ C $\cdot$ V^{-1} $\cdot$ m^{-1}
Elementarladung	e	$1{,}602\,176\,462 \cdot 10^{-19}$ C
Faraday-Konstante	F	$96\,485{,}341\,5$ C $\cdot$ mol^{-1}
Gravitationskonstante	$G(\gamma)$	$6{,}673 \cdot 10^{-11}$ m^3 $\cdot$ kg^{-1} $\cdot$ s^{-2}
Lichtgeschwindigkeit im Vakuum	$c_0(c)$	$299\,792\,458$ m $\cdot$ s^{-1}
Loschmidt-Konstante	$n_0(N_L, L)$	$2{,}686\,777\,5 \cdot 10^{25}$ m^{-3} (bei 273,15 K; 101,325 kPa)
Magnetische Feldkonstante	μ_0	$4\pi \cdot 10^{-7}$ H $\cdot$ m^{-1}
Molares Normvolumen des idealen Gases	$V_{m,0}$	$22{,}414\,1$ l $\cdot$ mol^{-1} (bei 273,15 K; 101,325 kPa)
Planck'sches Wirkungsquantum	h	$6{,}626\,068\,76 \cdot 10^{-34}$ J $\cdot$ s
Ruhmasse des α-Teilchens	m_α	$6{,}644\,655\,98 \cdot 10^{-27}$ kg
Ruhmasse des Elektrons	m_e	$9{,}109\,381\,88 \cdot 10^{-31}$ kg
Ruhmasse des Neutrons	m_n	$1{,}674\,927\,16 \cdot 10^{-27}$ kg
Ruhmasse des Protons	m_p	$1{,}672\,621\,58 \cdot 10^{-27}$ kg
Rydberg-Frequenz für das H-Atom	R_H	$3{,}289\,841\,960\,368 \cdot 10^{15}$ Hz
Rydberg-Konstante	R_∞	$10\,973\,731{,}568\,549$ m^{-1}
Spezifische Ladung des Elektrons	$e \cdot m_e^{-1}$	$1{,}758\,820\,174 \cdot 10^{11}$ C $\cdot$ kg^{-1}
Stefan-Boltzmann-Konstante	σ	$5{,}670\,400 \cdot 10^{-8}$ W $\cdot$ m^{-2} $\cdot$ K^{-4}
Temperatur des Tripelpunkts von Wasser	T_{tr}	$273{,}16$ K $= 0{,}01$ °C
Universelle Gaskonstante	R	$8{,}314\,472$ J $\cdot$ K^{-1} $\cdot$ mol^{-1}

Chemie

Übersichten zur Chemie

Chemische Elemente

Die Werte in eckigen Klammern geben die Atommassen der längstlebigen zurzeit bekannten Atomart des betreffenden Elements an.
Die Massenzahlen der Elemente sind nach der Häufigkeit der natürlich vorkommenden Isotope geordnet.

Element	Sym-bol	Ord-nungs-zahl	Atommasse in u (gerundet)	Massenzahlen natürlicher Isotope	Oxidationszahlen (häufig auftretende)	Elektro-negativi-tätswert
Actinium	Ac	89	227	227; 228	$+3$	1,1
Aluminium	Al	13	27	27	$+3$	1,5
Americium	Am	95	[243]		$+3$	1,3
Antimon	Sb	51	122	121; 123	$+3; +5; -3$	1,9
Argon	Ar	18	40	40; 36; 38	±0	
Arsen	As	33	75	75	$+3; +5; -3$	2,0
Astat	At	85	[210]	215; 216; 218	-1	2,2
Barium	Ba	56	137	138; 137; 136; 135; 134; 130; 132	$+2$	0,9
Berkelium	Bk	97	[247]		$+3$	1,3
Beryllium	Be	4	9	9	$+2$	1,5
Bismut	Bi	83	209	209	$+3; -3$	1,9
Blei	Pb	82	207	208; 206; 207; 204	$+2; +4$	1,8
Bor	B	5	11	11; 10	$+3$	2,0
Brom	Br	35	80	79; 81	$+1; +5; -1$	2,8
Cadmium	Cd	48	112,5	114; 112; 111; 110; 113; 116; 106; 108	$+2$	1,7
Caesium	Cs	55	113	133	$+1$	0,7
Calcium	Ca	20	40	40; 44; 42; 48; 43; 46	$+2$	1,0
Californium	Cf	98	[251]		$+3$	1,3
Cer	Ce	58	140	140; 142; 138; 136	$+3$	1,1
Chlor	Cl	17	35,5	35; 37	$+1; +3; +5; +7; -1$	3,0
Chrom	Cr	24	52	52; 53; 50; 54	$+2; +3; +6$	1,6
Cobalt	Co	27	59	59	$+2; +3$	1,8
Curium	Cm	96	[247]		$+3$	1,3
Dysprosium	Dy	66	162,5	164; 162; 163; 161; 160; 158; 156	$+3$	1,2
Einsteinium	Es	99	[252]			1,3
Eisen	Fe	26	56	56; 54; 57; 58	$+2; +3; +6$	1,8
Erbium	Er	68	167	166; 168; 167; 170; 164; 162	$+3$	1,2
Europium	Eu	63	152	153; 151	$+3$	1,2
Fermium	Fm	100	[257]			1,3
Fluor	F	9	19	19	-1	4,0
Francium	Fr	87	[223]	223	$+1$	0,7
Gadolinium	Gd	64	157	158; 160; 156; 157; 155; 154; 152	$+3$	1,1

Element	Sym-bol	Ord-nungs-zahl	Atommasse in u (gerundet)	Massenzahlen natürlicher Isotope	Oxidationszahlen (häufig auftretende)	Elektro-negativi-tätswert
Gallium	Ga	31	70	69; 71	+3	1,6
Germanium	Ge	32	72,5	74; 72; 70; 73; 76	+4	1,8
Gold	Au	79	197	197	+1; +3	2,4
Hafnium	Hf	72	178,5	180; 178; 177; 179; 176; 174	+4	1,3
Helium	He	2	4	4; 3	±0	
Holmium	Ho	67	165	165	+3	1,2
Indium	In	49	115	115; 113	+3	1,7
Iod	I	53	127	127	+1; +5; +7; −1	2,5
Iridium	Ir	77	192	193; 191	+3; +4	2,2
Kalium	K	19	39	39; 41; 40	+1	0,8
Kohlenstoff	C	6	12	12; 13	+2; +4; −2	2,5
Krypton	Kr	36	84	84; 86; 83; 82; 80; 78	±0	
Kupfer	Cu	29	63,5	63; 65	+1; +2	1,9
Lanthan	La	57	139	139; 138	+3	1,1
Lithium	Li	3	7	7; 6	+1	1,0
Lutetium	Lu	71	175	175; 176	+3	1,2
Magnesium	Mg	12	24	24; 26; 25	+2	1,2
Mangan	Mn	25	55	55	+2; +4; +6; +7	1,5
Molybdän	Mo	42	96	98; 96; 95; 92; 100; 97; 94	+6	1,8
Natrium	Na	11	23	23	+1	0,9
Neodym	Nd	60	144	142; 144; 146; 143; 145; 148; 150	+3	1,2
Neon	Ne	10	20	20; 22; 21	±0	
Neptunium	Np	93	[237]	237	+5	1,8
Nickel	Ni	28	59	58; 60; 62; 61; 64	+2	1,6
Niob	Nb	41	93	93	+5	
Osmium	Os	76	190	192; 190; 189; 188; 187; 186; 184	+4; +8	2,2
Palladium	Pd	46	106	106; 108; 105; 110; 104; 102	+2; +4	2,2
Phosphor	P	15	31	31	+3; +5; −3	2,1
Platin	Pt	78	195	195; 194; 196; 198; 192; 190	+2; +4	2,2
Plutonium	Pu	94	[244]	239	+4	1,3
Polonium	Po	84	[209]	209; 210; 211; 212; 214; 215; 216; 218	+4; −2	2,0
Praseodym	Pr	59	141	141	+3	1,1
Promethium	Pm	61	[145]	147	+3	1,2
Protactinium	Pa	91	231	231; 234	+5	1,5
Quecksilber	Hg	80	200,5	202; 200; 199; 201; 198; 204; 196	+1; +2	1,9
Radium	Ra	88	226	223; 224; 226; 228	+2	0,9
Radon	Rn	86	[222]	218; 219; 220; 222	±0	
Rhenium	Re	75	186	187; 185	+7	1,9
Rhodium	Rh	45	103	103	+3; +4	2,2
Rubidium	Rb	37	85,5	85; 87	+1	0,8
Ruthenium	Ru	44	101	102; 104; 101; 99; 100; 96; 98	+4; +8	2,2
Samarium	Sm	62	150	152; 154; 147; 149; 148; 150; 144	+3	1,2

Element	Sym-bol	Ord-nungs-zahl	Atommasse in u (gerundet)	Massenzahlen natürlicher Isotope	Oxidationszahlen (häufig auftretende)	Elektro-negativi-tätswert
Sauerstoff	O	8	16	16; 18; 17	− 2	3,5
Scandium	Sc	21	45	45	+ 3	1,3
Schwefel	S	16	32	32; 34; 33; 36	+ 4; + 6; − 2	2,5
Selen	Se	34	79	80; 78; 82; 76; 77; 74	+ 4; + 6; − 2	2,4
Silber	Ag	47	108	107; 109	+ 1	1,9
Silicium	Si	14	28	28; 29; 30	+ 4; − 4	1,8
Stickstoff	N	7	14	14; 15	+ 3; + 5; − 3	3,0
Strontium	Sr	38	87,5	88; 86; 87; 84	+ 2	1,0
Tantal	Ta	73	181	181; 180	+ 5	1,5
Technetium	Tc	43	[98]		+ 7	1,9
Tellur	Te	52	127,5	130; 128; 126; 125; 124; 122; 123; 120	+ 4; + 6; − 2	2,1
Terbium	Tb	65	159	159	+ 3	1,2
Thallium	Tl	81	204	205; 203	+ 3	1,8
Thorium	Th	90	232	227; 228; 230; 231; 234	+ 4	1,3
Thulium	Tm	69	169	169	+ 3	1,2
Titan	Ti	22	48	48; 46; 47; 49; 50	+ 4	1,5
Uran	U	92	238	238; 234; 235	+ 4; + 5; + 6	1,7
Vanadium	V	23	51	51; 50	+ 5	1,6
Wasserstoff	H	1	1	1; 2	+ 1; − 1	2,1
Wolfram	W	74	184	184; 186; 182; 183; 180	+ 6	1,7
Xenon	Xe	54	131	132; 129; 131; 134; 136; 130; 128; 124; 126	±0	
Ytterbium	Yb	70	173	174; 172; 173; 171; 176; 170; 168	+ 3	1,1
Yttrium	Y	39	89	89	+ 3	1,3
Zink	Zn	30	65	64; 66; 68; 67; 70	+ 2	1,6
Zinn	Sn	50	119	120; 118; 116; 119; 117; 124; 122; 112; 114; 115	+ 2; + 4	1,8
Zirconium	Zr	40	19	90; 94; 92; 91; 96	+ 4	1,4

Atom- und Ionenradien einiger Elemente

Symbol	Atom-radius in 10^{-12} m	Ionen-radius in 10^{-12} m	Symbol	Atom-radius in 10^{-12} m	Ionen-radius in 10^{-12} m	Symbol	Atom-radius in 10^{-12} m	Ionen-radius in 10^{-12} m
Al	143	50 (+ 3)	I	133	216 (− 1)	S	104	184 (− 2)
Ba	217	135 (+ 2)	K	231	133 (+ 1)	Se	117	198 (− 2)
Be	112	31 (+ 2)	Cu	128	72 (+ 2)	Ag	144	126 (+ 1)
Br	114	195 (− 1)	Li	152	60 (+ 1)	Si	117	41 (+ 4)
Cs	262	169 (+ 1)	Mg	160	65 (+ 2)	N	70	171 (− 3)
Ca	197	97 (+ 2)	Na	186	95 (+ 1)	Sr	215	113 (+ 2)
Cl	99	181 (− 1)	P	110	212 (− 3)	Te	137	221 (− 2)
Fe	124	64 (+ 3)	Rb	244	148 (+ 1)	Zn	133	74 (+ 2)
F	64	136 (− 1)	O	66	140 (− 2)			

Anorganische Stoffe (zers.: zersetzlich; subl.: sublimiert, [1] bei 101,3 kPa)

Name	Symbol/ Formel	Molare Masse M in $g \cdot mol^{-1}$ (gerundet)	Aggregat- zustand bei 25 °C	Dichte ϱ in $g \cdot cm^{-3}$ bei 25 °C (* bei 0 °C)	Schmelz- tempe- ratur[1] ϑ_S in °C	Siede- tempe- ratur[1] ϑ_V in °C
Aluminium	Al	27	s	2,70	660	2450
Aluminiumchlorid	$AlCl_3$	133	s	2,44	192,5 (u. Druck)	subl. bei 180
Aluminiumhydroxid	$Al(OH)_3$	78	s	2,42	zers. ab 170	–
Aluminiumoxid	Al_2O_3	102	s	3,90	2045	2980
Aluminiumsulfat- 18-Wasser	$Al_2(SO_4)_3 \cdot$ 18 H_2O	666	s	1,69	zers. ab 86	–
Ammoniak	NH_3	17	g	$0,77 \, g \cdot l^{-1}$*	– 78	– 33
Ammoniumcarbonat- 1-Wasser	$(NH_4)_2CO_3 \cdot$ H_2O	114	s		zers. ab 58	–
Ammoniumchlorid	NH_4Cl	53,5	s	1,52	zers. ab 350	subl. bei 340
Ammoniumnitrat	NH_4NO_3	80	s	1,73	169	zers. ab 200
Ammoniumsulfat	$(NH_4)_2SO_4$	132	s	1,77	zers. ab 280	–
Argon	Ar	40	g	$1,78 \, g \cdot l^{-1}$*	– 189	– 186
Barium	Ba	137	s	3,50	725	1640
Bariumcarbonat	$BaCO_3$	197	s	4,40	zers. ab 1350	–
Bariumchlorid	$BaCl_2$	208	s	3,9	963	1562
Bariumhydroxid	$Ba(OH)_2$	171	s	4,5	408	–
Bariumsulfat	$BaSO_4$	233	s	4,48	1350	–
Blei	Pb	207	s	11,34	327	1740
Blei(II)-chlorid	$PbCl_2$	278	s	5,85	498	954
Blei(II)-oxid	PbO	223	s	9,53	890	1470
Blei(II, IV)-oxid	Pb_3O_4	685	s	9,10	zers. ab 550	–
Blei(IV)-oxid	PbO_2	239	s	9,37	zers. ab 290	–
Blei(II)-sulfat	$PbSO_4$	303	s	6,2	1170	–
Brom	Br_2	160	l	3,12	– 7	58,7
Bromwasserstoff	HBr	81	g	$3,64 \, g \cdot l^{-1}$*	– 87	– 67
Caesium	Cs	133	s	1,9	29	690
Calcium	Ca	40	s	1,55	838	1490
Calciumbromid	$CaBr_2$	200	s	3,35	730	810
Calciumcarbonat	$CaCO_3$	100	s	2,93	zers. ab 825	–
Calciumchlorid	$CaCl_2$	111	s	2,15	772	>1600
Calciumhydroxid	$Ca(OH)_2$	74	s	2,23	zers. ab 580	–
Calciumoxid	CaO	56	s	3,40	≈ 2570	2850
Calciumsulfat	$CaSO_4$	136	s	2,96	1450	–
Calciumsulfat-2-Wasser	$CaSO_4 \cdot 2 \, H_2O$	172	s	2,32	zers. ab 100	–
Chlor	Cl_2	71	g	$3,214 \, g \cdot l^{-1}$*	– 101	– 35
Chlorwasserstoff	HCl	36,5	g	$1,639 \, g \cdot l^{-1}$*	– 112	– 85
Chrom	Cr	52	s	7,19	≈ 1900	2642
Chrom(III)-chlorid	$CrCl_3$	158	s	2,76	≈ 1150	subl. bei ≈ 1300
Chrom(III)-oxid	Cr_2O_3	152	s	5,21	2437	≈ 3000
Chrom(III)-sulfat- 18-Wasser	$Cr_2(SO_4)_3 \cdot$ 18 H_2O	716	s	1,86	zers. ab 100	–
Cobalt	Co	59	s	8,90	1490	≈ 2900
Cobalt(II)-chlorid	$CoCl_2$	130	s	3,36	727	1050
Deuterium	D_2	4	g	$0,170 \, g \cdot l^{-1}$*	– 254,6	– 249,7
Deuteriumoxid	D_2O	20	l	1,11	3,8	101,4

Aggregatzustand: s = fest; l = flüssig; g = gasförmig

Name	Symbol/ Formel	Molare Masse M in g·mol⁻¹ (gerundet)	Aggregat- zustand bei 25 °C	Dichte ϱ in g·cm⁻³ bei 25 °C (* bei 0 °C)	Schmelz- tempe- ratur[1] ϑ_S in °C	Siede- tempe- ratur[1] ϑ_V in °C
Eisen	Fe	56	s	7,86	1 540	≈ 3 000
Eisen(III)-chlorid	$FeCl_3$	162	s	2,80	306	zers. ab 315
Eisen(III)-hydroxid	$Fe(OH)_3$	107	s	3,4 … 3,9	zers. ab 500	–
Eisen(II)-oxid	FeO	72	s	5,70	1 360	–
Eisen(III)-oxid	Fe_2O_3	160	s	5,24	zers. ab 1 560	–
Eisen(II, III)-oxid	Fe_3O_4	231,5	s	5,18	zers. ab 1 538	–
Eisen(II)-sulfat	$FeSO_4$	152	s	2,84	zers.	–
Eisen(II)-sulfid	FeS	88	s	4,84	1 195	zers.
Fluor	F_2	38	g	1,69 g·l⁻¹*	– 220	– 188
Fluorwasserstoff	HF	20	g	0,99 (l)	– 83	19
Gold	Au	197	s	19,3	1 063	2 970
Helium	He	4	g	0,179 g·l⁻¹*	– 270	– 269
Iod	I_2	254	s	4,94	114	182,8
Iodwasserstoff	HI	128	g	5,79 g·l⁻¹*	– 51	– 35
Kalium	K	39	s	0,86	64	760
Kaliumbromid	KBr	119	s	2,75	734	1 382
Kaliumcarbonat	K_2CO_3	138	s	2,43	897	zers.
Kaliumchlorid	KCl	74,5	s	1,98	770	1 405
Kaliumfluorid	KF	58	s	2,48	857	1 502
Kaliumhydroxid	KOH	56	s	2,04	360	1 320
Kaliumiodid	KI	166	s	3,13	682	1 324
Kaliumnitrat	KNO_3	101	s	2,11	339	zers. ab 400
Kaliumnitrit	KNO_2	85	s	1,92	zers. ab 350	–
Kaliumpermanganat	$KMnO_4$	158	s	2,70	zers. ab 240	–
Kaliumsulfat	K_2SO_4	174	s	2,66	1 074	1 688
Kohlenstoff (Diamant)	C	12	s	3,51	ab 3 550	–
Kohlenstoff (Graphit)	C	12	s	2,26	3 730	–
Kohlenstoffdioxid	CO_2	44	g	1,977 g·l⁻¹*	– 57 (u. Druck)	subl. bei –79
Kohlenstoffdisulfid	CS_2	76	l	1,26	– 112	46
Kohlenstoffmonooxid	CO	28	g	1,250 g·l⁻¹*	– 205	– 192
Krypton	Kr	84	g	3,71 g·l⁻¹*	– 157	– 152
Kupfer	Cu	63,5	s	8,96	1 083	2 600
Kupfer(I)-chlorid	CuCl	99	s	4,14	422	1 367
Kupfer(II)-chlorid	$CuCl_2$	134,5	s	3,4	630	zers. ab 990
Kupfer(I)-oxid	Cu_2O	143	s	6,0	1 232	zers. ab 1 800
Kupfer(II)-oxid	CuO	79,5	s	6,45	1 326	–
Kupfer(II)-sulfat	$CuSO_4$	159,5	s	3,61	200	zers. ab 650
Kupfer(II)-sulfat- 5-Wasser	$CuSO_4 \cdot$ 5 H_2O	249,5	s	2,3	zers. ab 110	–
Kupfer(II)-sulfid	CuS	95,5	s	4,6	zers. ab 200	–
Lithium	Li	7	s	0,534	180	1 372
Lithiumhydrid	LiH	8	s	0,82	680	–
Magnesium	Mg	24	s	1,74	650	1 110
Magnesiumchlorid	$MgCl_2$	95	s	2,32	712	1 420
Magnesiumhydroxid	$Mg(OH)_2$	58	s	2,4	zers. ab 350	–
Magnesiumoxid	MgO	40	s	3,65	2 800	3 600
Magnesiumsulfat	$MgSO_4$	120	s	2,66	1 127	–
Mangan	Mn	55	s	7,43	1 244	≈ 2 100
Mangan(II)-chlorid	$MnCl_2$	126	s	2,98	650	1 190
Mangan(IV)-oxid	MnO_2	87	s	5,03	535	zers.
Mangan(II)-sulfat	$MnSO_4$	151	s	3,18	700	zers. bei 850

Name	Symbol/ Formel	Molare Masse M in g·mol⁻¹ (gerundet)	Aggregat- zustand bei 25 °C	Dichte ϱ in g·cm⁻³ bei 25 °C (* bei 0 °C)	Schmelz- tempe- ratur[1] ϑ_S in °C	Siede- tempe- ratur[1] ϑ_V in °C
Natrium	Na	23	s	0,97	98	892
Natriumbromid	NaBr	103	s	3,21	747	1 390
Natriumcarbonat- 10-Wasser	Na₂CO₃ · 10 H₂O	286	s	1,46	33	–
Natriumchlorid	NaCl	58,5	s	2,16	800	1 465
Natriumhydrogen- carbonat	NaHCO₃	84	s	2,20	zers. ab 270	–
Natriumhydroxid	NaOH	40	s	2,13	322	1 390
Natriumiodid	NaI	150	s	3,67	662	1 305
Natriumnitrat	NaNO₃	85	s	2,25	310	zers. ab 380
Natriumsulfat	Na₂SO₄	142	s	2,69	884	–
Neon	Ne	20	g	0,899 g · l⁻¹*	− 249	− 246
Ozon	O₃	48	g	2,14 g · l⁻¹*	− 193	− 111
Perchlorsäure	HClO₄	100,5	l	1,76	− 112	zers. ab 90
Phosphor (weiß)	P	31	s	1,82	44	280
Phosphor(V)-oxid	P₂O₅	142	s	2,30	562	subl. bei 358
Phosphorsäure	H₃PO₄	98	s	1,88	42	zers. ab 213
Platin	Pt	195	s	21,45	1770	3 825
Quecksilber	Hg	200,5	l	13,53	− 39	357
Quecksilber(I)-chlorid	Hg₂Cl₂	472	s	7,15	525	subl. bei 383
Quecksilber(II)-oxid	HgO	216,5	s	11,14	zers. ab 500	–
Salpetersäure	HNO₃	63	l	1,51	− 42	86
Sauerstoff	O₂	32	g	1,429 g · l⁻¹*	− 219	− 183
Schwefel (amorph)	S	32	s	1,92	120	444,6
Schwefel (monoklin)	S	32	s	1,96	119	444,6
Schwefel (rhombisch)	S	32	s	2,07	113	444,6
Schwefeldioxid	SO₂	64	g	2,926 g · l⁻¹*	− 76	− 10
Schwefelsäure	H₂SO₄	98	l	1,83	11	zers. ab 338
Schwefeltrioxid (α)	SO₃	80	l	1,99	17	45
Silber	Ag	108	s	10,50	961	2 212
Silberbromid	AgBr	188	s	6,47	430	zers. ab 700
Silberchlorid	AgCl	143	s	5,56	455	1 554
Silberiodid	AgI	235	s	5,71	557	1 506
Silbernitrat	AgNO₃	170	s	4,35	209	zers. ab 444
Silicium	Si	28	s	2,33	1410	3 280
Siliciumdioxid (Quarz)	SiO₂	60	s	2,65	1713	>2 200
Stickstoff	N₂	28	g	1,251 g · l⁻¹*	− 210	− 195,8
Stickstoffdioxid	NO₂	46	g	1,45 g · l⁻¹*	− 11	21
Stickstoffmonooxid	NO	30	g	1,340 g · l⁻¹*	− 164	− 152
Strontium	Sr	88	s	2,58	757	1 364
Wasser	H₂O	18	l	1,0	0	100
Wasserstoff	H₂	2	g	0,0899 g · l⁻¹*	− 259,3	− 252,8
Wasserstoffperoxid	H₂O₂	34	l	1,46	− 0,43	150
Xenon	Xe	131	g	5,89 g · l⁻¹*	− 112	− 108,0
Zink	Zn	65	s	7,14	419	906
Zinkchlorid	ZnCl₂	136	s	2,90	318	732
Zinkoxid	ZnO	81,5	s	5,47	1975 (u. Druck)	subl. bei 1 800

Organische Stoffe (zers.: zersetzlich; subl.: sublimiert; [1] bei 101,3 kPa)

Name	Formel	Molare Masse M in $g \cdot mol^{-1}$ (gerundet)	Aggregat-zustand bei 25 °C	Dichte ϱ in $g \cdot cm^{-3}$ bei 25 °C (* bei 0 °C)	Schmelz-tempe-ratur[1] ϑ_S in °C	Siede-tempe-ratur[1] ϑ_V in °C
Acrylnitril	$CH_2=CH-CN$	53	l	0,81	−82	78
Aminobenzol (Anilin)	⬡$-NH_2$	93	l	1,02	−6,2	184,4
2-Amino-ethansäure (Glycin)	$CH_2(NH_2)-COOH$	75	s	1,16	zer. ab 232	−
2-Amino-propan-säure (Alanin)	$CH_3-CH(NH_2)-COOH$	89	s	1,40	zers. ab 295	−
Anthracen	(Anthracen-Struktur)	178	s	1,242	216	340
Benzaldehyd	⬡$-CHO$	106	l	1,05	−26	178
Benzoesäure	⬡$-COOH$	122	s	1,27 (15 °C)	121,7	249
Benzol (Benzen)	⬡	78	l	0,88	5,49	80,1
Benzolsulfonsäure	⬡$-SO_3H$	158	s	−	≈ 60	−
Brenztraubensäure (2-Ketopropansäure)	$CH_3-\overset{\|}{\underset{O}{C}}-COOH$	88	l	1,26	11	165
Biphenyl	⬡$-$⬡	154	s	0,9896 (77 °C)	69	255
Brombenzol	⬡$-Br$	157	l	1,495	−30,6	155,6
Bromethan	CH_3-CH_2-Br	109	l	1,46	−94	38,4
Brommethan	CH_3-Br	95	g	1,73 (0 °C)	−	4
1,3-Butadien	$CH_2=CH-CH=CH_2$	54	g	0,65 (−6 °C)	−109	−4,5
Butan	$CH_3-(CH_2)_2-CH_3$	58	g	$2,703 \ g \cdot l^{-1*}$	−135	−0,5
1-Butanol	$CH_3-(CH_2)_3-OH$	74	l	0,81	−89	117
2-Butanol	$CH_3-\underset{OH}{\overset{\|}{CH}}-CH_2-CH_3$	74	l	0,81	−115	99
Butansäure (Buttersäure)	C_3H_7-COOH	88	l	0,96	−5	164
Butansäureethylester	$C_3H_7-COO-C_2H_5$	116	l	0,879 (20 °C)	−93,3	120
Chlorbenzol	⬡$-Cl$	113	l	1,10	−45	132
Chlorethan	CH_3-CH_2-Cl	64,5	g	0,92 (6 °C)	−136,4	12,3
Chlorethen (Vinylchlorid)	$CH_2=CH-Cl$	62,5	g	0,97 (−13 °C)	−159,7	−13,5
Chlormethan	CH_3Cl	50,5	g	$2,31 \ g \cdot l^{-1*}$	−97	−23,7
Citronensäure	$HO-\underset{CH_2-COOH}{\overset{CH_2-COOH}{\overset{\|}{\underset{\|}{C}}}}-COOH$	192	s	1,54	153	zers.
Cyclohexan	C_6H_{12}	84	l	0,779	6,6	80,8
Cyclohexen	C_6H_{10}	82	l	0,81	−104	83
1,2-Dibromethan	$Br-CH_2-CH_2-Br$	188	l	2,18	10	131,6
1,2-Dichlorbenzol	⬡ (mit Cl, Cl)	147	l	1,31	−17,5	179,2
1,3-Dichlorbenzol	⬡ (mit Cl, Cl)	147	l	1,29	−24,4	172
1,4-Dichlorbenzol	⬡ (mit Cl, Cl)	147	s	1,26 (55 °C)	54	173,7
Dichlordifluormethan (Freon 12)	CCl_2F_2	121	g	1,468 (−30 °C)	−158	−30

Aggregatzustand: s = fest; l = flüssig; g = gasförmig

Name	Formel	Molare Masse M in g·mol^{-1} (gerundet)	Aggregat-zustand bei 25°C	Dichte ϱ in g·cm^{-3} bei 25°C (* bei 0°C)	Schmelz-temperatur[1] ϑ_S in °C	Siede-temperatur[1] ϑ_V in °C
1,2-Dichlorethan	Cl–CH$_2$–CH$_2$–Cl	99	l	1,26	−35,5	83,7
Dichlormethan	Cl–CH$_2$–Cl	85	l	1,34	−96,7	40,7
Diethylether	C$_2$H$_5$–O–C$_2$H$_5$	74	l	0,714	−116,3	34,5
1,2-Dihydroxybenzol (Benzcatechin)	OH OH (Ringformel)	110	s	1,344	103	246
1,3-Dihydroxybenzol (Resorcin)	OH OH (Ringformel)	110	s	1,271 (15°C)	110	280
1,4-Dihydroxybenzol (p-Hydrochinon)	OH OH (Ringformel)	110	s	1,358	170	286
1,2-Dimethylbenzol (o-Xylol)	CH$_3$ CH$_3$ (Ringformel)	106	l	0,875	−25	144
1,3-Dimethylbenzol (m-Xylol)	CH$_3$ CH$_3$ (Ringformel)	106	l	0,864	−48	139
1,4-Dimethylbenzol (p-Xylol)	CH$_3$ CH$_3$ (Ringformel)	106	l	0,861	13	138
Ethan	CH$_3$–CH$_3$	30	g	1,356 g·l^{-1}*	−183,2	−88,5
Ethanal (Acetaldehyd)	CH$_3$CHO	44	g	0,788 (13°C)	−123	20,2
Ethanol	C$_2$H$_5$OH	46	l	0,79	−114,2	78,4
Ethansäure (Essigsäure)	CH$_3$COOH	60	l	1,05	16,6	118,1
Ethansäure-ethylester	CH$_3$–COO–C$_2$H$_5$	88	l	0,899	−83,6	77,1
Ethansäure-methylester	CH$_3$–COO–CH$_3$	74	l	0,92	−98	56,9
Ethen (Ethylen)	CH$_2$=CH$_2$	28	g	1,260 g·l^{-1}*	−169,5	−103,9
Ethin (Acetylen)	CH≡CH	26	g	1,17 g·l^{-1}*	−81,8	−83,8
Ethylbenzol	◎–CH$_2$–CH$_3$	106	l	0,87	−93,9	136,2
Ethylenglykol (Glykol)	HO–CH$_2$–CH$_2$–OH	62	l	1,113	−12,9	197,8
Furan	(Ringformel mit O)	68	l	0,94	−86	32
Glucose (Traubenzucker)	C$_6$H$_{12}$O$_6$	180	s	1,54	146	zers. ab 200
Glycerin (Gycerol)	CH$_2$–CH–CH$_2$ / OH OH OH	92	l	1,26	18	zers. bei 290
Harnstoff	CO(NH$_2$)$_2$	60	s	1,34	132,7	zers.
Heptan	CH$_3$–(CH$_2$)$_5$–CH$_3$	100	l	0,68	−90	98
1-Hepten	CH$_2$=CH–(CH$_2$)$_4$–CH$_3$	98	l	0,70	−119	94
Hexachlorcyclohexan (Lindan)	C$_6$H$_6$Cl$_6$	291	s	1,85	113	323
Hexadecansäure (Palmitinsäure)	CH$_3$–(CH$_2$)$_{14}$–COOH	256	s	0,85	62	271 (133 kPa)
Hexan	CH$_3$–(CH$_2$)$_4$–CH$_3$	86	l	0,659	−94,3	68,7
1-Hexen	C$_6$H$_{12}$	84	l	0,6732	−139,8	63,5
1-Hexin	C$_6$H$_{10}$	82	l	0,719 (15°C)	−124	71,5
2-Hydroxybenzoesäure (Salicylsäure)	COOH OH (Ringformel)	138	s	1,44	158	sub. bei 76 zers. 200°C
Isopropylbenzol (Cumol)	C$_6$H$_5$–CH(CH$_3$)$_2$	120	l	0,86	−97	153

Name	Formel	Molare Masse M in $g\cdot mol^{-1}$ (gerundet)	Aggregatzustand bei 25°C	Dichte ϱ in $g\cdot cm^{-3}$ bei 25°C (* bei 0°C)	Schmelztemperatur[1] ϑ_S in °C	Siedetemperatur[1] ϑ_V in °C
Methan	CH_4	16	g	$0{,}717\ g\cdot l^{-1*}$	$-182{,}5$	$-161{,}4$
Methanal (Formaldehyd)	$HCHO$	30	g	$0{,}82\ (-20°C)$	-92	-21
Methanol	CH_3OH	32	l	$0{,}79$	$-97{,}7$	$64{,}7$
Methansäure (Ameisensäure)	$HCOOH$	46	l	$1{,}22$	$8{,}4$	$100{,}5$
Methylbenzol (Toluol)	⌬$-CH_3$	92	l	$0{,}87\ (15°C)$	$-95{,}3$	$110{,}8$
2-Methylpropan (Isobutan)	$(CH_3)_2-CH-CH_3$	58	g	$2{,}67\ g\cdot l^{-1*}$	-145	$-11{,}7$
2-Methyl-2-propanol	$(CH_3)_3C-OH$	74	l	$0{,}78$	24	82
Milchsäure (2-Hydroxypropansäure)	$CH_3-\overset{\underset{\mid}{OH}}{CH}-COOH$	90	l	$1{,}21$	18	119 zers.
Naphthalin	⌬⌬	128	s	$1{,}168\ (22°C)$	$80{,}4$	$217{,}9$
Nitrobenzol	⌬$-NO_2$	123	l	$1{,}20$	$5{,}7$	$210{,}9$
Octadecansäure (Stearinsäure)	$CH_3-(CH_2)_{16}-COOH$	284,5	s	$0{,}94\ (20°C)$	69	383
Octadecen-(9)-säure (Ölsäure)	$C_{17}H_{33}COOH$	282,5	l	$0{,}89\ (25°C)$	16	360
Octan	$CH_3-(CH_2)_6-CH_3$	114	l	$0{,}7024$	$-56{,}5$	$125{,}8$
Oxalsäure (Ethandisäure)	$HOOC-COOH$	90	s	$1{,}901\ (25°C)$	$189{,}5$	subl.
Pentan	$CH_3-(CH_2)_3-CH_3$	72	l	$0{,}6337$ $(15°C)$	$-129{,}7$	$36{,}2$
Phenol	⌬$-OH$	94	s	$1{,}05\ (45°C)$	41	$181{,}4$
Phthalsäure	⌬$\begin{smallmatrix}-COOH\\-COOH\end{smallmatrix}$	166	s	$1{,}59$	210	zers. ab 231
Propan	$CH_3-CH_2-CH_3$	44	g	$2{,}01\ g\cdot l^{-1*}$	$-187{,}1$	$-42{,}1$
1-Propanol	$CH_3-(CH_2)_2-OH$	60	l	$0{,}8035$	-126	$97{,}2$
2-Propanol	$CH_3-\overset{\underset{\mid}{OH}}{CH}-CH_3$	60	l	$0{,}7854$	$-89{,}5$	82
Propanon (Aceton)	$CH_3-CO-CH_3$	58	l	$0{,}79$	-95	$56{,}1$
Propen (Propylen)	$CH_3-CH=CH_2$	42	g	$1{,}937\ g\cdot l^{-1*}$	$-185{,}2$	$-47{,}7$
Propin	$CH_3-C\equiv CH$	40	g	$1{,}787\ g\cdot l^{-1*}$	-102	$-23{,}3$
Terephthalsäure	$HOOC-$⌬$-COOH$	166	s	$1{,}51$	subl.	subl. bei ≈ 300
Tetrachlormethan (Tetrachlorkohlenstoff)	CCl_4	154	l	$1{,}60$	$-22{,}9$	$76{,}7$
Thiophen	⬠S	84	l	$1{,}06$	-38	84
Trichlormethan (Chloroform)	$CHCl_3$	119,5	l	$1{,}50\ (15°C)$	$-63{,}5$	$61{,}2$
Triiodmethan (Iodoform)	CHI_3	394	s	$4{,}008\ (17°C)$	123	218
1,3,5-Trimethylbenzol	$H_3C\overset{CH_3}{⌬}CH_3$	120	l	$0{,}86$	-44	164
2,2,4-Trimethylpentan (Isooctan)	$(CH_3)_3C-CH_2-CH(CH_3)_2$	114	l	$0{,}69$	-107	99
Vinylbenzol (Styrol, Styren)	⌬$-CH=CH_2$	104	l	$0{,}91$	-31	145

Molare Standardgrößen – Anorganische Verbindungen

Tabellierungsbedingungen für molare Standardgrößen: 25 °C (298 K) und 101,3 kPa;
$\Delta_B H_m^{\ominus}$: molare Standardbildungsenthalpie; $\Delta_B G_m^{\ominus}$: molare freie Standardbildungsenthalpie;
$S_m^{\ominus}$: molare Standardentropie

Name	Symbol/ Formel	Aggregat- zustand	$\Delta_B H_m^{\ominus}$ in $kJ \cdot mol^{-1}$	$\Delta_B G_m^{\ominus}$ in $kJ \cdot mol^{-1}$	$S_m^{\ominus}$ in $J \cdot K^{-1} \cdot mol^{-1}$
Aluminium	Al	s	0	0	28
Aluminium-Ionen	Al^{3+}	aq	−525	−481	−322
Aluminiumchlorid	$AlCl_3$	s	−706	−630	109
Aluminiumoxid	Al_2O_3	s	−1676	−1582	51
Ammoniak	NH_3	g	−46	−16	193
Ammoniaklösung	NH_3	aq	−80	−26	111
Ammonium-Ionen	NH_4^+	aq	−132	−79	113
Ammoniumchlorid	NH_4Cl	s	−315	−203	95
Ammoniumnitrat	NH_4NO_3	s	−366	−184	151
Barium-Ionen	Ba^{2+}	aq	−538	−561	10
Bariumchlorid	$BaCl_2$	s	−859	−810	124
Blei	Pb	s	0	0	65
Blei(II)-Ionen	Pb^{2+}	aq	−2	−24	10
Blei(II)-chlorid	$PbCl_2$	s	−359	−314	136
Blei(II)-oxid (rot)	PbO	s	−219	−189	66
Blei(II)-sulfat	$PbSO_4$	s	−923	−816	148
Blei(II)-sulfid	PbS	s	−99	−97	91
Brom	Br_2	g	31	3	245
Brom	Br_2	l	0	0	152
Brom-Atome	Br	g	112	82	175
Bromid-Ionen	Br^-	aq	−122	−104	82
Bromwasserstoff	HBr	g	−36	−53	199
Bromwasserstoffsäure	HBr	aq	−122	−104	82
Calcium-Ionen	Ca^{2+}	aq	−543	−554	−53
Calciumcarbonat	$CaCO_3$	s	−1207	−1129	93
Calciumchlorid	$CaCl_2$	s	−796	−748	105
Calciumchlorid-6-Wasser	$CaCl_2 \cdot 6\,H_2O$	s	−2609		
Calciumoxid	CaO	s	−635	−604	38
Calciumsulfat	$CaSO_4$	s	−1434	−1322	107
Calciumsulfat-1/2-Wasser	$CaSO_4 \cdot 1/2\,H_2O$	s	−1577	−1437	130
Calciumsulfat-2-Wasser	$CaSO_4 \cdot 2\,H_2O$	s	−2023	−1797	194
Carbonat-Ionen	CO_3^{2-}	aq	−677	−528	−57
Chlor	Cl_2	g	0	0	223
Chlor-Atome	Cl	g	121	105	165
Chlorid-Ionen	Cl^-	aq	−167	−131	56
Chlorwasserstoff	HCl	g	−92	−95	187
Chlorwasserstoffsäure (Salzsäure)	HCl	aq	−167	−131	56
Distickstoffpentaoxid	N_2O_5	g	11	118	347
Distickstofftetraoxid	N_2O_4	g	9	98	304
Eisen	Fe	s	0	0	27
Eisen(II)-Ionen	Fe^{2+}	aq	−89	−79	−138
Eisen(III)-Ionen	Fe^{3+}	aq	−49	−5	−316
Eisen(III)-chlorid	$FeCl_3$	s	−399	−334	142
Eisen(II)-oxid	FeO	s	−272	−251	61
Eisen(III)-oxid (Hämatit)	Fe_2O_3	s	−824	−742	87
Eisen(II, III)-oxid	Fe_3O_4	s	−1118	−1015	146
Eisen(II)-sulfid	FeS	s	−102	−102	60
Eisen(II)-sulfid (Pyrit)	FeS_2	s	−172	−160	53
Fluor	F_2	g	0	0	203
Fluor-Atome	F	g	79	62	159
Fluorid-Ionen	F^-	aq	−333	−279	−14
Fluorwasserstoff	HF	g	−273	−275	174

Aggregatzustand: s = fest; l = flüssig; g = gasförmig; aq = in wässriger Lösung bei $c = 1\,mol \cdot l^{-1}$

Name	Symbol/Formel	Aggregat-zustand	$\Delta_B H_m^\ominus$ in kJ $\cdot$ mol^{-1}	$\Delta_B G_m^\ominus$ in kJ $\cdot$ mol^{-1}	$S_m^\ominus$ in J $\cdot$ K$^{-1}\cdot$ mol^{-1}
Hydronium-Ionen	H_3O^+	aq	−286	−237	70
Hydroxid-Ionen	OH^-	aq	−230	−157	−11
Iod	I_2	g	62	19	261
Iod	I_2	s	0	0	116
Iod-Atome	I	g	107	70	181
Iodid-Ionen	I^-	aq	−55	−52	111
Iodwasserstoff	HI	g	26	2	207
Kalium	K	s	0	0	65
Kalium-Atome	K	g	89	60	160
Kalium-Ionen	K^+	aq	−252	−283	102
Kaliumbromid	KBr	s	−394	−380	96
Kaliumcarbonat	K_2CO_3	s	−1150	−1065	156
Kaliumchlorid	KCl	s	−437	−409	83
Kaliumhydroxid	KOH	s	−425	−379	79
Kaliumiodid	KI	s	−328	−323	106
Kaliumnitrat	KNO_3	s	−495	−395	133
Kaliumoxid	K_2O	s	−361	−323	102
Kaliumpermanganat	$KMnO_4$	s	−813	−714	172
Kohlenstoff (Diamant)	C	s	2	3	2
Kohlenstoff (Graphit)	C	s	0	0	6
Kohlenstoff-Atome	C	g	717	671	158
Kohlenstoffdioxid	CO_2	g	−394	−394	214
Kohlenstoffdisulfid	CS_2	g	117	67	238
Kohlenstoffdisulfid	CS_2	l	90	65	151
Kohlenstoffmonooxid	CO	g	−111	−137	198
Kupfer	Cu	s	0	0	33
Kupfer-Atome	Cu	g	338	298	166
Kupfer(I)-Ionen	Cu^+	aq	72	50	41
Kupfer(II)-Ionen	Cu^{2+}	aq	65	66	−100
Kupfer(II)-chlorid	$CuCl_2$	s	−218	−174	108
Kupfer(I)-oxid	Cu_2O	s	−171	−148	92
Kupfer(II)-oxid	CuO	s	−156	−128	43
Kupfer(II)-sulfat	$CuSO_4$	s	−771	−662	109
Kupfer(II)-sulfat-5-Wasser	$CuSO_4 \cdot 5\,H_2O$	s	−2280	−1880	300
Kupfer(II)-sulfid	CuS	s	−53	−53	66
Lithium	Li	s	0	0	29
Lithium-Ionen	Li^+	aq	−279	−293	−13
Lithiumoxid	Li_2O	s	−599	−562	38
Magnesium	Mg	s	0	0	33
Magnesium-Atome	Mg	g	146	112	149
Magnesium-Ionen	Mg^{2+}	aq	−467	−455	−138
Magnesiumchlorid	$MgCl_2$	s	−642	−592	90
Magnesiumoxid	MgO	s	−601	−569	27
Mangan(II)-Ionen	Mn^{2+}	aq	−221	−228	−74
Mangan(II)-oxid	MnO	s	−385	−363	60
Mangan(IV)-oxid	MnO_2	s	−520	−465	53
Natrium	Na	s	0	0	51
Natrium-Atome	Na	g	107	77	154
Natrium-Ionen	Na^+	g	611	573	148
Natrium-Ionen	Na^+	aq	−240	−262	59
Natriumbromid	NaBr	s	−361	−349	87
Natriumcarbonat	Na_2CO_3	s	−1131	−1048	139
Natriumcarbonat-10-Wasser	$Na_2CO_3 \cdot 10\,H_2O$	s	−4085		
Natriumchlorid	NaCl	g	−181	−201	230
Natriumchlorid	NaCl	s	−411	−384	72
Natriumhydroxid	NaOH	s	−426	−380	64
Natriumiodid	NaI	s	−288	−285	98
Natriumnitrat	$NaNO_3$	s	−468	−367	116
Natriumoxid	Na_2O	s	−418	−379	75
Natriumperoxid	Na_2O_2	s	−513	−450	95

Name	Symbol/ Formel	Aggregat- zustand	$\Delta_B H_m^{\ominus}$ in kJ $\cdot$ mol^{-1}	$\Delta_B G_m^{\ominus}$ in kJ $\cdot$ mol^{-1}	$S_m^{\ominus}$ in J $\cdot$ K^{-1} $\cdot$ mol^{-1}
Natriumsulfat	Na_2SO_4	s	−1388	−1270	150
Natriumsulfat-10-Wasser	$Na_2SO_4 \cdot 10 H_2O$	s	−4324	−3644	593
Nitrat-Ionen	NO_3^-	aq	−205	−109	146
Ozon	O_3	g	143	164	239
Permanganat-Ionen	MnO_4^-	aq	−541	−447	191
Phosphat-Ionen	PO_4^{3-}	aq	−1277	−1019	−222
Phosphor (weiß)	P	s	0	0	41
Phosphor (rot)	P	s	−17	−12	23
Phosphor	P_4	g	59	24,5	280
Phosphor(V)-oxid (dimer)	P_4O_{10}	s	−3010	−2723	229
Phosphorsäure	H_3PO_4	s	−1279	−1119	110
Quecksilber(II)-chlorid	$HgCl_2$	s	−230	−184	144
Quecksilber(II)-oxid (rot)	HgO	s	−91	−59	70
Salpetersäure	HNO_3	g	−134	−74	266
Salpetersäure	HNO_3	l	−174	−81	156
Sauerstoff	O_2	g	0	0	205
Sauerstoff-Atome	O	g	249	232	161
Schwefel (rhombisch)	S	s	0	0	32
Schwefel (monoklin)	S	s	0,4	0,1	33
Schwefel	S_8	g	100	49	430
Schwefeldioxid	SO_2	g	−297	−300	248
Schwefelsäure	H_2SO_4	l	−814	−690	157
Schwefeltrioxid	SO_3	g	−396	−371	257
Schwefelwasserstoff	H_2S	g	−21	−33	206
Sulfat-Ionen	SO_4^{2-}	aq	−909	−744	20
Sulfid-Ionen	S^{2-}	aq	33	86	−15
Sulfit-Ionen	SO_3^{2-}	aq	−625		44
Silber	Ag	s	0	0	43
Silber-Atome	Ag	g	284	245	173
Silber-Ionen	Ag^+	aq	106	77	73
Silberbromid	AgBr	s	−101	−97	107
Silberchlorid	AgCl	s	−127	−110	96
Silberiodid	AgI	s	−62	−66	115
Silbersulfid	Ag_2S	s	−33	−41	144
Siliciumdioxid (Quartz)	SiO_2	s	−911	−856	41
Stickstoff	N_2	g	0	0	192
Stickstoff-Atome	N	g	473	456	153
Stickstoffdioxid	NO_2	g	33	51	240
Stickstoffmonooxid	NO	g	90	87	211
Thiosulfat-Ionen	$S_2O_3^{2-}$	aq	−645		121
Tetraamminkupfer(II)-Ionen	$[Cu(NH_3)_4]^{2+}$	aq	334	−256	807
Wasser	H_2O	g	−242	−229	189
Wasser	H_2O	l	−286	−237	70
Wasserstoff	H_2	g	0	0	131
Wasserstoff-Atome	H	g	218	203	115
Wasserstoff-Ionen	H^+	aq	0	0	0
Wasserstoffperoxid	H_2O_2	l	−188	−120	110
Zink	Zn	s	0	0	42
Zink-Atome	Zn	g	130	95	161
Zink-Ionen	Zn^{2+}	aq	−154	−147	−112
Zinkchlorid	$ZnCl_2$	s	−415	−369	111
Zinkiodid	ZnI_2	s	−208	−209	161
Zinkoxid	ZnO	s	−350	−320	44

Molare Standardgrößen – Organische Verbindungen

Tabellierungsbedingungen für molare Standardgrößen: 25 °C (298 K) und 101,3 kPa;
$\Delta_B H_m^{\ominus}$: molare Standardbildungsenthalpie; $\Delta_B G_m^{\ominus}$: molare freie Standardbildungsenthalpie;
$S_m^{\ominus}$: molare Standardentropie; $\Delta_V H_m^{\ominus}$: molare Standardverbrennungsenthalpie

Name	Formel	Aggregat-zustand	$\Delta_B H_m^{\ominus}$ in kJ·mol^{-1}	$\Delta_B G_m^{\ominus}$ in kJ·mol^{-1}	$S_m^{\ominus}$ in J·K^{-1}·mol^{-1}	$\Delta_V H_m^{\ominus}$ in kJ·mol^{-1}
Aminobenzol (Anilin)	$C_6H_5NH_2$	l	31	148	192	
Acetat-Ionen	CH_3COO^-	aq	−486	−368	86	
Benzoesäure	C_6H_5COOH	s	−385	−245	167	−3221
Benzol	⬡	g	83	130	269	−3265 (l)
Benzol	⬡	l	49	125	173	
Brommethan	CH_3Br	g	−36	−27	246	
1,3-Butadien	$CH_2=CHCH=CH_2$	g	110	151	279	
Butan	$CH_3(CH_2)_2CH_3$	g	−126	−17	310	−2874
1-Buten	C_4H_8	g	0	71	306	−271,5
Campher	$C_{10}H_{16}O$	s				−5910
Chlormethan	CH_3Cl	g	−86	−63	235	
Cyclohexan	C_6H_{12}	g	−123	32	298	−3916 (l)
Cyclohexan	C_6H_{12}	l	−156	27	204	
Essigsäureethylester	$CH_3COOC_2H_5$	l	−479	−333	259	
Ethan	C_2H_6	g	−85	−33	230	−1557
Ethanal (Acetaldehyd)	CH_3CHO	g	−166	−133	264	−1191
Ethanol	C_2H_5OH	l	−277	−174	161	−1364
Ethansäure (Essigsäure)	CH_3COOH	l	−484	−389	160	−872
Ethen	C_2H_4	g	52	68	219	−1409
Ethin	C_2H_2	g	227	209	201	−1299
Ethylenglykol (Glykol)	$HO-CH_2-CH_2-OH$	l	−454	−327	179	
Fluormethan	CH_3F	g	−234	−210	223	
Formiat-Ionen	$HCOO^-$	aq	−426	−351	92	
α-D-Glucose	$C_6H_{12}O_6$	s	−1274	−910	212	−2820
Glycerin	$C_3H_5(OH)_3$	l	−666	−480	205	−1650
Glycin	NH_2CH_2COOH	s	−529	−369	104	
Harnstoff	$CO(NH_2)_2$	s	−333	−197	105	
Heptan	C_7H_{16}	l	−224	1	329	
Heptan	C_7H_{16}	g	−188	8	428	
Hexan	C_6H_{14}	l	−199	−4	296	−4158
Hexan	C_6H_{14}	g	−167	0	389	
Methan	CH_4	g	−75	−51	186	−889
Methanal (Formaldehyd)	$HCHO$	g	−116	−110	219	−563
Methanol	CH_3OH	g	−201	−162	240	−725 (l)
Methanol	CH_3OH	l	−239	−166	127	
Methansäure (Ameisensäure)	$HCOOH$	l	−425	−361	129	−270
Methansäure (Ameisensäure)	$HCOOH$	aq	−426	−351	92	
Methylbenzol (Toluol)	⬡–CH_3	l	12	114	221	−3907
Nitrobenzol	⬡–NO_2	l	16	146	224	
Nonan	C_9H_{20}	g	−229	25	506	−6118
Nonan	C_9H_{20}	l	−275	12	394	
Octan	C_8H_{18}	g	−208	17	467	
Octan	C_8H_{18}	l	−250	7	361	−5464
Palmitinsäure	$C_{15}H_{31}COOH$	s	−903	−315	476	

Aggregatzustand: s = fest; l = flüssig; g = gasförmig; aq = in wässriger Lösung bei $c = 1\ mol \cdot l^{-1}$

Name	Formel	Aggregat-zustand	$\Delta_B H_m^\ominus$ in kJ·mol^{-1}	$\Delta_B G_m^\ominus$ in kJ·mol^{-1}	$S_m^\ominus$ in J·K^{-1}·mol^{-1}	$\Delta_V H_m^\ominus$ in kJ·mol^{-1}
Pentan	C_5H_{12}	g	−146	−8	349	
Pentan	C_5H_{12}	l	−173	−9	263	−3509
Phenol	⬡–OH	s	−165	−50	144	−3050
Propan	C_3H_8	g	−104	−23	270	−2217
Propanal	CH_3CH_2CHO	g	−192	−131	305	−1815 (l)
1-Propanol	C_3H_7OH	g	−258	−163	325	−2016
2-Propanol	C_3H_7OH	g	−272	−173	310	−2003
2-Propanol	C_3H_7OH	l	−318	−180	180	
Propanon (Aceton)	CH_3COCH_3	l	−248	−155	200	−1785
Propen	$CH_3CH{=}CH_2$	g	20	63	267	−2056
Propin	$CH_3C{\equiv}CH$	g	185	194	248	−1936
Saccharose	$C_{12}H_{22}O_{11}$	s	−2222	−1544	360	−5650
Stearinsäure	$C_{17}H_{35}COOH$	s	−949			−11298
Tetrabrommethan	CBr_4	g	50	36	358	
Tetrachlormethan	CCl_4	l	−133	−63	216	
Tetrachlormethan	CCl_4	g	−100	−58	310	
Trichlormethan (Chloroform)	$CHCl_3$	g	−101	−68	296	
Trichlormethan (Chloroform)	$CHCl_3$	l	−132	−71	203	
Triiodmethan (Iodoform)	CHI_3	g	220	187	356	

Griechische Zahlwörter in der chemischen Nomenklatur

Ziffer	Zahlwort	Ziffer	Zahlwort	Ziffer	Zahlwort
1/2	hemi	7	hepta	14	tetradeca
1	mono	8	octa	15	pentadeca
2	di, bis	9	nona	16	hexadeca
3	tri	10	deca	17	heptadeca
4	tetra	11	undeca	18	octadeca
5	penta	12	dodeca	19	enneadeca
6	hexa	13	trideca	20	eicosa

Massenanteil und Dichte von sauren und alkalischen Lösungen

Lösung	Verdünnte Lösung *gesättigte Lösung bei 20 °C			Konzentrierte Lösung		
	Massen-anteil in %	Dichte bei 20 °C in g·cm^{-3}	Stoffmengen-konzentration in mol·l^{-1}	Massen-anteil in %	Dichte bei 20 °C in g·cm^{-3}	Stoffmengen-konzentration in mol·l^{-1}
Salzsäure	7	1,033	2	37	1,18	12
Schwefelsäure	9	1,059	1	96	1,84	17,97
Salpetersäure	12	1,066	2	65	1,39	14,35
Phosphorsäure	10	1,05	1,1	85	1,69	14,65
Essigsäure	12	1,015	2	98	1,05	17,22
Natronlauge	8	1,087	2,2	32	1,35	10,79
Kalilauge	11	1,1	2,2	27	1,26	6,12
Kalkwasser	0,12*	1,001*	0,017*			
Barytwasser	1,8	1,04*	0,11*			
Ammoniaklösung	3	0,987	1,7	25	0,91	13,35

Molare Gitterenthalpie $\Delta_G H_m$ von Ionensubstanzen bei 25 °C

Ver-bindung	$\Delta_G H_m$ in kJ·mol^{-1}	Ver-bindung	$\Delta_G H_m$ in kJ·mol^{-1}	Ver-bindung	$\Delta_G H_m$ in kJ·mol^{-1}	Ver-bindung	$\Delta_G H_m$ in kJ·mol^{-1}
LiF	−1039	NaCl	−780	CaF$_2$	−2617	MgO	−3929
LiCl	−850	KCl	−710	CaCl$_2$	−2231	CaO	−3477
LiBr	−802	RbCl	−686	CaBr$_2$	−2134	SrO	−3205
LiI	−742	CsCl	−651	CaI$_2$	−2043	BaO	−3042

Molare Hydratationsenthalpie $\Delta_H H_m$ einiger Ionen bei 25 °C

Ion	$\Delta_H H_m$ in kJ·mol^{-1}	Ion	$\Delta_H H_m$ in kJ·mol^{-1}	Ion	$\Delta_H H_m$ in kJ·mol^{-1}
H$_3$O$^+$	−1085	Be^{2+}	−2500	OH$^-$	−365
Li$^+$	−510	Mg^{2+}	−1910	F$^-$	−510
Na$^+$	−400	Ca^{2+}	−1580	Cl$^-$	−380
K$^+$	−325	Sr^{2+}	−1430	Br$^-$	−340
Rb$^+$	−300	Ba^{2+}	−1290	I$^-$	−300
Cs$^+$	−270	Al^{3+}	−4610	NO$_3^-$	−256

Umschlagsbereiche für Säure-Base-Indikatoren

Indikator	pH-Wert-Bereich des Farbumschlages	Farbe des Indikators	
		unterer pH-Wert	oberer pH-Wert
Thymolblau 1. Stufe	1,2 … 2,8	rot	gelb
Methylgelb	2,4 … 4,0	rot	gelb
Methylorange	3,0 … 4,4	rot	gelborange
Methylrot	4,4 … 6,2	rosa	gelb
Lackmus	5,0 … 8,0	rot	blau
Bromthymolblau	6,0 … 7,6	gelb	blau
Thymolblau 2. Stufe	8,0 … 9,6	gelb	blau
Phenolphthalein	8,3 … 10,0	farblos	rot
Alizaringelb	10,1 … 12	gelb	orangebraun

Komplexzerfallskonstanten (Dissoziationskonstanten) bei 25 °C

Gleichgewicht	Komplexzerfallskonstante K_D	p$K_D = -\lg\{K_D\}$
$[Ag(CN)_2]^- \rightleftharpoons Ag^+ + 2\,CN^-$	$1{,}0 \cdot 10^{-20}$ mol$^2 \cdot$ l^{-2}	20
$[Ag(NH_3)_2]^+ \rightleftharpoons Ag^+ + 2\,NH_3$	$6{,}0 \cdot 10^{-8}$ mol$^2 \cdot$ l^{-2}	7,2
$[Ag(S_2O_3)_2]^{3-} \rightleftharpoons Ag^+ + 2\,S_2O_3^{2-}$	$5{,}0 \cdot 10^{-14}$ mol$^2 \cdot$ l^{-2}	13,3
$[AlF_6]^{3-} \rightleftharpoons Al^{3+} + 6\,F^-$	$1{,}4 \cdot 10^{-20}$ mol$^6 \cdot$ l^{-6}	19,9
$[Co(NH_3)_6]^{2+} \rightleftharpoons Co^{2+} + 6\,NH_3$	$1{,}3 \cdot 10^{-5}$ mol$^6 \cdot$ l^{-6}	4,9
$[Co(NH_3)_6]^{3+} \rightleftharpoons Co^{3+} + 6\,NH_3$	$2{,}2 \cdot 10^{-34}$ mol$^6 \cdot$ l^{-6}	33,7
$[Cu(NH_3)_4]^{2+} \rightleftharpoons Cu^{2+} + 4\,NH_3$	$4{,}7 \cdot 10^{-15}$ mol$^4 \cdot$ l^{-4}	14,3
$[Fe(CN)_6]^{4-} \rightleftharpoons Fe^{2+} + 6\,CN^-$	$1{,}0 \cdot 10^{-35}$ mol$^6 \cdot$ l^{-6}	35

Säurekonstanten K_S und Basekonstanten K_B bei 22 °C

Säure-stärke	K_S in mol · l^{-1}	pK_S	Formel der Säure	Formel der korrespon-dierenden Base	pK_B	K_B in mol · l^{-1}	Base-stärke
	$1,0 \cdot 10^{11}$	-11	HI	I$^-$	25	$1,0 \cdot 10^{-25}$	
	$1,0 \cdot 10^{10}$	-10	HClO$_4$	ClO$_4^-$	24	$1,0 \cdot 10^{-24}$	
	$1,0 \cdot 10^{9}$	-9	HBr	Br$^-$	23	$1,0 \cdot 10^{-23}$	
	$1,0 \cdot 10^{7}$	-7	HCl	Cl$^-$	21	$1,0 \cdot 10^{-21}$	
	$1,0 \cdot 10^{3}$	-3	H$_2$SO$_4$	HSO$_4^-$	17	$1,0 \cdot 10^{-17}$	
	$55,5$	$-1,74$	H$_3$O$^+$	H$_2$O	$15,74$	$1,8 \cdot 10^{-16}$	
	$2,1 \cdot 10^{1}$	$-1,32$	HNO$_3$	NO$_3^-$	$15,32$	$4,8 \cdot 10^{-16}$	
	$6,6 \cdot 10^{-1}$	$0,18$	[(NH$_2$)CO(NH$_3$)]$^+$	CO(NH$_2$)$_2$	$13,82$	$1,5 \cdot 10^{-14}$	
	$5,6 \cdot 10^{-2}$	$1,25$	HOOC–COOH	HOOC–COO$^-$	$12,75$	$1,77 \cdot 10^{-13}$	
	$1,5 \cdot 10^{-2}$	$1,81$	H$_2$SO$_3$	HSO$_3^-$	$12,19$	$6,5 \cdot 10^{-13}$	
	$1,2 \cdot 10^{-2}$	$1,92$	HSO$_4^-$	SO$_4^{2-}$	$12,08$	$8,3 \cdot 10^{-13}$	
	$7,5 \cdot 10^{-3}$	$2,12$	H$_3$PO$_4$	H$_2$PO$_4^-$	$11,88$	$1,3 \cdot 10^{-12}$	
	$6,0 \cdot 10^{-3}$	$2,22$	[Fe(H$_2$O)$_6$]$^{3+}$	[Fe(OH)(H$_2$O)$_5$]$^{2+}$	$11,78$	$1,7 \cdot 10^{-12}$	
	$7,2 \cdot 10^{-4}$	$3,14$	HF	F$^-$	$10,86$	$1,4 \cdot 10^{-11}$	
	$4,5 \cdot 10^{-4}$	$3,35$	HNO$_2$	NO$_2^-$	$10,65$	$2,2 \cdot 10^{-11}$	
	$1,8 \cdot 10^{-4}$	$3,75$	HCOOH	HCOO$^-$	$10,25$	$5,6 \cdot 10^{-11}$	
	$2,6 \cdot 10^{-5}$	$4,58$	C$_6$H$_5$NH$_3^+$	C$_6$H$_5$NH$_2$	$9,42$	$3,8 \cdot 10^{-10}$	
	$1,8 \cdot 10^{-5}$	$4,75$	CH$_3$COOH	CH$_3$COO$^-$	$9,25$	$5,6 \cdot 10^{-10}$	
	$1,4 \cdot 10^{-5}$	$4,85$	[Al(H$_2$O)$_6$]$^{3+}$	[Al(OH)(H$_2$O)$_5$]$^{2+}$	$9,15$	$7,1 \cdot 10^{-10}$	
	$3,0 \cdot 10^{-7}$	$6,52$	H$_2$CO$_3$	HCO$_3^-$	$7,48$	$3,3 \cdot 10^{-8}$	
	$1,2 \cdot 10^{-7}$	$6,92$	H$_2$S	HS$^-$	$7,08$	$8,3 \cdot 10^{-8}$	
	$9,1 \cdot 10^{-8}$	$7,04$	HSO$_3^-$	SO$_3^{2-}$	$6,96$	$1,1 \cdot 10^{-7}$	
	$6,2 \cdot 10^{-8}$	$7,20$	H$_2$PO$_4^-$	HPO$_4^{2-}$	$6,80$	$1,6 \cdot 10^{-7}$	
	$5,6 \cdot 10^{-10}$	$9,25$	NH$_4^+$	NH$_3$	$4,75$	$1,8 \cdot 10^{-5}$	
	$4,0 \cdot 10^{-10}$	$9,40$	HCN	CN$^-$	$4,60$	$2,5 \cdot 10^{-5}$	
	$2,5 \cdot 10^{-10}$	$9,60$	[Zn(H$_2$O)$_6$]$^{2+}$	[Zn(OH)(H$_2$O)$_5$]$^+$	$4,40$	$4,0 \cdot 10^{-5}$	
	$1,3 \cdot 10^{-10}$	$9,89$	C$_6$H$_5$OH	C$_6$H$_5$O$^-$	$4,11$	$7,8 \cdot 10^{-5}$	
	$4,0 \cdot 10^{-11}$	$10,40$	HCO$_3^-$	CO$_3^{2-}$	$3,60$	$2,5 \cdot 10^{-4}$	
	$4,4 \cdot 10^{-13}$	$12,36$	HPO$_4^{2-}$	PO$_4^{3-}$	$1,64$	$2,3 \cdot 10^{-2}$	
	$1,0 \cdot 10^{-13}$	$13,00$	HS$^-$	S^{2-}	$1,00$	$1,0 \cdot 10^{-1}$	
	$1,8 \cdot 10^{-16}$	$15,74$	H$_2$O	OH$^-$	$-1,74$	$55,5$	
	$1,0 \cdot 10^{-23}$	23	NH$_3$	NH$_2^-$	-9	$1,0 \cdot 10^{9}$	
	$1,0 \cdot 10^{-24}$	24	OH$^-$	O^{2-}	-10	$1,0 \cdot 10^{10}$	

Kryoskopische und ebullioskopische Konstanten k_G und k_S von Lösemitteln

Lösemittel	Schmelztemperatur ϑ_S in °C	k_G in K · kg · mol^{-1}	Siedetemperatur ϑ_V in °C	k_S in K · kg · mol^{-1}
Wasser	0	1,86	100	0,515
Benzol	5,5	5,12	80,1	2,53
Cyclohexan	6,5	20,2	80,8	2,79
Campher	179,5	40,4		
Essigsäure	16,6	3,9	118,1	3,07
Ethanol	−114,2	7,3	78,8	1,20

Löslichkeitsprodukte bei 25 °C

Name des Stoffes	Formel	Löslichkeitsprodukt K_L		Löslichkeits-exponent pK_L
		Zahlenwert	Einheit	
Aluminiumhydroxid	$Al(OH)_3$	$1{,}0 \cdot 10^{-33}$	$mol^4 \cdot l^{-4}$	33,0
Bariumcarbonat	$BaCO_3$	$8{,}1 \cdot 10^{-9}$	$mol^2 \cdot l^{-2}$	8,1
Bariumhydroxid	$Ba(OH)_2$	$4{,}3 \cdot 10^{-3}$	$mol^3 \cdot l^{-3}$	2,4
Bariumphosphat	$Ba_3(PO_4)_2$	$6{,}0 \cdot 10^{-38}$	$mol^5 \cdot l^{-5}$	37,2
Bariumsulfat	$BaSO_4$	$1{,}0 \cdot 10^{-10}$	$mol^2 \cdot l^{-2}$	10,0
Bismut(III)-sulfid	Bi_2S_3	$1{,}6 \cdot 10^{-72}$	$mol^5 \cdot l^{-5}$	71,8
Blei(II)-carbonat	$PbCO_3$	$3{,}3 \cdot 10^{-14}$	$mol^2 \cdot l^{-2}$	13,5
Blei(II)-chlorid	$PbCl_2$	$2{,}0 \cdot 10^{-5}$	$mol^3 \cdot l^{-3}$	4,7
Bleihydroxid	$Pb(OH)_2$	$2{,}8 \cdot 10^{-16}$	$mol^3 \cdot l^{-3}$	15,55
Blei(II)-iodid	PbI_2	$8{,}7 \cdot 10^{-9}$	$mol^3 \cdot l^{-3}$	8,1
Blei(II)-sulfid	PbS	$3{,}4 \cdot 10^{-28}$	$mol^2 \cdot l^{-2}$	27,5
Blei(II)-sulfat	$PbSO_4$	$1{,}5 \cdot 10^{-8}$	$mol^2 \cdot l^{-2}$	7,8
Cadmiumcarbonat	$CdCO_3$	$2{,}5 \cdot 10^{-14}$	$mol^2 \cdot l^{-2}$	13,6
Cadmiumhydroxid	$Cd(OH)_2$	$1{,}2 \cdot 10^{-14}$	$mol^3 \cdot l^{-3}$	13,9
Cadmiumsulfid	CdS	$1{,}0 \cdot 10^{-29}$	$mol^2 \cdot l^{-2}$	29,0
Calciumcarbonat	$CaCO_3$	$4{,}8 \cdot 10^{-9}$	$mol^2 \cdot l^{-2}$	8,3
Calciumhydroxid	$Ca(OH)_2$	$5{,}5 \cdot 10^{-6}$	$mol^3 \cdot l^{-3}$	5,3
Calciumoxalat	$Ca(COO)_2$	$2{,}6 \cdot 10^{-9}$	$mol^2 \cdot l^{-2}$	8,6
Calciumphospat	$Ca_3(PO_4)_2$	$1{,}0 \cdot 10^{-25}$	$mol^5 \cdot l^{-5}$	25,0
Calciumsulfat	$CaSO_4$	$6{,}1 \cdot 10^{-5}$	$mol^2 \cdot l^{-2}$	4,2
Eisen(II)-hydroxid	$Fe(OH)_2$	$4{,}8 \cdot 10^{-16}$	$mol^3 \cdot l^{-3}$	15,3
Eisen(III)-hydroxid	$Fe(OH)_3$	$3{,}8 \cdot 10^{-38}$	$mol^4 \cdot l^{-4}$	37,4
Eisen(II)-phospat	$Fe_3(PO_4)_2$	$1{,}0 \cdot 10^{-36}$	$mol^5 \cdot l^{-5}$	36,0
Eisen(III)-phospat	$FePO_4$	$4{,}0 \cdot 10^{-27}$	$mol^2 \cdot l^{-2}$	26,4
Eisen(II)-sulfid	FeS	$5{,}0 \cdot 10^{-18}$	$mol^2 \cdot l^{-2}$	17,3
Kupfer(I)-chlorid	$CuCl$	$1{,}0 \cdot 10^{-6}$	$mol^2 \cdot l^{-2}$	6,0
Kupfer(II)-sulfid	CuS	$8{,}0 \cdot 10^{-45}$	$mol^2 \cdot l^{-2}$	44,1
Magnesiumcarbonat	$MgCO_3$	$2{,}6 \cdot 10^{-5}$	$mol^2 \cdot l^{-2}$	4,6
Magnesiumhydroxid	$Mg(OH)_2$	$2{,}6 \cdot 10^{-12}$	$mol^3 \cdot l^{-3}$	11,6
Magnesiumphospat	$Mg_3(PO_4)_2$	$6{,}0 \cdot 10^{-23}$	$mol^5 \cdot l^{-5}$	22,2
Manganhydroxid	$Mn(OH)_2$	$4{,}0 \cdot 10^{-14}$	$mol^3 \cdot l^{-3}$	13,4
Nickel(II)-hydroxid	$Ni(OH)_2$	$1{,}6 \cdot 10^{-14}$	$mol^3 \cdot l^{-3}$	13,8
Nickelsulfid	NiS	$1{,}0 \cdot 10^{-26}$	$mol^2 \cdot l^{-2}$	26,0
Quecksilber(I)-chlorid (Kalomel)	Hg_2Cl_2	$2{,}0 \cdot 10^{-18}$	$mol^3 \cdot l^{-3}$	17,7
Quecksilber(II)-sulfid (schwarz)	HgS	$1{,}0 \cdot 10^{-52}$	$mol^2 \cdot l^{-2}$	52,0
Silberbromid	$AgBr$	$6{,}3 \cdot 10^{-13}$	$mol^2 \cdot l^{-2}$	12,2
Silbercarbonat	Ag_2CO_3	$6{,}2 \cdot 10^{-12}$	$mol^3 \cdot l^{-3}$	11,2
Silberchlorid	$AgCl$	$1{,}6 \cdot 10^{-10}$	$mol^2 \cdot l^{-2}$	9,8
Silberchromat	Ag_2CrO_4	$4{,}0 \cdot 10^{-12}$	$mol^3 \cdot l^{-3}$	11,4
Silberhydroxid	$AgOH$	$1{,}5 \cdot 10^{-8}$	$mol^2 \cdot l^{-2}$	7,8
Silberiodid	AgI	$1{,}5 \cdot 10^{-16}$	$mol^2 \cdot l^{-2}$	15,8
Silberphospat	Ag_3PO_4	$1{,}8 \cdot 10^{-18}$	$mol^4 \cdot l^{-4}$	17,7
Silbersulfid	Ag_2S	$1{,}6 \cdot 10^{-49}$	$mol^3 \cdot l^{-3}$	48,8
Zinkcarbonat	$ZnCO_3$	$6{,}0 \cdot 10^{-11}$	$mol^2 \cdot l^{-2}$	10,2

Elektrochemische Spannungsreihe der Metalle (Standardpotenziale bei 25 °C und 101,3 kPa)

Reduktionsmittel $\rightleftharpoons$ Oxidationsmittel $+ z \cdot e^-$			Redoxpaar	Standardpotenzial $E^\ominus$ in V
Li (s)	$\rightleftharpoons$ Li$^+$(aq)	$+e^-$	Li/Li$^+$	$-3{,}04$
K (s)	$\rightleftharpoons$ K$^+$(aq)	$+e^-$	K/K$^+$	$-2{,}92$
Ba (s)	$\rightleftharpoons$ Ba^{2+}(aq)	$+2e^-$	Ba/Ba^{2+}	$-2{,}90$
Ca (s)	$\rightleftharpoons$ Ca^{2+}(aq)	$+2e^-$	Ca/Ca^{2+}	$-2{,}87$
Na (s)	$\rightleftharpoons$ Na$^+$(aq)	$+e^-$	Na/Na$^+$	$-2{,}71$
Mg (s)	$\rightleftharpoons$ Mg^{2+}(aq)	$+2e^-$	Mg/Mg^{2+}	$-2{,}36$
Be (s)	$\rightleftharpoons$ Be^{2+}(aq)	$+2e^-$	Be/Be^{2+}	$-1{,}85$
Al (s)	$\rightleftharpoons$ Al^{3+}(aq)	$+3e^-$	Al/Al^{3+}	$-1{,}66$
Ti (s)	$\rightleftharpoons$ Ti^{3+}(aq)	$+3e^-$	Ti/Ti^{3+}	$-1{,}21$
Mn (s)	$\rightleftharpoons$ Mn^{2+}(aq)	$+2e^-$	Mn/Mn^{2+}	$-1{,}18$
V (s)	$\rightleftharpoons$ V^{2+}(aq)	$+2e^-$	V/V^{2+}	$-1{,}17$
Zn (s)	$\rightleftharpoons$ Zn^{2+}(aq)	$+2e^-$	Zn/Zn^{2+}	$-0{,}76$
Cr (s)	$\rightleftharpoons$ Cr^{3+}(aq)	$+3e^-$	Cr/Cr^{3+}	$-0{,}74$
Fe (s)	$\rightleftharpoons$ Fe^{2+}(aq)	$+2e^-$	Fe/Fe^{2+}	$-0{,}41$
Cd (s)	$\rightleftharpoons$ Cd^{2+}(aq)	$+2e^-$	Cd/Cd^{2+}	$-0{,}40$
Co (s)	$\rightleftharpoons$ Co^{2+}(aq)	$+2e^-$	Co/Co^{2+}	$-0{,}28$
Ni (s)	$\rightleftharpoons$ Ni^{2+}(aq)	$+2e^-$	Ni/Ni^{2+}	$-0{,}23$
Sn (s)	$\rightleftharpoons$ Sn^{2+}(aq)	$+2e^-$	Sn/Sn^{2+}	$-0{,}14$
Pb (s)	$\rightleftharpoons$ Pb^{2+}(aq)	$+2e^-$	Pb/Pb^{2+}	$-0{,}13$
Fe (s)	$\rightleftharpoons$ Fe^{3+}(aq)	$+3e^-$	Fe/Fe^{3+}	$-0{,}02$
$H_2(g) + 2\,H_2O(l) \rightleftharpoons 2\,H_3O^+(aq)$		$+2e^-$	$H_2/2\,H_3O^+$	$0.00\ (pH=0)$
Cu (s)	$\rightleftharpoons$ Cu^{2+}(aq)	$+2e^-$	Cu/Cu^{2+}	$+0{,}35$
Cu (s)	$\rightleftharpoons$ Cu$^+$(aq)	$+e^-$	Cu/Cu$^+$	$+0{,}52$
Ag (s)	$\rightleftharpoons$ Ag$^+$(aq)	$+e^-$	Ag/Ag$^+$	$+0{,}80$
Hg (I)	$\rightleftharpoons$ Hg^{2+}(aq)	$+2e^-$	Hg/Hg^{2+}	$+0{,}85$
Pt (s)	$\rightleftharpoons$ Pt^{2+}(aq)	$+2e^-$	Pt/Pt^{2+}	$+1{,}20$
Au (s)	$\rightleftharpoons$ Au^{3+}(aq)	$+3e^-$	Au/Au^{3+}	$+1{,}50$

Elektrochemische Spannungsreihe der Nichtmetalle (Standardpotenziale bei 25 °C und 101,3 kPa)

Reduktionsmittel $\rightleftharpoons$ Oxidationsmittel $+ z \cdot e^-$			Redoxpaar	Standardpotenzial $E^\ominus$ in V
Se^{2-}(aq)	$\rightleftharpoons$ Se (s)	$+2e^-$	Se^{2-}/Se	$-0{,}92$
S^{2-}(aq)	$\rightleftharpoons$ S (s)	$+2e^-$	S^{2-}/S	$-0{,}48$
2 I$^-$(aq)	$\rightleftharpoons$ I$_2$(s)	$+2e^-$	2 I$^-$/I$_2$	$+0{,}54$
2 Br$^-$(aq)	$\rightleftharpoons$ Br$_2$(I)	$+2e^-$	2 Br$^-$/Br$_2$	$+1{,}07$
2 Cl$^-$(aq)	$\rightleftharpoons$ Cl$_2$(g)	$+2e^-$	2 Cl$^-$/Cl$_2$	$+1{,}36$
2 F$^-$(aq)	$\rightleftharpoons$ F$_2$(g)	$+2e^-$	2 F$^-$/F$_2$	$+2{,}87$

s = fest; l = flüssig; g = gasförmig; aq = in wässriger Lösung

Elektrochemische Spannungsreihe einiger Redoxreaktionen (Standardpotenziale bei 25 °C und 101,3 kPa)

Reduktionsmittel	⇌ Oxidationsmittel	$+ z \cdot e^-$	Standardpotenzial $E^\ominus$ in V
$H_2(g) + 2\,OH^-\,(aq)$	$\rightleftharpoons 2\,H_2O\,(l)$	$+2e^-$	$-0{,}83^*$ für pH = 14
$Cd(s) + 2\,OH^-\,(aq)$	$\rightleftharpoons Cd\,(OH)_2\,(s)$	$+2e^-$	$-0{,}82^*$ für pH = 14
$C_2O_4^{2-}\,(aq)$	$\rightleftharpoons 2\,CO_2\,(g)$	$+2e^-$	$-0{,}49$
$H_2(g) + 2\,H_2O\,(l)$	$\rightleftharpoons 2\,H_3O^+\,(aq)$	$+2e^-$	$-0{,}41^*$ für pH = 7
$Cr^{2+}\,(aq)$	$\rightleftharpoons Cr^{3+}\,(aq)$	$+e^-$	$-0{,}41$
$Pb(s) + SO_4^{2-}\,(aq)$	$\rightleftharpoons PbSO_4\,(s)$	$+2e^-$	$-0{,}36$
$HCOOH\,(l) + 2\,H_2O(l)$	$\rightleftharpoons CO_2(g) + 2\,H_3O^+\,(aq)$	$+2e^-$	$-0{,}20^*$ für pH = 0
$HCHO\,(g) + 3\,H_2O\,(l)$	$\rightleftharpoons HCOOH\,(l) + 2\,H_3O^+\,(aq)$	$+2e^-$	$+0{,}06$ für pH = 0
$H_2S\,(g) + 2\,H_2O\,(l)$	$\rightleftharpoons 2\,H_3O^+\,(aq) + S\,(s)$	$+2e^-$	$+0{,}14$
$Cu^+\,(aq)$	$\rightleftharpoons Cu^{2+}\,(aq)$	$+e^-$	$+0{,}17$
$Ag\,(s) + Cl^-\,(aq)$	$\rightleftharpoons AgCl\,(s)$	$+e^-$	$+0{,}22$
$4\,OH^-\,(aq)$	$\rightleftharpoons O_2\,(g) + 2\,H_2O\,(l)$	$+4e^-$	$+0{,}40^*$ für pH = 14
$AsO_3^{3-}\,(aq) + 3\,H_2O\,(l)$	$\rightleftharpoons AsO_4^{3-}\,(aq) + 2\,H_3O^+\,(aq)$	$+2e^-$	$+0{,}56^*$ für pH = 0
$MnO_2\,(s) + 4\,OH^-\,(aq)$	$\rightleftharpoons MnO_4^-\,(aq) + 2\,H_2O\,(l)$	$+3e^-$	$+0{,}59^*$ für pH = 14
$H_2O_2\,(l) + 2\,H_2O(l)$	$\rightleftharpoons O_2\,(g) + 2\,H_3O^+\,(aq)$	$+2e^-$	$+0{,}68^*$ für pH = 0
$Fe^{2+}\,(aq)$	$\rightleftharpoons Fe^{3+}\,(aq)$	$+e^-$	$+0{,}77$
$4\,OH^-\,(aq)$	$\rightleftharpoons O_2\,(g) + 2\,H_2O\,(l)$	$+4e^-$	$+0{,}82^*$ für pH = 7
$NO\,(g) + 6\,H_2O\,(l)$	$\rightleftharpoons NO_3^-\,(aq) + 4\,H_3O^+\,(aq)$	$+3e^-$	$+0{,}96^*$ für pH = 0
$6\,H_2O\,(l)$	$\rightleftharpoons O_2\,(g) + 4\,H_3O^+\,(aq)$	$+4e^-$	$+1{,}23^*$ für pH = 0
$Mn^{2+}(aq) + 6\,H_2O\,(l)$	$\rightleftharpoons MnO_2\,(s) + 4\,H_3O^+\,(aq)$	$+2e^-$	$+1{,}23^*$ für pH = 0
$2\,Cr^{3+}(aq) + 21\,H_2O\,(l)$	$\rightleftharpoons Cr_2O_7^{2-}\,(aq) + 14\,H_3O^+\,(aq)$	$+6e^-$	$+1{,}33^*$ für pH = 0
$Pb^{2+}\,(aq) + 6\,H_2O\,(l)$	$\rightleftharpoons PbO_2(s) + 4\,H_3O^+\,(aq)$	$+2e^-$	$+1{,}46^*$ für pH = 0
$Mn^{2+}\,(aq) + 12\,H_2O\,(l)$	$\rightleftharpoons MnO_4^-\,(aq) + 8\,H_3O^+\,(aq)$	$+5e^-$	$+1{,}51^*$ für pH = 0
$PbSO_4(s) + 6\,H_2O\,(l)$	$\rightleftharpoons PbO_2(s) + 4\,H_3O^+\,(aq) + SO_4^{2-}\,(aq)$	$+2e^-$	$+1{,}69^*$ für pH = 0
$4\,H_2O\,(l)$	$\rightleftharpoons H_2O_2\,(l) + 2\,H_3O^+\,(aq)$	$+2e^-$	$+1{,}77^*$ für pH = 0
$2\,SO_4^{2-}\,(aq)$	$\rightleftharpoons S_2O_8^{2-}\,(aq)$	$+2e^-$	$+2{,}01$
$O_2\,(g) + 3\,H_2O\,(l)$	$\rightleftharpoons O_3(g) + 2\,H_3O^+\,(aq)$	$+2e^-$	$+2{,}07$

* pH-Wert-abhängige Zellspannungen; s = fest; l = flüssig; g = gasförmig; aq = in wässriger Lösung

Löslichkeit einiger Gase in Wasser (Löslichkeit in g Gas je kg Wasser bei 101,3 kPa)

Gas		Temperatur in °C					
Name	Chemisches Zeichen	0	20	25	40	60	80
Helium	He	0,0017	0,0015	0,0015	0,0014	0,0013	
Argon	Ar	0,099	0,059	0,053	0,042	0,030	
Wasserstoff	H_2	0,0019	0,0016	0,0015	0,0014	0,0012	0,0008
Stickstoff	N_2	0,0294	0,0190	0,0175	0,0139	0,0105	0,0066
Sauerstoff	O_2	0,0694	0,0434	0,0393	0,0308	0,0227	0,0138
Chlor	Cl_2	5,0	7,25	6,41	4,59	3,30	2,23
Ammoniak	NH_3	897	529	480	316	168	65
Schwefelwasserstoff	H_2S	7,07	3,85	3,38	2,36	1,48	0,77
Schwefeldioxid	SO_2	228	113	94,1	54,1		
Kohlenstoffmonooxid	CO	0,0440	0,0284	0,0260	0,0208	0,0152	0,0098
Kohlenstoffdioxid	CO_2	3,35	1,69	1,45	0,973	0,576	
Methan	CH_4	0,0396	0,0232	0,0209	0,0159	0,0114	0,0070
Ethan	C_2H_6	0,132	0,062	0,0535	0,0366	0,0239	0,0134
Ethen	C_2H_4	0,281	0,149	0,131			

Größengleichungen der Chemie

Stoffmenge, molare Masse, molares Volumen und Normvolumen

Berechnungen zur Stoffmenge n

$n = \dfrac{N}{N_A}$	n　Stoffmenge einer Stoffportion N　Teilchenanzahl einer Stoffportion N_A　Avogadro-Konstante $(6{,}022\,141\,5 \cdot 10^{23}\,\text{mol}^{-1})$
$n = \dfrac{m}{M}$	m　Masse M　molare Masse
$n = \dfrac{V}{V_m}$　$n = \dfrac{V_n}{V_{m,n}}$	V_n　Normvolumen $V_{m,n}$　molares Normvolumen
$n = c \cdot V(\text{Ls})$	c　Stoffmengenkonzentration eines Stoffes $V(\text{Ls})$　Volumen der Lösung
$n = \dfrac{p \cdot V}{R \cdot T}$	p　Druck　V Volumen　T Temperatur R　(universelle) Gaskonstante $(8{,}314\,472\,\text{J} \cdot \text{K}^{-1} \cdot \text{mol}^{-1})$

Berechnungen zur molaren Masse M

$M = \dfrac{m}{n}$	m　Masse n　Stoffmenge
$M = \dfrac{m \cdot V_{m,n}}{V_n}$	$V_{m,n}$　molares Normvolumen V_n　Normvolumen
$M = \dfrac{m \cdot R \cdot T}{p \cdot V}$	R　(universelle) Gaskonstante $(8{,}314\,472\,\text{J} \cdot \text{K}^{-1} \cdot \text{mol}^{-1})$ T　Temperatur
$M = V_m \cdot \varrho$	p　Druck V　Volumen V_m　molares Volumen ϱ　Dichte
$M(\text{B}) = k_G \cdot \dfrac{m(\text{B})}{\Delta T_G \cdot m(\text{Lm})}$	$M(\text{B})$　molare Masse des Stoffes B $m(\text{B})$　Masse des Stoffes B k_G　kryoskopische Konstante 　(molale Gefriertemperaturerniedrigung des Lösemittels) ΔT_G　Gefriertemperaturerniedrigung 　$\Delta T_G = T(\text{Lm}) - T(\text{Ls})$ $m(\text{Lm})$　Masse des Lösemittels
$M(\text{B}) = k_S \cdot \dfrac{m(\text{B})}{\Delta T_S \cdot m(\text{Lm})}$	k_S　ebullioskopische Konstante 　(molale Siedetemperaturerhöhung des Lösemittels) ΔT_S　Siedetemperaturerhöhung

Berechnungen zum molaren Volumen V_m

$V_m = \dfrac{V}{n}$	V　Volumen n　Stoffmenge
$V_{m,n} = \dfrac{V_n}{n}$	$V_{m,n}$　molares Normvolumen V_n　Normvolumen

Berechnung zum Normvolumen V_n

$V_n = \dfrac{p \cdot T_n}{p_n \cdot T} \cdot V$	T_n　Normtemperatur $273{,}15\,\text{K}$ p_n　Normdruck $101{,}3\,\text{kPa}$
$V_n = n \cdot V_{m,n}$	

Zusammensetzungsgrößen

Massenanteil w

$$w(B) = \frac{m(B)}{m(Gem)}$$

$m(B)$	Masse des Stoffes B
$m(Gem)$	Masse des Stoffgemisches
Einheiten:	$1; \%; \‰; ppm, ppb, ppt$
	% (Prozent) entspricht 10^{-2}
	‰ (Promille) entspricht 10^{-3}
	ppm (parts per million) entspricht 10^{-6}
	ppb (parts per billion) entspricht 10^{-9}
	ppt (parts per trillion) entspricht 10^{-12}

Volumenanteil φ

$$\varphi(B) = \frac{V(B)}{\sum V(Ko)}$$

$V(B)$	Volumen des Stoffes B
$\sum V(Ko)$	Summe der Volumina der Komponenten des Stoffgemisches
Einheiten:	$1; \%; \‰; ppm, ppb, ppt$

Stoffmengenanteil x

$$x(B) = \frac{n(B)}{\sum n(Ko)}$$

$n(B)$	Stoffmenge des Stoffes B
$\sum n(Ko)$	Summe der Stoffmengen der Komponenten des Gemisches
Einheiten:	$1; \%; \‰; ppm, ppb, ppt$

Massenkonzentration β

$$\beta(B) = \frac{m(B)}{V(Ls)}$$

$m(B)$	Masse des Stoffes B
$V(Ls)$	Volumen der Lösung
Einheit:	$g \cdot l^{-1}$

Volumenkonzentration σ

$$\sigma(B) = \frac{V(B)}{V(Ls)}$$

$\sigma(B)$	Volumenkonzentration des Stoffes B
$V(Ls)$	Volumen der Lösung
Einheit:	$1 \cdot l^{-1}$

Stoffmengenkonzentration c

$$c(B) = \frac{n(B)}{V(Ls)}$$

$n(B)$	Stoffmenge des gelösten Stoffes B
$V(Ls)$	Volumen der Lösung
Einheiten:	$mol \cdot m^{-3}; mol \cdot l^{-1}$

Molalität b

$$b(B) = \frac{n(B)}{m(Lm)}$$

$$b(B) = \frac{m(B)}{m(Lm) \cdot M(B)}$$

$b(B)$	Molalität des Stoffes B in einer Lösung
$m(B)$	Masse des zu lösenden Stoffes B
$M(B)$	molare Masse des zu lösenden Stoffes B
$m(Lm)$	Masse des Lösemittels
Einheiten:	$mol \cdot g^{-1}; mol \cdot kg^{-1}$

Mischungsgleichung – Mischungskreuz (Mischungsregel)

$$m_1 \cdot w_1 + m_2 \cdot w_2 = (m_1 + m_2) \cdot w_3$$

w_1, w_2	Massenanteile eines Stoffes in den Lösungen 1 und 2
w_3	Massenanteil eines Stoffes in der herzustellenden Lösung
m_1, m_2	Massen der Lösungen 1 und 2

Chemische Thermodynamik

Molare Reaktionsenergie (Änderung der molaren inneren Energie) $\Delta_R U_m$

$\Delta_R U_m = Q_m - p \cdot \Delta_R V_m$	Q_m	molare Reaktionswärme

Molare Reaktionsenthalpie $\Delta_R H_m$

$\Delta_R H_m = \Delta_R U_m + p \cdot \Delta_R V_m$	$\Delta_R U_m$	molare Reaktionsenergie
	$\Delta_R V_m$	molares Reaktionsvolumen
	p	Druck

Berechnungen mit der kalorimetrischen Grundgleichung

$\Delta_R H_m = -\dfrac{m(H_2O) \cdot c_p(H_2O) \cdot \Delta T}{n_F}$	$m(H_2O)$	Masse des Kalorimeterwassers
	$c_p(H_2O)$	spezifische Wärmekapazität des Wassers bei konstantem Druck
	ΔT	Temperaturänderung
	n_F	Stoffmenge der Formelumsätze

Berechnung der molaren Standardreaktionsenthalpie $\Delta_R H_m^{\ominus}$ nach dem Satz von Hess

Für die Reaktion $v_A A + v_B B \rightarrow v_C C + v_D D$ gilt: $\Delta_R H_m^{\ominus} = [v_C \cdot \Delta_B H_m^{\ominus}(C) + v_D \cdot \Delta_B H_m^{\ominus}(D)]$ $\quad - [v_A \cdot \Delta_B H_m^{\ominus}(A) + v_B \cdot \Delta_B H_m^{\ominus}(B)]$	$\Delta_B H_m^{\ominus}$ $v_{A,B,C,D}$	molare Standardbildungsenthalpie Stöchiometriezahl der Stoffe A, B, C, D

Molare Lösungsenthalpie $\Delta_L H_m$

$\Delta_L H_m = \Delta_H H_m - \Delta_G H_m$	$\Delta_H H_m$	molare Hydratationsenthalpie
	$\Delta_G H_m$	molare Gitterenthalpie

Berechnung der molaren Gitterenthalpie $\Delta_G H_m$ (Born-Haber-Kreisprozess)

$\Delta_G H_m = \Delta_B H_m^{\ominus} - \Delta_S H_m^{\ominus} - \dfrac{1}{2} \cdot \Delta_D H_m^{\ominus}$ $\quad - \Delta_I H_m - \Delta_E H_m$	$\Delta_S H_m^{\ominus}$ $\Delta_D H_m^{\ominus}$ $\Delta_I H_m$ $\Delta_E H_m$	molare Standardsublimationsenthalpie molare Standardbindungs-(Standarddissoziations-)enthalpie molare Ionisierungsenthalpie molare Elektronenaffinität

Entropie S und molare Standardreaktionsentropie $\Delta_R S_m^{\ominus}$

$S = k \cdot \ln W; \quad k = \dfrac{R}{N_A}$ $\Delta_R S_m^{\ominus} = S_m^{\ominus}(R\,p) - S_m^{\ominus}(As)$ $\Delta S_U = -\dfrac{\Delta_R H_m^{\ominus}}{T}$	k W $S_m^{\ominus}$ Rp As ΔS_U	Boltzmann-Konstante thermodynamische Wahrscheinlichkeit molare Standardentropie Reaktionsprodukte Ausgangsstoffe Entropieänderung der Umgebung

Molare freie Reaktionsenthalpie $\Delta_R G_m$ (Gibbs-Helmholtz-Gleichung)

$\Delta_R G_m = \Delta_R H_m - T \cdot \Delta_R S_m$	$\Delta_R G_m$	molare freie Reaktionsenthalpie
	$\Delta_R S_m$	molare Reaktionsentropie
	T	Temperatur der Reaktion in K

Reaktionskinetik

Mittlere (durchschnittliche) Reaktionsgeschwindigkeit v

$$v = -\frac{\Delta c(A)}{v(A) \cdot \Delta t} \quad \text{bzw.} \quad v = -\frac{\Delta p(A)}{v(A) \cdot \Delta t}$$	$\Delta c(A)$ — Änderung der Stoffmengenkonzentration eines Ausgangsstoffes v — Stöchiometriezahl $\Delta p(A)$ — Änderung des Partialdruckes eines Ausgangsstoffes

Momentane Reaktionsgeschwindigkeit v

$$v = -\frac{1}{v(A)} \cdot \frac{dc(A)}{dt} \quad \text{bzw.} \quad v = -\frac{1}{v(A)} \cdot \frac{dp(A)}{dt}$$	

Geschwindigkeitsgleichung für eine Reaktion erster Ordnung

Für die Reaktion $A \rightarrow B + C$ gilt: $$v = -\frac{dc(A)}{dt} = k \cdot c(A)$$ $$\ln\{c(A)\} = \ln\{c_0(A)\} - k \cdot t$$	k — Reaktionsgeschwindigkeitskonstante $c(A)$ — Stoffmengenkonzentration des Stoffes A t — Zeit c_0 — Anfangskonzentration des Stoffes A $\{c(A)\} = \dfrac{c(A)}{\text{mol} \cdot l^{-1}}$

Reaktionsgeschwindigkeit und Temperatur (Arrhenius-Gleichung)

$$k = A \cdot e^{-\frac{E_A}{R \cdot T}}$$ $$\ln\{k\} = \ln\{A\} - \frac{E_A}{R \cdot T}$$	k — Reaktionsgeschwindigkeitskonstante A — Aktionskonstante (Frequenzfaktor) e — Euler'sche Zahl E_A — molare Aktivierungsenergie R — (universelle) Gaskonstante T — absolute Temperatur

Chemisches Gleichgewicht

Massenwirkungsgesetz (MWG)

Für die Reaktion $v_A A + v_B B \rightleftharpoons v_C C + v_D D$ gilt: $$K_c = \frac{c^{v_C}(C) \cdot c^{v_D}(D)}{c^{v_A}(A) \cdot c^{v_B}(B)}$$ $$K_p = \frac{p^{v_C}(C) \cdot p^{v_D}(D)}{p^{v_A}(A) \cdot p^{v_B}(B)}$$ $$K_p = K_c \cdot (R \cdot T)^{\Delta v}$$	K_c, K_p — Gleichgewichtskonstanten c — Stoffmengenkonzentration p — Partialdruck v — Stöchiometriezahl Einheit der Gleichgewichtskonstante K_c: $(\text{mol} \cdot l^{-1})^{\Delta v}$ mit $\Delta v = (v_C + v_D) - (v_A + v_B)$ Einheit der Gleichgewichtskonstante K_p: $k Pa^{\Delta v}$

Gleichgewichtskonstante K

Molare freie Standardreaktionsenthalpie $\Delta_R G_m^{\ominus}$ und Gleichgewichtskonstante K $$\Delta_R G_m^{\ominus} = -R \cdot T \cdot \ln\{K\}$$ Für die Berechnung der Gleichgewichtskonstante bei verschiedenen Temperaturen gilt: $$\ln\{K_2\} = \ln\{K_1\} + \frac{\Delta_R H_m^{\ominus}}{R} \cdot \frac{T_2 - T_1}{T_1 \cdot T_2}$$

Säure-Base-Gleichgewichte

Ionenprodukt K_W und Ionenexponent des Wassers pK_W	
$K_W = c(H_3O^+) \cdot c(OH^-)$ $pK_W = -\lg\{K_W\}$ $pK_W = pH + pOH = 14$	$K_W = 10^{-14}\ \mathrm{mol^2 \cdot l^{-2}}$ (bei $22\,^\circ$C) $\{K_W\}$ Zahlenwert für das Ionenprodukt des Wassers

pH-Wert und pOH-Wert	
$pH = -\lg\{c(H_3O^+)\}$ $c(H_3O^+) = 10^{-pH}$ $pOH = -\lg\{c(OH^-)\}$	$c(H_3O^+)$ Hydronium-Ionenkonzentration $\{c(H_3O^+)\}$ Zahlenwert der Hydronium-Ionenkonzentration $c(OH^-)$ Hydroxid-Ionenkonzentration $\{c(OH^-)\}$ Zahlenwert der Hydroxid-Ionenkonzentration

Säurekonstante K_S und Säureexponent pK_S	
Für die Reaktion $HA + H_2O \rightleftharpoons H_3O^+ + A^-$ gilt: $K_S = \dfrac{c(H_3O^+) \cdot c(A^-)}{c(HA)}$ $pK_S = -\lg\{K_S\}$ $pK_S = 14 - pK_B$	HA Säure H_3O^+ korrespondierende Base K_S Säurekonstante pK_S Säureexponent $\{K_S\}$ Zahlenwert der Säurekonstante

Basekonstante K_B und Baseexponent pK_B	
Für die Reaktion $B + H_2O \rightleftharpoons OH^- + BH^+$ gilt: $K_B = \dfrac{c(OH^-) \cdot c(BH^+)}{c(B)}$ $pK_B = -\lg\{K_B\}$ $pK_B = 14 - pK_S$	B Base BH^+ korrespondierende Säure K_B Basekonstante pK_B Baseexponent $\{K_B\}$ Zahlenwert der Basekonstante

Protolysegrad der Säure α_S und der Base α_B	
$\alpha_S = \dfrac{c(H_3O^+)}{c_0(HA)} \qquad \alpha_B = \dfrac{c(OH^-)}{c_0(B)}$	$c_0(HA)$ Ausgangskonzentration der Säure HA $c_0(B)$ Ausgangskonzentration der Base B

Ostwald'sches Verdünnungsgesetz	
$K_S = \dfrac{\alpha_S^2}{1-\alpha_S} \cdot c_0(HA) \qquad K_B = \dfrac{\alpha_B^2}{1-\alpha_B} \cdot c_0(B)$	α_S Protolysegrad der Säure K_S Säurekonstante K_B Basekonstante α_B Protolysegrad der Base

Berechnung des pH-Wertes wässriger Lösungen
sehr starke Säuren ($K_S > 10^{1,74}\ \mathrm{mol \cdot l^{-1}}$): $pH = -\lg\{c_0(HA)\}$
mittelstarke bis sehr schwache Säuren ($K_S < 10^{-4}\ \mathrm{mol \cdot l^{-1}}$): $pH = \dfrac{1}{2}(pK_S - \lg\{c_0(HA)\})$
starke Säuren $\left(10^{-2} < \dfrac{K_S}{c_0} < 10^2\right)$: $c(H_3O^+) = -\dfrac{K_S}{2} + \sqrt{\left(\dfrac{K_S}{2}\right)^2 + K_S \cdot c_0(HA)}$
Ampholyte: $pH = \dfrac{1}{2}(14 + pK_S - pK_B)$

pH-Wert einer Pufferlösung (Henderson-Hasselbalch-Gleichung)

$$\text{pH} = \text{p}K_S + \lg \frac{c(\text{A}^-)}{c(\text{HA})}$$

Auswertung von Titrationen

$$z_1 \cdot c_1 \cdot V_1 = z_2 \cdot c_2 \cdot V_2$$

Berechnung der Stoffmengenkonzentration:

$$c_1 = \frac{c_2 \cdot V_2}{V_1} \cdot \frac{z_2}{z_1}$$

Berechnung der Masse:

$$m_1 = M_1 \cdot c_2 \cdot V_2 \cdot \frac{z_2}{z_1}$$

c_1	Stoffmengenkonzentration der zu bestimmenden Lösung
c_2	Stoffmengenkonzentration der Maßlösung
V_1	Volumen der zu bestimmenden Lösung
V_2	Volumen der verbrauchten Maßlösung
n_1	Stoffmenge des zu bestimmenden Stoffes
n_2	Masse des zu bestimmenden Stoffes
M_1	molare Masse des zu bestimmenden Stoffes
z_1	Äquivalenzzahl des Stoffes in der zu bestimmenden Lösung
z_2	Äquivalenzzahl des Stoffes in der Maßlösung

Löslichkeitsgleichgewichte

Löslichkeitsprodukt K_L und Löslichkeitsexponent $\text{p}K_L$

Für das Gleichgewicht $\text{M}_a\text{L}_b \rightleftharpoons a\,\text{M}^{m+} + b\,\text{L}^{n-}$ gilt:

$$K_L(\text{M}_a\text{L}_b) = c^a(\text{M}^{m+}) \cdot c^b(\text{L}^{n-})$$

$$\text{p}K_L = -\lg\{K_L\}$$

Einheit des Löslichkeitsproduktes:

$$[K_L(\text{M}_a\text{L}_b)] = \text{mol}^{a+b} \cdot 1^{-(a+b)}$$

$\{K_L\}$ Zahlenwert des Löslichkeitsproduktes

Löslichkeit l

$$l(\text{M}_a\text{L}_b) = \sqrt[a+b]{\frac{K_L(\text{M}_a\text{L}_b)}{a^a \cdot b^b}}$$

Komplexzerfallskonstante K_D und Komplexzerfallsexponent $\text{p}K_D$

Für das Gleichgewicht $\text{ML}_n \rightleftharpoons \text{M} + n\,\text{L}$ gilt:

$$K_D = \frac{c(\text{M}) \cdot c^n(\text{L})}{c(\text{ML}_n)}$$

$$K_D = \frac{1}{K_{St}}$$

$$\text{p}K_D = -\lg\{K_D\} = \lg\{K_{St}\}$$

K_{St}	Komplexstabilitätskonstante
$\text{p}K_D$	Komplexzerfallsexponent
$\{K_{St}\}$	Zahlenwert der Komplexstabilitätskonstante

Elektrochemie

Berechnung nach den Faraday'schen Gesetzen

$$I \cdot t = F \cdot n \cdot z$$

$$\frac{m}{M} = \frac{I \cdot t}{z \cdot F}$$

F	Faraday-Konstante ($9{,}64853 \cdot 10^4\,\text{C} \cdot \text{mol}^{-1}$)
n	Stoffmenge
z	Anzahl der Elementarladungen
t	Zeit
M	molare Masse
m	Masse
I	elektrische Stromstärke

Berechnung des Redoxpotenzials E (Nernst-Gleichung)

Für die Reaktion Red $\rightleftharpoons$ Ox $+ z \cdot e^-$ gilt: $$E = E^\ominus + \frac{R \cdot T}{z \cdot F} \cdot \ln \frac{c(\text{Ox})}{c(\text{Red})}$$ Für 25 °C ergibt sich: $$E = E^\ominus + \frac{0{,}059\,\text{V}}{z} \cdot \lg \frac{c(\text{Ox})}{c(\text{Red})}$$ $$E = E^\ominus + \frac{0{,}059\,\text{V}}{z} \cdot \lg c(\text{Me}^{z+})$$	E — Redoxpotenzial $E^\ominus$ — Standardelektrodenpotenzial für die Redoxreaktion z — ausgetauschte Elektronenanzahl je Formelumsatz $c(\text{Ox})$ — Stoffmengenkonzentration des Oxidationsmittels $c(\text{Red})$ — Stoffmengenkonzentration des Reduktionsmittels $c(\text{Me}^{z+})$ — Stoffmengenkonzentration der Metall-Ionen R — universelle Gaskonstante T — Temperatur

Zellspannung U

$$U = \Delta E = E(\text{Katode}) - E(\text{Anode})$$	U — Zellspannung

Zellspannung U und pH-Wert einer Lösung

Aus der Zellspannung U einer Konzentrationszelle, die aus einer Standard-Wasserstoff-Halbzelle und einer Wasserstoff-Halbzelle mit einer Elektrolytlösung besteht, lässt sich der pH-Wert der Lösung berechnen:

$$\text{pH} = \frac{U}{0{,}059\,\text{V}}$$

Zellspannung U und Gleichgewichtskonstante K

Im elektrochemischen Gleichgewicht bei $U = 0$ gilt: $$U^\ominus = \frac{R \cdot T}{z \cdot F} \cdot \ln\{K\}$$	$U^\ominus$ — Standardzellspannung R — universelle Gaskonstante T — Temperatur F — Faraday-Konstante

Molare freie Reaktionsenthalpie $\Delta_\text{R} G_\text{m}$ und Zellspannung U

$$\Delta_\text{R} G_\text{m} = -z \cdot F \cdot U$$

Elektrischer Leitwert G

$$G = \frac{1}{R}$$	G — elektrischer Leitwert R — elektrischer Widerstand

Kernchemie ($\nearrow$ auch Physik, Kernphysik)

Halbwertszeit und Aktivität

$$T_{1/2} = \frac{\ln 2}{\lambda}$$ $$A = \lambda \cdot N = \ln 2 \, \frac{N_A \cdot m}{T_{1/2} \cdot M}$$	$T_{1/2}$ — Halbwertszeit λ — Zerfallskonstante A — Aktivität eines Radionuklids N — Anzahl der zerfallsfähigen Kerne des Präparats m — Masse des Präparats M — molare Masse N_A — Avogadro-Konstante ($6{,}022\,141\,99 \cdot 10^{23}\,\text{mol}^{-1}$)

Radioaktives Zerfallsgesetz

$$N = N_0 \cdot e^{-\lambda \cdot t}$$ $$\ln N = \ln N_0 - \lambda \cdot t = \ln N_0 - \frac{\ln 2}{T_{1/2}} \cdot t$$	N — Anzahl der vorhandenen Atomkerne zum Zeitpunkt t N_0 — Anzahl der vorhandenen Atomkerne zum Zeitpunkt $t = 0$

Biologie

Allgemeine Angaben

Ungefähre Artenanzahlen einiger wichtiger Tiergruppen weltweit (nach Flindt 2000)

Tiergruppe	Artenanzahl	Tiergruppe	Artenanzahl
Einzeller	40 000	Insekten	1 000 000
Schwämme	5 000	Heuschrecken	20 000
Hohltiere	10 000	Käfer	350 000
Plattwürmer	16 100	Schmetterlinge	120 000
Fadenwürmer	23 000	Wirbeltiere	46 500
Weichtiere (Mollusca)	130 000	Fische	20 600
Schnecken	85 000	Lurche	3 300
Ringelwürmer	17 000	Kriechtiere	6 300
Spinnentiere	68 000	Vögel	8 600
Krebse	50 000	Säugetiere	3 700

Ungefähre Artenanzahlen einiger wichtiger Pflanzengruppen weltweit (nach Flindt 2000)

Pflanzengruppe	Artenanzahl	Pflanzengruppe	Artenanzahl
Prokaryota	3 600	Dicotyledoneae	177 000
Eukaryotische Algen	33 000	Magnoliidae	13 200
Pilze	90 000	Dilleniidae	29 600
Moose	26 000	Rosidae	57 700
Flechten	20 000	Asteridae	64 000
Farnartige	15 000	Monocotyledoneae	52 800
Samenpflanzen	236 000	Commelinidae	19 700
Nacktsamer	800	Arecidae	5 700
Bedecktsamer	235 000	Liliidae	26 800

Maximales Alter verschiedener Lebewesen (nach Flindt 2000)

Lebewesen	Höchst-alter*	Lebewesen	Höchst-alter*	Lebewesen	Höchst-alter*	Lebewesen	Höchst-alter*
Tiere		Tiere		Pflanzen		Pflanzen	
Rädertierchen	2…3 T.	Huhn	30 J.	Eichenfarn	7 J.	Ölbaum	700 J.
Stubenfliege	76 T.	Anakonda	31 J.	Heidekraut	42 J.	Rotbuche	900 J.
Bienenarbeiterin	6 Wo.	Feuersalamander	43 J.	Eberesche	80 J.	Zeder	1 300 J.
Bettwanze	6 M.	Braunbär	47 J.	Birke	120 J.	Eiche	1 300 J.
Lanzettfischchen	7 M.	Adler	60…80 J.	Salweide	150 J.	Eibe	1 800 J.
Bienenkönigin	5 J.	Elefant	70 J.	Apfelbaum	200 J.	Linde	1 900 J.
Eidechsen	5…8 J.	Storch	70…100 J.	Kirsche	400 J.	Feige	2 000 J.
Regenwurm	10 J.	Esel	100 J.	Efeu	440 J.	Mammut-	
Vogelspinne	15 J.	Elefanten-		Wacholder	500 J.	baum	4 000 J.
Laubfrosch	22 J.	schildkröte	150 J.	Kiefer	500 J.	Borstenkiefer	4 600 J.

* Zeitangaben: T. = Tage, Wo. = Wochen, M. = Monate, J. = Jahre

Zellbiologie

Lebensdauer von Zellen in verschiedenen Organen des Menschen (verändert nach Flindt 1995)

Organe	Durchschnittliche Lebensdauer in Tagen	Organe	Durchschnittliche Lebensdauer in Tagen
Leber	10,0…20,0	Harnblase	64
Magen (Pylorus)	1,8… 9,1	Epidermis:	
Magen (Cardia)	9,1	– Lippen	14,7
Dünndarm	1,3… 1,6	– Fußsohlen	19,1
Dickdarm	10,0	– Bauch	19,4
Enddarm	6,2	– Ohr	34,5
After	4,3	Rote Blutkörperchen	120,0
Luftröhre	47,5	Weiße Blutkörperchen	1,0…3,0
Lunge (Alveolen)	8,1	Nervensystem	keine Erneuerung

Größe von Zellen oder Zellorganellen (nach Flindt 1995)

	Länge	Durchmesser		Länge	Durchmesser
Virus, Maul- und Klauenseuche		10 nm	Epidermis, Zwiebel		400 µm
Influenza-Virus		120 nm	Faserzelle, Lein	40…65 mm	
Tabak-Mosaik-Virus	28 nm		Faserzelle, Brennnessel	50…75 mm	
Micrococcus (Bakterie)		0,2 µm	Internodalzelle, Chara	40…80 mm	
Escherichia coli (Bakterie)	3 µm		Faserzelle, Ramiepflanze	400 mm	
Thiospirillum (Bakterie)	80 µm		Zelle Mundschleimhaut, Mensch		60…80 µm
Hefezellen		6…8 µm	Chondriosomen		0,5…0,8 µm
Chlamydomonas (Geißelalge)		20 µm	Dictyosomen	0,2…5,5 µm	
Kieselalgen, gestreckte Form	180 µm		Chloroplasten Ribosomen		4…8 µm 10…15 nm
Kieselalgen, runde Form		35 µm	Elementar-Membran, Pflanzen		6…8 nm
Rotes Blutkörperchen, Mensch		7,5 µm	Doppelmembran, ER, Pflanzen		25…30 nm
Spermium, Mensch	50 µm		Zellmembran, Mensch, Mundschleimhaut		7,67 nm
Eizelle, Mensch		100 µm	Zellmembran, Mensch, Erythrozyt		8,5 nm
Straußenei	150 mm				
Epidermis, Eiche		28 µm			
Markgewebe, Holunder		200 µm			

Dauer der Zellteilung (Mitose) verschiedener Zellen (nach Flindt 1995)

Art und Zelle	Prophase	Metaphase	Anaphase	Telophase	Mitosedauer
Sonnentierchen	12 min	3… 6 min	4 min		30 min
Saubohne, Meristem	90 min	31 min	34 min	34 min	189 min
Erbse, Endosperm	40 min	20 min	12 min	110 min	182 min
Iris, Endosperm	40…60 min	10…30 min	12…22 min	40…75 min	140 min
Gräser, Spaltöffnungszellen	36…45 min	7…10 min	15…20 min	20…35 min	78…110 min
Molch, Fibroblasten	18 min	38 min	26 min	28 min	110 min
Hühnchen, Fibroblasten	45 min	6 min	2 min	10 min	63 min
Hühnchen, Mesenchym	30…60 min	2…10 min	2… 3 min	3…12 min	37… 82 min
Ratte, Leberzellen	4 h	10 min	30 min	30 min	5 h 10 min
Drosophila-Eier, Furchung	4 min	30 s	1 min	50 s	6 min 20 s

Sinnes- und Nervenphysiologie

Obergrenze der Hörfähigkeit bei Tieren und beim Mensch (verändert nach Flindt 1995)

Art	Obergrenze in kHz	Art	Obergrenze in kHz	Art	Obergrenze in kHz
Hai	2	Uhu	8	Meerschweinchen	33
Zwergwels	13	Huhn	38	Mensch	
Ochsenfrosch	4	Kanarienvogel	10	– Kind	21
Brillenkaiman	6	Wellensittich	14	– 35 Jahre	15
Eidechsen	8	Delfin	200	– 50 Jahre	12
Schlangen	0	Fledermaus	400	– Greis	5
Sperling	18	Hund	135	Grillen	8
Star	15	Katze	47	Laubheuschrecken	90

Schallpegel verschiedener Geräusche (verändert nach Flindt 1995)

Geräusch	dB(A)*	Geräusch	dB(A)*
Schwellenlautstärke	0	Staubsauger, Straßenverkehr	80
leises Flüstern	10	Motorrad, Lkw, starker Straßenverkehr	90
ruhige Unterhaltung, ruhige Wohnung	40	Propellerflugzeug, Rockkonzert	120
normale Unterhaltung,		Schmerzgrenze, Lärm in Kesselschmiede	130
Lautsprecher auf Zimmerlautstärke	50	Düsenjäger beim Start	140

* dB(A): Intensität der frequenzabhängigen Wahrnehmung des menschlichen Ohres

Erregungsleitungsgeschwindigkeit in Nerven (verändert nach Flindt 1995)

Tierart	Nervenfasertyp	Durchmesser in μm	Erregungsleitungs-geschwindigkeit in m/s
Ohrenqualle (Aurelia)	Nervennetz	6 … 12	0,5
Regenwurm	mediale Riesenfaser	50 … 90	30
	laterale Riesenfaser	40 … 60	11,3
Hummer	Beinnerv	60 … 80	14 … 18
Karpfen	laterale Faser	20	47
Frosch	A-Faser	15	30
Mensch	A-Faser	10 … 20	60 … 120
	B-Faser	3	3 … 15
	C-Faser	0,3 … 1,3	0,6 … 2,3

Anzahl der Rezeptoren und ableitenden Nervenfasern der Sinne des Menschen (nach Flindt 1995)

Sinn	Anzahl der Rezeptoren	Anzahl der Nervenfasern	Sinn	Anzahl der Rezeptoren	Anzahl der Nervenfasern
Auge	$2 \cdot 10^8$	$2 \cdot 10^6$	Druck	$5 \cdot 10^5$	10^6
Ohr	$3 \cdot 10^4$	$2 \cdot 10^4$	Schmerz	$3 \cdot 10^6$	10^6
Geschmack	10^7	$2 \cdot 10^3$	Wärme	10^4	10^6
Geruch	10^7	$2 \cdot 10^3$	Kälte	10^5	10^6

Stoff- und Energiewechsel

Ernährung

Grundumsatz GU	$GU = 4{,}2\,\text{kJ} \cdot t \cdot m_\text{k}$ bei Jugendlichen: $6{,}2\,\text{kJ} \cdot t \cdot m_\text{k}$	t m_k	Zeit in Stunden Körpermasse in kg
Leistungsumsatz LU	$LU = (t_1 \cdot EV_1) + (t_2 \cdot EV_2) + \ldots + (t_\text{n} \cdot EV_\text{n})$	t EV	Zeit in Stunden für die ausgeführte Tätigkeit Energieumsatz je Stunde der Tätigkeit
Gesamtumsatz $GesU$	$GesU = GU + LU$		
Nährstoffbedarf Nb	$Nb = Bf \cdot m_\text{k}$	Bf	Bedarfsfaktor der Nährstoffe
Energiebedarf Eb	$Eb = (Nb_\text{KH} \cdot EG_\text{KH}) + (Nb_\text{Fett} \cdot EG_\text{Fett})$ $+ (Nb_\text{Eiw} \cdot EG_\text{Eiw})$	EG	Energiegehalt der Nährstoffe
Energiegehalt einer Mahlzeit EG_m	$EG_\text{m} = EG_\text{n1} + EG_\text{n2} + \ldots + EG_\text{nn}$	EG_n	Energiegehalt der Nahrungsmittel

Täglich benötigte Nahrungsmenge verschiedener Lebewesen (verändert nach Flindt 1995)

Lebewesen	Nahrungsbedarf in % der Körpermasse	Lebewesen	Nahrungsbedarf in % der Körpermasse	Lebewesen	Nahrungsbedarf in % der Körpermasse
Anakonda	0,013	Rind	3,0	Star	11,9
Indischer		Huhn	3,5	Blaumeise	30
Elefant	1,0	Bussard	4,5	Maus	40
Bär	2,0	Steinkauz	6,5	Maulwurf	100
Tiger	2,8	Turmfalke	8	Spitzmaus	100
Löwe	2,9	Singdrossel	10	Kolibri	200

Täglicher Energiebedarf von Säuglingen, Kindern und Jugendlichen (nach Flindt 1995)

Alter	Mittlere Körpermasse in kg	Energiebedarf (Gesamtumsatz)			
		je kg Körpermasse		je Tag	
		in kJ	in kcal	in kJ	in kcal
1… 2 Monate	5,3	480	115	2 544	609
3… 6 Monate	6,8	460	110	3 128	748
6… 9 Monate	8,4	420	100	3 528	840
9…12 Monate	9,8	405	97	3 969	950
3 Jahre	15,3	395	95	6 043	1 453
5 Jahre	18,1	375	90	6 787	1 629
10 Jahre	31,3	310	74	9 703	2 316
15 Jahre	55,4	222	53	12 298	2 936
18 Jahre	65,5	205	49	13 427	3 209

Energie-, Nährstoff-, Wasser- und Vitamingehalt ausgewählter Nahrungsmittel (nach Flindt 1995)

Nahrungsmittel in g (berechnet auf 100 g)	Energiegehalt		Nährstoffgehalt in g			Wasser-gehalt in g	Vitamingehalt			
	in kJ	in kcal	Eiweiß	Fett	Kohlen-hydrate		A in I. E.	B in mg	C in mg	E in mg
Roggenbrot	950	227	6,4	1,0	52,7	38,5	o. A.	o. A.	o. A.	o. A.
Brötchen	1 126	269	6,8	0,5	58,0	34,0	o. A.	o. A.	o. A.	o. A.
Spagetti	1 544	369	12,5	1,2	75,2	10,4	o. A.	o. A.	o. A.	o. A.
Weizenmehl	1 385	331	12,1	2,1	71,5	12,6	−	0,06	−	−
Kartoffeln	318	76	2,1	0,1	17,7	79,8	5	0,11	20	0,06
Walnüsse	2 725	651	14,8	64,0	15,8	3,5	30	1,43	2	1,5
Bananen	356	85	1,1	0,2	22,2	75,7	190	0,05	10	0,2
Apfel (süß)	243	58	0,3	0,6	15,0	84,0	90	0,04	5	0,3
Erdbeeren	155	37	0,7	0,5	8,4	89,9	60	0,03	60	−
Kirschen	251	60	1,2	0,4	14,6	83,4	1 000	0,05	10	−
Wassermelonen	109	26	0,5	0,2	6,4	92,6	o. A.	o. A.	o. A.	o. A.
Kokosnüsse	1 469	351	4,2	34,0	12,8	48,0	o. A.	o. A.	o. A.	o. A.
Gurken	55	13	0,8	0,1	3,0	95,6	o. A.	o. A.	o. A.	o. A.
Spargel	88	21	2,1	0,2	4,1	92,9	900	0,18	33	2,5
Tomaten	92	22	1,1	0,2	4,7	93,5	900	0,06	23	0,27
Champignon	92	22	2,8	0,2	3,7	90,8	−	0,1	5	0,83
Karotten	167	40	1,1	0,2	9,1	88,6	11 000	0,06	2−10	0,45
Jogurt	297	71	4,8	3,8	4,5	86,1	o. A.	o. A.	o. A.	o. A.
Kuhmilch	268	64	3,2	3,7	4,6	88,5	140	0,04	1	0,06
Butter	2 996	716	0,6	81,0	0,7	17,4	3 300	Spuren	Spuren	2,4
Schlagsahne	1 205	288	2,2	30,4	2,9	64,1	o. A.	o. A.	o. A.	o. A.
Emmentaler	1 666	398	27,4	30,5	3,4	34,9	1 140	0,05	0,5	0,35
Margarine	3 013	720	0,5	80,0	0,4	19,7	3 000	−	−	30,0
Hühnerei	678	162	12,8	11,5	0,7	74,0	1 100	0,12	−	1,0
Forelle	423	101	19,2	2,1	0,0	77,6	150	0,09	−	−
Schweinekotelett	1 427	341	15,2	30,6	0,0	53,9	−	0,8	−	0,6
Rinderfilet	511	122	19,2	4,4	0,0	75,1	−	0,1	−	0,5
Brathuhn	578	138	20,6	5,6	0,0	72,7	o. A.	o. A.	o. A.	o. A.
Kammkotelett	1 473	352	14,9	32,0	0,0	52,0	o. A.	o. A.	o. A.	o. A.
Salami	1 072	256	12,5	27,6	1,8	55,6	−	0,18	−	0,11
Hering	1 017	243	17,3	18,8	0,0	62,8	o. A.	o. A.	o. A.	o. A.
Thunfisch	1 214	290	23,8	20,9	0,0	52,5	90	0,05	−	−
Tintenfisch	306	73	15,3	0,8	0,0	82,2	o. A.	o. A.	o. A.	o. A.
Honig	1 272	304	0,3	0,0	82,3	17,2	−	Spuren	1	−
Traubenzucker	1 611	385	0,0	0,0	99,5	0,0	−	−	−	−
Milchschokolade	2 176	520	7,7	32,3	56,9	0,9	270	0,01	−	1,1

o. A.: ohne Angaben
I. E.: Internationale Einheiten

Energiegehalt der Nährstoffe

Nährstoffe	Energiegehalt		Bedarfsfaktor
	in $\dfrac{kJ}{g}$	in $\dfrac{kcal}{g}$	in g je kg Körpermasse
Fette	39	9,3	0,8
Eiweiße	17	4,1	0,9
Kohlenhydrate	17	4,1	0,9

4,1868 kJ = 1 kcal

Energieverbrauch bei verschiedenen Tätigkeiten (verändert nach Flindt 1995)

Tätigkeiten	$\frac{kJ}{h}$	$\frac{kcal}{h}$	Tätigkeiten	$\frac{kJ}{h}$	$\frac{kcal}{h}$
Fenster putzen	3 059	730	Brustschwimmen (50 m/min)	11 942	2 850
Betten machen	3 352	800	Dauerlauf (10 km/h)	10 475	2 500
Wäsche bügeln	2 388	570	Fußball spielen	7 961	1 900
Staub saugen	3 143	750	Rad fahren	2 933	700
Spielen/Aufräumen	1 048	250	Gymnastik	5 866	1 400
Stehen	587	140	Skilanglauf (8 km/h)	13 408	3 250
Sitzen	503	120	Tanzen	4 190	1 000

Körpermassenindex (nach Flindt 1995)

$$BMI = \frac{\text{Körpermasse (in kg)}}{\text{Körpergröße (in m)} \cdot \text{Körpergröße (in m)}} \qquad \text{BMI Body-Mass-Index}$$

ohne Berücksichtigung des Alters			unter Berücksichtigung des Alters	
Klassifikation	Körpermassenindex (BMI)		Altersgruppe nach Jahren	Wünschenswerter Körpermassenindex (BMI)
	männlich	weiblich		
Untergewicht	< 20	< 19	19…24	19…24
Normalgewicht	20…25	19…24	25…34	20…25
Übergewicht	25…30	24…30	35…44	21…26
Fettsucht (Adipositas)	30…40	30…40	45…54	22…27
Massive Fettsucht	> 40	> 40	55…64	23…28
			> 64	24…29

Respiratorischer Quotient

Respiratorischer Quotient RQ	$RQ = \dfrac{n(CO_2)_{aus} - n(CO_2)_{ein}}{n(O_2)_{ein} - n(O_2)_{aus}}$ $= \dfrac{n(CO_2)_{gebildet}}{n(O_2)_{verbraucht}}$ $= \dfrac{V(CO_2)_{gebildet}}{V(O_2)_{verbraucht}}$	$n(CO_2)_{aus/ein}$ $n(O_2)_{ein/aus}$ $V(CO_2)_{gebildet}$ $V(O_2)_{verbraucht}$	aus- bzw. eingeatmete Stoffmenge an Kohlenstoffdioxid ein- bzw. ausgeatmete Stoffmenge an Sauerstoff gebildetes Kohlenstoffdioxidvolumen verbrauchtes Sauerstoffvolumen

Abbau der Nährstoffe im Körper (nach Flindt 1995)

Nährstoffe	Sauerstoffverbrauch in cm^3 je g Nährstoff	Kohlenstoffdioxidabgabe in cm^3 je g Nährstoff	RQ	Energie in kJ (kcal) je min
Kohlenhydrate	820	820	1	17,2 (4,1)
Fette	2 020	1 430	0,71	39,3 (9,4)
Eiweiße	960	770	0,8	18,0 (4,3)

Veränderung des Sauerstoff- und Kohlenstoffdioxidgehaltes in der Atemluft und im Blut des Menschen während der Atmung (verändert nach Flindt 1995)

	O_2 in %	O_2-Partialdruck $p(O_2)$ in hPa	CO_2 in %	CO_2-Partialdruck $p(CO_2)$ in hPa
Einatemluft	20,9	200	0,03	0,3
Alveolarluft	14	133	5,6	53
Ausatemluft	16	155	4	39
Arterielles Blut	o. A.	127	o. A.	53
Venöses Blut	o. A.	53	o. A.	61

Diffusion

1. Fick'sches Diffusionsgesetz	$\dfrac{dn}{dt} = -D \cdot A \cdot \dfrac{dc}{dx}$	n	Stoffmenge
		t	Diffusionszeit
		A	Durchtrittsfläche
2. Fick'sches Diffusionsgesetz	$x = D \cdot \sqrt{t}$ $t_{max} = \dfrac{x^2}{2 \cdot D}$	D	Diffusionskonstante
		x	Diffusionsweg
		c	Stoffmengenkonzentration
		t_{max}	maximale Diffusionszeit
Diffusion durch eine Membran	$\dfrac{dn}{dt} = -D \cdot A \cdot \dfrac{(c_i - c_a)}{z}$	c_i, c_a	Stoffmengenkonzentration beiderseits der Membran (innen und außen)
		z	Dicke der Membran
Diffusionspotenzial E_D (Nernst'sche Gleichung)	$E_D = \dfrac{R \cdot T}{z \cdot F} \cdot \ln \dfrac{c(\text{Ion})_I}{c(\text{Ion})_{II}}$	R	(universelle) Gaskonstante
		T	Temperatur
		z	Ionenwertigkeit
		F	Faraday-Konstante
		$c(\text{Ion})_I$	Ionenkonzentration der Lösung I
		$c(\text{Ion})_{II}$	Ionenkonzentration der Lösung II

Osmose

Saugkraft der Zelle S	$S = O - W$	W	Turgor (Wanddruck)
		T	Temperatur
Osmotischer Druck O	$O = c \cdot R \cdot T$	R	(universelle) Gaskonstante
		c	Stoffmengenkonzentration der gelösten Stoffe

Enzymreaktionen

Reaktionsgeschwindigkeit v_0 einer Enzymreaktion	$v_0 = \dfrac{V_{max} \cdot c(S)}{K_m + c(S)}$	
Michaelis-Menten-Konstante K_m	$\Rightarrow K_m = c(S)$ $\left(c(S) \text{ bei } V_0 = \dfrac{V_{max}}{2} \right).$	
Lineweaver-Burk-Gleichung	doppelt reziproke Darstellung: $\dfrac{1}{v_0} = \dfrac{K_m}{V_{max}} \cdot \dfrac{1}{c(S)} + \dfrac{1}{V_{max}}$	

V_{max} maximale Reaktionsgeschwindigkeit

Genetik und Evolution

Chromosomensätze von Lebewesen

Tiere	Chromosomenanzahl eines diploiden Chromosomensatzes	Pflanzen (*Pilz **Einzeller)	Chromosomenanzahl eines diploiden Chromosomensatzes
Art		Art	
Stechmücke	6	Champignon*	8
Drosophila	8	Erbse	14
Stubenfliege	12	Gerste	14
Hecht	18	Walderdbeere	14
Riesenkänguru	22	Heidekraut	16
Feuersalamander	24	Frauenschuh	20
Laubfrosch	24	Mais	20
Regenwurm	32	Fichte	24
Kreuzotter	36	Ginkgo	24
Hauskatze	38	Kiefer	24
Schwein	38	Stieleiche	24
Hausspinne	43	Erle	28
Mensch	46	Kokosnuss	32
Schimpanse	48	Raps	38
Weinbergschnecke	54	Kürbis	40
Pferd	64	Pflaume	48
Reiher	68	Kirsche	16, 24, 32, 64
Haushuhn	78	Birke	84
Hund	78	Birne	34, 51, 68, 85
Kanarienvogel	80	Adlerfarn	104
Taube	80	Behaarte Segge	112
Goldfisch	94	Augentierchen**	ca. 200
Karpfen	104	Schachtelhalm	216
Neunauge	174	Natternzunge	480

Genetischer Code

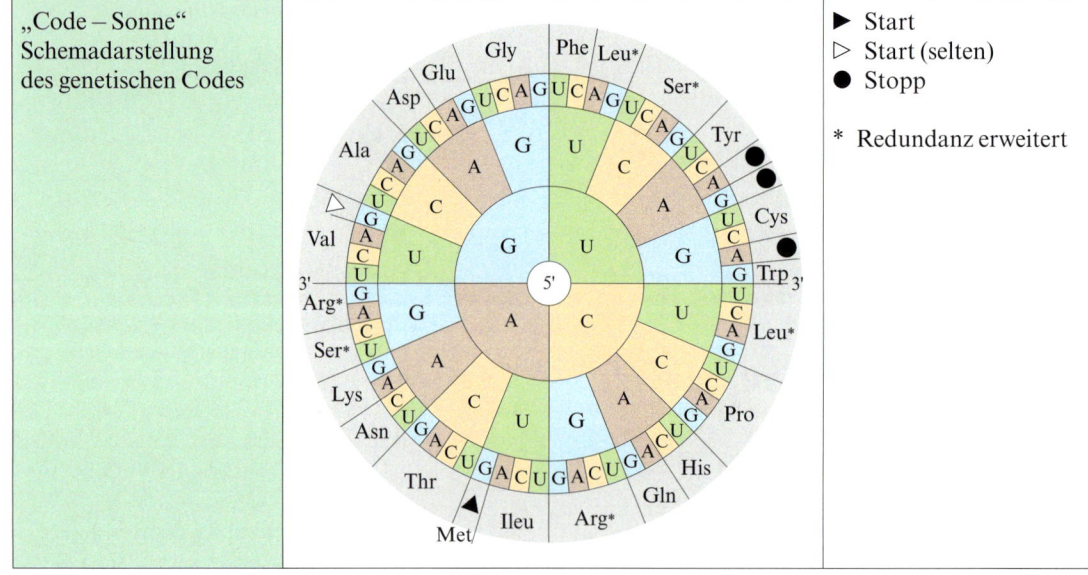

„Code – Sonne" Schemadarstellung des genetischen Codes

▶ Start
▷ Start (selten)
● Stopp

* Redundanz erweitert

DNA- und RNA-Gehalt verschiedener Zellen des Menschen (verändert nach Flindt 1995)

Zelle	DNA in $\frac{pg^*}{Zelle}$	RNA in $\frac{pg^*}{Zelle}$	Zelle	DNA in $\frac{pg^*}{Zelle}$	RNA in $\frac{pg^*}{Zelle}$
Knochenmark	0,87	0,69	Leber	1,0	2,48
Gehirn	0,68	2,63	Leukozyten	0,73	0,25
Niere	0,83	1,10	Spermien	0,31	0,24

* pg: Picogramm; 1 pg $= 10^{-12}$ g

Mutationsrate

Berechnung der Mutationsrate M_r (nach Nachtsheim)	$M_r = \dfrac{N_N}{2\,N_I}$	N_N Anzahl der Neumutanten N_I Gesamtanzahl der betrachteten Individuen

Populationsgenetik

Hardy-Weinberg-Gesetz	Für die Ausgangspopulation gilt: $p + q = 1$ Für die Folgepopulation gilt: $p^2 + 2pq + q^2 = 1$ $d + h + r = 1$ $p = d + 0{,}5h$ $q = 0{,}5h + r$	p, q Häufigkeit dominanter und rezessiver Allele Genotyphäufigkeit: p homozygot dominant h heterozygot r homozygot rezessiv
	Bedingung: Das Gesetz gilt unter den Annahmen, dass – keine Mutationen auftreten, – unendlich große Population vorhanden ist, – die Individuen der Population sich beliebig paaren können (vollständige Panmixie), – keine Selektion stattfindet, – kein Genfluss auftritt.	

Selektion

Individualfitness W	$W = \dfrac{N_I}{N_{max}}$ Für den besten Genotyp gilt: $W = 1$.	N_I Genotyphäufigkeit des betrachteten Genotyps N_{max} Nachkommenschaft des besten Genotyps
Mittlere Populationsfitness $\overline{W}$	$\overline{W} = \dfrac{f_1 \cdot W_1 + f_2 \cdot W_2 + \ldots + f_n \cdot W_n}{f_1 + f_2 + \ldots + f_n}$	W_1, W_2 Individualfitness der Genotypen 1 und 2 f_1, f_2 Häufigkeit der Genotypen 1 und 2
Genetische Last L (Genetische Bürde)	$L = \dfrac{W_{max} - \overline{W}}{W_{max}}$	W_{max} Fitness des besten Genotyps In jeder Population ist die durchschnittliche Fitness $\overline{W}$ geringer als die Fitness des besten Genotyps.
Selektionskoeffizient S	$S = 1 - W$	

Entwicklung der Lebewesen im Verlauf der Erdgeschichte

Zeitalter	Epoche (Mio. Jahre)	Hauptgruppe			Entwicklung der Organismen	Erstmalig treten auf
Erdneuzeit	Quartär (2 bis heute)	Säuger und Vögel	Bedecktsamer		Pflanzen und Tiere der Eiszeiten; zunehmender Einfluss der Menschen auf Biotope der Erde	Australopithecinen, Homo habilis, Homo erectus, Homo sapiens
Erdneuzeit	Tertiär (65 bis 2)	Säuger und Vögel	Bedecktsamer		Herausbildung von Pflanzen und Tieren ähnlich den rezenten Formen; Ausbreitung der Säugetiere	Rezente Insektengattungen und rezente Säugerordnungen
Erdmittelalter	Kreide (135 bis 65)	Säuger und Vögel	Bedecktsamer		Entfaltung der Knochenfische; Entwicklung der Säugetiere; Entstehung der Blütenpflanzen	Erste Laubhölzer, echte Vögel
Erdmittelalter	Jura (195 bis 135)	Saurier	Nacktsamer		Volle Entfaltung der Nadelbäume; Blütezeit der Saurier	Urvogel Archaeopteryx, rezente Gattung von Ginkgo
Erdmittelalter	Trias (225 bis 195)	Saurier	Nacktsamer		Fast völliges Aussterben der Ammoniten; Riesenformen von Schachtelhalmen und Farnen	Saurier und erste kleine Säugetiere, Urschmetterlinge
Erdaltertum	Perm (280 bis 225)		Nacktsamer		Weiterentwicklung der Fische, Amphibien und Reptilien	Nadelbäume, Ginkgogewächse, Käfer
Erdaltertum	Karbon (345 bis 280)	erste Lurche	Farne		Blütezeit der Amphibien; Wälder aus Bärlappgewächsen, Schuppenbäumen und Farnen	Erste Reptilien, geflügelte Insekten, Süßwassermuscheln
Erdaltertum	Devon (395 bis 345)	erste Lurche	Farne		Besiedlung feuchter Lebensräume des Festlandes durch Farne, Moose und Schachtelhalme	Übergangsformen von Fischen zu Lurchen, erste Insekten
Erdaltertum	Silur (430 bis 395)	erste Fische	Farne		Algen, Pilze und Flechten besiedeln das Land; Blütezeit der Wirbellosen	Panzerfische (mit Kiefer), Korallenriffe
Erdaltertum	Ordovicium (500 bis 430)	erste Fische			Entfaltung der Artenanzahl der Wirbellosen und Meeresalgen	Erste Fische (ohne Kiefer), Quallen und Weichtiere
Erdaltertum	Kambrium (570 bis 500)	Wirbellose	Algen		Erste vielzellige Tiere im Urozean; Blütezeit der Trilobiten	Algen, Trilobiten, Krebse, Schnecken, Steinkorallen, Stachelhäuter
	Praekambrium (4 000 bis 570)	Wirbellose	Urbakterien		Entstehung des Lebens; Entwicklung der Fotosynthese	Erste organische Moleküle, Urbakterien, algenartige Strukturen

Ökologie

Wachstumsgesetze

Geburtenrate GR	$GR = \dfrac{\Delta N_G}{\Delta t\, N}$	N_G	Anzahl der Geburten
		N	Gesamtzahl der betrachteten Individuen
Sterberate SR	$SR = \dfrac{\Delta N_T}{\Delta t\, N}$	N_T	Anzahl der Todesfälle
		t	Zeit
Zuwachsrate r	$r = GR - SR$	K	Faktor, der die Lebensraum-kapazität angibt (maximale Populationsgröße)
Logistisches Wachstum	$\dfrac{\mathrm{d}N}{\mathrm{d}t} = r \cdot N \cdot \dfrac{K-N}{K}$		
Exponentielles Wachstum	$\dfrac{\mathrm{d}N}{\mathrm{d}t} = r \cdot N$ gültig für $N < K$		

Bestimmen der Wasserqualität

Sauerstoffgehalt $\beta(\mathrm{O_2})$ in mg/l (nach Winkler)	$\beta(\mathrm{O_2}) = \dfrac{a \cdot 0{,}08 \cdot 1\,000}{V - b}$	V	Volumen der Wasserprobe in ml
		a	Verbrauch an Natrium-thiosulfatlösung in ml ($c = 0{,}01$ mol/l)
		b	zugesetzte Reagenzienmenge in ml
		$1\,000$	Umrechnungsfaktor für einen Liter
Sauerstoffsättigung S	$S = \dfrac{\beta(\mathrm{O_2}) \cdot 100\%}{\beta(\mathrm{O_2})\, S}$	$\beta(\mathrm{O_2})$	gemessener Sauerstoffgehalt der Frischprobe bei gemessener Temperatur
		$\beta(\mathrm{O_2})\, S$	theoretischer Sauerstoff-sättigungswert bei der gemessenen Temperatur
Sauerstoffdefizit $\beta(\mathrm{O_2})_{\mathrm{Def}}$	$\beta(\mathrm{O_2})_{\mathrm{Def}} = \beta(\mathrm{O_2}) - \beta(\mathrm{O_2})\, S$		
Saprobienindex S_{x}	$S_{\mathrm{x}} = \dfrac{\displaystyle\sum_{i=1}^{n} h_i \cdot s_i \cdot g_i}{\displaystyle\sum_{i=1}^{n} h_i \cdot g_i}$ oder $S_{\mathrm{x}} = \dfrac{(h_1 \cdot s_1 \cdot g_1) + (h_2 \cdot s_2 \cdot g_2)}{(h_1 \cdot g_1) + (h_2 \cdot g_2)} \rightarrow$ $\dfrac{+ \ldots + (h_n \cdot s_n \cdot g_n)}{+ \ldots + (h_n \cdot g_n)}$	n	Anzahl der untersuchten Organismenarten
		h	Ausgezählte Häufigkeit der Organismen einer Art
		s	Saprobienindex für die einzelne Art, gibt deren Optimum inner-halb der Saprobienstufen an
		g	Indikationsgewicht ($1-5$), gibt Eignung einer Art als Indikator für bestimmte Güte-klassen an (Bindung an nur eine Güteklasse $g = 5$; Vorkommen in zwei oder mehr Güteklassen $g = 4, 3, 2, 1$)

Biomasseproduktion und Wasserbilanz bei Pflanzen

Biomasseproduktion	$S = Pb - (R + m_V)$ $Pn = Pb - R$	S Pb Pn R m_V	langfristiger Stoffgewinn für den betrachteten Organismus Brutto-Primärproduktion Netto-Primärproduktion Stoffverlust durch Atmung Verlustmasse
Trockenmasse TM	Unter der Bedingung 24 Stunden bei 105 °C gilt: $TM = FM - WG$	FM WG	Frischmasse Wassergehalt
Wassergehalt WG	$WG = FM - TM$		
Aschemasse AM	$AM = TM - m_V$	m_V	Verlustmasse beim Glühen
Wasserdefizit Wd	$Wd = \dfrac{W_{max} - W_a}{W_{max}} \cdot 100\%$	W_{max} W_a	maximal möglicher Wassergehalt zurzeit vorhandener Wassergehalt (aktueller Wassergehalt)
Wasserbilanzquotient BQ	$BQ = \dfrac{m(H_2O)_{ab}}{m(H_2O)_{auf}} \triangleq \dfrac{V(H_2O)_{ab}}{V(H_2O)_{auf}}$	$m(H_2O)_{ab}$ $m(H_2O)_{auf}$ $V(H_2O)_{ab}$ $V(H_2O)_{auf}$	Masse des abgegebenen Wassers je Zeiteinheit Masse des aufgenommenen Wassers je Zeiteinheit Volumen des abgegebenen Wassers je Zeiteinheit Volumen des aufgenommenen Wassers je Zeiteinheit
Lichtgenuss LG	$LG = \dfrac{E_{Ort}}{E_{frei}} \cdot 100\%$	E_{Ort} E_{frei}	Beleuchtungsstärke am Wuchsort Beleuchtungsstärke im Freiland

Bestandsaufnahme von Pflanzen

Stufen	Deckungsgrad der Art (bedeckter Anteil der Untersuchungsfläche in %)	Häufigkeit der Art in der Untersuchungsfläche	Entwicklungsstatus
r	sehr wenig Fläche abdeckend; <5	1 Individuum	K Keimpflanze J Jungpflanze
+	wenig Fläche abdeckend; <5	2…5 Individuen	st steril (ausgewachsene Pflanze ohne Blüten und Samen)
1	<5	sehr spärlich vorhanden	ko knospend (Blüten- oder Blattknospen)
2	5… 25	spärlich vorhanden	b blühend f fruchtend
3	26… 50	wenig zahlreich vorhanden	v vergilbend
4	51… 75	zahlreich vorhanden	t tot (oberirdische Teile abgestorben) S nur als Samen zu finden
5	76…100	sehr zahlreich vorhanden	g abgemäht

Zeigerwerte von Pflanzen

Stufen	Licht L	Temperatur T	Bodenfeuchtigkeit F	Bodenreaktion R	Stickstoffversorgung N
1	sehr schattig noch bei weniger als 1%, selten bei mehr als 30% r. B.* **Tiefschattenpflanze** *Oxalis acetosella*	sehr kalt in alpinen bzw. nivalen Lagen **Kältezeiger** *Ranunculus* *glacialis*	sehr trocken auf trockene Böden beschränkt **Starktrockniszeiger** *Festuca duvalii*	stark sauer nicht auf schwachsauren bis basischen Böden **Starksäurezeiger** *Gentiana* *pannonica*	sehr stickstoffarm stickstoffärmste Standorte anzeigend *Festuca ovina*
2	zwischen 1 und 3 *Lysimachia* *nemorum*	zwischen 1 und 3 *Leontopodium* *alpinum*	zwischen 1 und 3 *Sedum acre*	zwischen 1 und 3 *Sempervivum* *montanum*	zwischen 1 und 3 *Dianthus deltoides*
3	schattig meist bei weniger als 5% r. B.* **Schattenpflanze** *Paris quadrifolia*	kühl in subalpinen Lagen **Kühlezeiger** *Betula nana*	trocken häufiger auf trockenen als auf frischen Böden **Trockniszeiger** *Herniaria glabra*	sauer auf sauren, ausnahmsweise auch auf neutralen Böden **Säurezeiger** *Digitalis purpurea*	stickstoffarm häufiger auf ärmeren und nur ausnahmsweise auf reicheren Böden *Eryngium campestre*
4	zwischen 3 und 5 *Lunaria rediviva*	zwischen 3 und 5 *Andromeda* *polifolia*	zwischen 3 und 5 *Cornus mas*	zwischen 3 und 5 *Frangula alnus*	zwischen 3 und 5 *Poa nemoralis*
5	halbschattig meist bei mehr als 10% r. B.*, selten aber im vollen Licht **Halbschattenpflanze** *Pulmonaria* *officinalis*	mäßig warm in submontan-temperaten Lagen **Mäßigwärmezeiger** *Chaerophyllum* *aureum*	frisch auf mittelfeuchten Böden, nasse oder öfter austrocknende Böden meidend **Frischezeiger** *Dactylis glomerata*	mäßig sauer selten auf stark sauren oder neutral bis alkalischen Böden **Mäßigsäurezeiger** *Chrysanthemum* *segetum*	mäßig stickstoffreich seltener auf armen und reichen Böden *Papaver argemone*
6	zwischen 5 und 7 selten bei weniger als 20% r. B.* *Aquilegia vulgaris*	zwischen 5 und 7 *Daucus carota*	zwischen 5 und 7 *Galanthus nivalis*	zwischen 5 und 7 *Scrophularia nodosa*	zwischen 5 und 7 *Sinapis arvensis*
7	sonnig und schattig ab 30% r. B.*, meist im vollen Licht **Halblichtpflanze** *Anthriscus sylvestris*	warm in relativ warmen Tieflagen **Wärmezeiger** *Buddleja davidii*	feucht auf gut durchfeuchteten, aber nicht nassen Böden **Feuchtezeiger** *Lychnis flos-cuculi*	schwach sauer bis schwach basisch meidet stark saure Böden **Schwachsäure- bis Schwachbasenzeiger** *Cirsium vulgare*	stickstoffreich seltener auf mittelmäßigen und nur ausnahmsweise auf ärmeren Böden *Phalaris arundinacea*
8	sonnig nur ausnahmsweise bei weniger als 40% r. B.* **Lichtpflanze** *Lolium perenne*	zwischen 7 und 9 meist submediterran verbreitet *Muscari comosum*	zwischen 7 und 9 *Cirsium palustre*	zwischen 7 und 9 meist auf Kalk weisend *Orchis purpurea*	sehr stickstoffreich **ausgesprochener Stickstoffzeiger** *Humulus lupulus*
9	sehr sonnig an voll besonnten Plätzen, nicht bei weniger als 50% r. B.* **Volllichtpflanze** *Poa compressa*	sehr warm mediterrane Verbreitung **extremer Wärmezeiger** *Ceterach* *officinarum*	nass auf durchnässten, luftarmen Böden **Nässezeiger** *Cicuta virosa*	basisch stets auf kalkreichen Böden **Basen- und Kalkzeiger** *Myosotis alpestris*	übermäßig stickstoffreich an Standorten mit übermässiger Nährstoffversorgung bzw. Verschmutzung *Urtica dioica*

* r. B.: relative Beleuchtung ist die Beleuchtung, die am Wuchsort zur vollen Belaubung der sommergrünen Pflanzen (Juli bis September) bei diffuser Beleuchtung (Nebel oder gleichmäßig bedeckter Himmel) herrscht

Register

Periodensystem der Elemente

Periode

1*		
I. Hauptgruppe		

Eigenschaften der Oxide

- ▮ basisch (Hauptgruppen)
- ▮ basisch (Nebengruppen)
- ▮ basisch/sauer (Hauptgruppen)
- ▮ basisch/sauer (Nebengruppen)
- ▮ sauer

Keine Oxide ▯
Edelgase ▮

Periode	I. Hauptgruppe	II. Hauptgruppe	3 III. Nebengruppe	4 IV. Nebengruppe	5 V. Nebengruppe	6 VI. Nebengruppe	7 VII. Nebengruppe	8 VIII. Nebengruppe	9 VIII. Nebengruppe
1	**1** 1,008 2,1 **H** Wasserstoff $1s^1$	2 II. Hauptgruppe							
2	**3** 6,94 1,0 **Li** Lithium $[He]2s^1$	**4** 9,01 1,5 **Be** Beryllium $[He]2s^2$							
3	**11** 22,99 0,9 **Na** Natrium $[Ne]3s^1$	**12** 24,31 1,2 **Mg** Magnesium $[Ne]3s^2$							
4	**19** 39,10 0,8 **K** Kalium $[Ar]4s^1$	**20** 40,08 1,0 **Ca** Calcium $[Ar]4s^2$	**21** 44,96 1,3 **Sc** Scandium $[Ar]3d^14s^2$	**22** 47,88 1,5 **Ti** Titan $[Ar]3d^24s^2$	**23** 50,94 1,6 **V** Vanadium $[Ar]3d^34s^2$	**24** 51,996 1,6 **Cr** Chrom $[Ar]3d^54s^1$	**25** 54,94 1,5 **Mn** Mangan $[Ar]3d^54s^2$	**26** 55,85 1,8 **Fe** Eisen $[Ar]3d^64s^2$	**27** 58,9 1,8 **Co** Cobalt $[Ar]3d^74s^2$
5	**37** 85,47 0,8 **Rb** Rubidium $[Kr]5s^1$	**38** 87,62 1,0 **Sr** Strontium $[Kr]5s^2$	**39** 88,91 1,3 **Y** Yttrium $[Kr]4d^15s^2$	**40** 91,22 1,4 **Zr** Zirconium $[Kr]4d^25s^2$	**41** 92,91 1,6 **Nb** Niob $[Kr]4d^45s^1$	**42** 95,94 1,8 **Mo** Molybdän $[Kr]4d^55s^1$	**43** [98] 1,9 **Tc** Technetium $[Kr]4d^65s^1$	**44** 101,07 2,2 **Ru** Ruthenium $[Kr]4d^75s^1$	**45** 102,9 2,2 **Rh** Rhodium $[Kr]4d^85s^1$
6	**55** 132,91 0,7 **Cs** Caesium $[Xe]6s^1$	**56** 137,33 0,9 **Ba** Barium $[Xe]6s^2$	**57** 138,91 1,1 **La** Lanthan ● $[Xe]5d^16s^2$	**72** 178,49 1,3 **Hf** Hafnium $[Xe]4f^{14}5d^26s^2$	**73** 180,95 1,5 **Ta** Tantal $[Xe]4f^{14}5d^36s^2$	**74** 183,84 1,7 **W** Wolfram $[Xe]4f^{14}5d^46s^2$	**75** 186,21 1,9 **Re** Rhenium $[Xe]4f^{14}5d^56s^2$	**76** 190,23 2,2 **Os** Osmium $[Xe]4f^{14}5d^66s^2$	**77** 192,2 2,2 **Ir** Iridium $[Xe]4f^{14}5d^76s^2$
7	**87** [223] 0,7 **Fr** Francium $[Rn]7s^1$	**88** 226,03 0,9 **Ra** Radium $[Rn]7s^2$	**89** 227,03 1,1 **Ac** Actinium ●● $[Rn]6d^17s^2$	**104** [261] **Rf** Rutherfordium $[Rn]5f^{14}6d^27s^2$	**105** [262] **Db** Dubnium $[Rn]5f^{14}6d^37s^2$	**106** [266] **Sg** Seaborgium $[Rn]5f^{14}6d^47s^2$	**107** [264] **Bh** Bohrium $[Rn]5f^{14}6d^57s^2$	**108** [267] **Hs** Hassium $[Rn]5f^{14}6d^67s^2$	**109** [268] **Mt** Meitnerium $[Rn]5f^{14}6d^77s^2$

Legende:

- Ordnungszahl
- Atommasse in u
- Elektronegativitätswert
- Symbol
- Name
- Elektronenkonfiguration

7 14,007 3,0 **N** Stickstoff $[He]2s^22p^3$

● Elemente der Lanthanreihe (Lanthanoide)

6	**58** 140,12 1,1 **Ce** Cer $[Xe]4f^26s^2$	**59** 140,91 1,1 **Pr** Praseodym $[Xe]4f^36s^2$	**60** 144,24 1,2 **Nd** Neodym $[Xe]4f^46s^2$	**61** [145] 1,2 **Pm** Promethium $[Xe]4f^56s^2$	**62** 150,3 1,2 **Sm** Samarium $[Xe]4f^66s^2$

●● Elemente der Actiniumreihe (Actinoide)

7	**90** 232,04 1,3 **Th** Thorium $[Rn]6d^27s^2$	**91** 231,04 1,5 **Pa** Protactinium $[Rn]5f^26d^17s^2$	**92** 238,03 1,7 **U** Uran $[Rn]5f^36d^17s^2$	**93** [237] 1,3 **Np** Neptunium $[Rn]5f^46d^17s^2$	**94** [244] 1,3 **Pu** Plutonium $[Rn]5f^67s^2$

Die Atommassen in eckigen Klammern beziehen sich auf das